生态补偿融资机制与政策研究

石英华◎等著

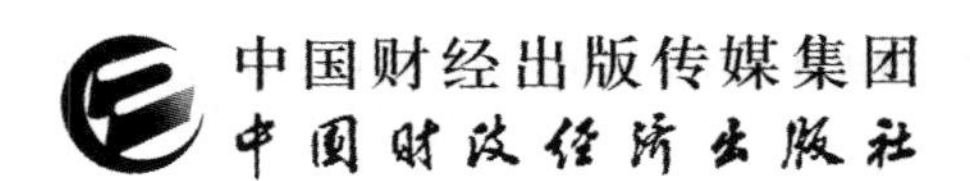

中国财经出版传媒集团
中国财政经济出版社

图书在版编目（CIP）数据

生态补偿融资机制与政策研究/石英华等著. —北京：中国财政经济出版社，2020.4

ISBN 978-7-5095-9549-7

Ⅰ.①生… Ⅱ.①石… Ⅲ.①生态环境-补偿-融资机制-研究-中国②生态环境-补偿-融资政策-研究-中国 Ⅳ.①X321.2②F832.48

中国版本图书馆CIP数据核字（2020）第017386号

责任编辑：卢关平　　　　责任校对：张　凡

封面设计：孙俪铭　　　　责印印制：张　健

中国财政经济出版社出版

URL：http：//www.cfeph.cn

E-mail：cfeph@cfeph.cn

社址：北京市海淀区阜成路甲28号　邮政编码：100142

营销中心电话：010-88191537

北京财经印刷厂印刷　　各地新华书店经销

787×1092毫米　16开　23.5印张　342 000字

2020年6月第1版　2020年6月北京第1次印刷

定价：69.00元

ISBN 978-7-5095-9549-7

（图书出现印装问题，本社负责调换）

本社质量投诉电话：010-88190744

打击盗版举报热线：010-88191661　QQ：2242791300

本书为
国家重点研发计划
“典型脆弱生态修复与保护研究”重点专项
“生态资产、生态补偿及生态文明科技贡献核算理论、
技术体系与应用示范”项目
“生态补偿融资机制与政策研究（2016YFC0503406）”课题
成果

本书写作组名单

组长：石英华

执笔：

第一章　石英华

第二章　石英华　孙家希

第三章　石英华　孙家希

第四章　王宏利

第五章　于长革

第六章　武靖州　马　婧

第七章　程　瑜

第八章　许寅硕　刘　倩　王遥

总撰：石英华

目　录

第一章

生态补偿融资的理论分析与现实意义

探讨生态补偿融资机制与政策，有必要从理论上厘清生态补偿融资的相关概念，探源构建生态补偿机制的理论依据，阐明构建生态补偿融资机制的现实意义。基于此，本章结合代表性文献，从生态学、政治经济学、经济学、制度分析及治理等视角综述关于生态补偿的界定，从多角度综述对生态补偿范围及生态补偿融资的界定，进而分析构建完善的生态补偿融资机制的理论依据和现实意义。

一、生态补偿的多维度界定

（一）政策文件表述：从政策到机制和制度体系的系统性演变

从官方文件关于生态补偿的界定来看，体现为从政策到机制和制度体系的系统性演变过程，而今界定生态补偿的涵义应从国家发展全局和战略的角度出发，从保护生态环境整体的大局出发，从科学界定生态环境保护中各方利益关系以及权利和义务的角度出发，来构建我国的生态补偿机制和制度体系。

客观地讲，关于生态补偿的界定，早期是从保护生态环境出发的，认为生态补偿是一种通过解决成本与价格的关系平衡生态环境保护和建设各方利益关系的综合性政策。例如，环保部 2007 年在《关于开展生态补偿试点工作的指导意见》中指出：生态补偿机制是以保护生态环境、促进人与自然和谐为目的，根据生态系统服务价值、生态保护成本、发展机会成本，综合运用行政和市场手段，调整生态环境保护和建设相关各方之间利益关系的环境经济政策。

随着对生态保护补偿认识的逐步深化，近年主要从机制和制度体系的角度做了阐释，例如，中共中央、国务院在2015年9月印发的《生态文明体制改革总体方案》中指出：构建反映市场供求和资源稀缺程度、体现自然价值和代际补偿的资源有偿使用和生态补偿制度，着力解决自然资源及其产品价格偏低、生产开发成本低于社会成本、保护生态得不到合理回报等问题。

2016年4月28日，国务院办公厅印发的《关于健全生态保护补偿机制的意见》指出：生态保护补偿是调动各方积极性、保护好生态环境的重要手段，是生态文明制度建设的重要内容。生态保护补偿机制要遵循权责统一、合理补偿以及谁受益、谁补偿的原则，科学界定保护者与受益者权利义务，加快形成受益者付费、保护者得到合理补偿的运行机制。目标是使补偿水平与经济社会发展状况相适应，初步建立多元化补偿机制，建立符合我国国情的生态保护补偿制度体系，促进形成绿色生产方式和生活方式。

（二）生态学角度：生态系统的平衡、维持和补偿

此即从单纯的生态学的生态系统平衡、维持和补偿的角度来看待生态补偿。学术界对于生态补偿的分析最早见诸于生态学涵义上的界定，张诚谦（1987）在《论可更新资源的有偿利用》一文中提出："生态补偿就是从利用资源所得到的经济收益中提取一部分资金并以物质或能量的方式归还生态系统，以维持生态系统的物质、能量、输入、输出的动态平衡。"《环境科学大辞典》则将生态补偿解释为："生物有机体、种群、群落或生态系统受到干扰时，所表现出来的缓和干扰、调节自身状态使生存得以维持的能力，或者可以看作生态负荷的还原能力"，以及"自然生态系统对由于社会、经济活动造成的生态环境破坏所起的缓冲和补偿作用"①。

---

① 张诚谦．论可更新资源的有偿利用［J］．农业现代化研究，1987，（05）：22—24；《环境科学大辞典》编委会．环境科学大辞典［M］．北京：中国环境科学出版社，1991：326.

（三）政治经济学角度：价格补偿与实体补偿

主要指从政治经济学的角度出发，从社会再生产的角度所引发的生态补偿的必要性入手，认为生态补偿不仅是一种价格和实体补偿，更是一种对生态环境的预先监控与保护。如钟绍峰、王塑峰（2010）从政治经济学的角度阐述生态补偿的涵义，他们认为，生态补偿的实质在于市场经济条件下要素补偿二重性之间的矛盾，或者说是价格补偿与实体补偿之间的矛盾。要实现社会再生产所需要的要素补偿，其关键就在于使价格补偿能够与实体补偿相一致，并且两者都能够顺利地实现，这就是生态补偿的本质。简而言之，生态补偿应该能够满足社会再生产的需要，补偿的金额应该至少能够保证参与生产的生态资源恢复到生产之前的状态。生态补偿的全过程包括价格补偿与实体补偿两个方面，同时生态补偿也不等于“生态赔偿”，因而相比之下“恢复原则”较价格补偿更适宜作为补偿的基本原则，除此以外，他们认为可以将环境监控制度作为生态补偿的一种预先性的重要手段①。

（四）制度分析角度：调节生态环境保护相关主体利益的机制

主要从制度的角度着重强调生态补偿是通过一系列的制度或政策安排，通过影响经济活动中各个主体的利益关系，从而实现对生态环境的保护和对相应各方利益调节的一种机制。例如，中国生态补偿机制与政策研究课题组将生态补偿定义为“以保护生态环境，促进人与自然和谐发展为目的，调节生态保护利益相关者之间利益关系的公共制度”②。

生态补偿是调节相关方的利益关系，弥补生态系统服务生产、消费和价值实现过程中的制度缺位、降低交易成本，以可持续利用生态系统服务

---

① 钟绍峰，王塑峰．浅论生态补偿的本质——兼论《生态补偿条例》［J］．工业技术经济，2010，（03）．

② 中国生态补偿机制与政策研究课题组．中国生态补偿机制与政策研究［M］．北京：科学出版社，2007．

的一种手段或制度安排①。任勇等人认为，生态补偿是一种能调整相关主体环境利益及其经济利益分配关系的政策手段和机制，是一种激励生态环境保护行为、惩罚破坏行为的政策手段和机制②。李文华等人将生态补偿的定义扩展为“以保护生态环境，促进人与自然和谐发展为目的，根据生态系统服务价值、生态保护成本、发展机会成本，运用政府和市场手段，调节生态保护利益相关者之间利益关系的公共制度③。

（五）经济学角度：生态活动的外部性予以内部化的经济手段

从经济学的角度出发，强调生态补偿是将生态活动的外部性予以内部化的经济手段，促进生态环境资源配置效率的提高，从而有效地推动生态产品这一公共产品的提供，从而实现生态环境的发展与平衡。例如，刘峰江、李希昆认为，生态补偿是防止生态资源配置扭曲和效率低下的一种经济手段④。Cuperus 等将生态补偿定义为对发展中造成生态功能和质量损害的一种补助，这些补助的目的是为了提高受损地区的环境质量或者用于创建新的具有相似生态功能和环境质量的区域⑤。Wunder 提出了经济学意义上生态补偿的经典概念，即“生态补偿是建立在某一清晰界定的生态系统服务的基础上，提供者和购买者之间的自由交易，它包括五个方面：①自愿交易；②对生态系统服务有清晰的定义；③存在至少一个买家；④存在至少一个生态系统服务提供者；⑤生态系统服务的有效提供”。这一定义着眼于外部性问题，强调了生态补偿的市场激励、生态系统服务的提

① 中国21世纪议程管理中心．生态补偿的国际比较模式与机制［M］．北京：社会科学文献出版社，2012.

② 任勇，俞东方，冯海等．中国生态补偿理论与政策框架设计［M］．北京：中国环境科学出版社，2008.

③ 李文华，刘某承．关于中国生态补偿机制建设的几点思考［J］．资源科学，2010，(05).

④ 刘峰江，李希昆．生态市场补偿制度研究［J］．云南财贸学院学报（社会科学版），2005（01）.

⑤ Cuperus R.，K. J. Canters，A. G. Annette，et al. Ecological compensation of the impacts of a road：Preliminary method for the A50 road link ［J］. Ecological Engineer-ing，1996（7）.

供者和购买者之间进行自愿交易①。毛显强、钟瑜等人认为生态补偿是指“通过对损害（或保护）资源环境的行为进行收费（或补偿），提高该行为的成本（或收益），从而激励损害（或保护）行为的主体减少（或增加）因其行为带来的外部不经济性（或外部经济性），达到保护资源的目的”②。

（六）财政及生态治理的视角：综合性补偿和多元治理

刘桂环、张彦敏、石英华（2015）认为，生态保护补偿应由单一性要素补偿向基于区域主体功能定位的综合性补偿转变，应通过加强政策顶层设计、统筹推进生态保护补偿管理机制、优化补偿范围与补偿标准、加快实施横向生态保护补偿、建立生态保护补偿长效机制等手段来确保被补偿区域生态产品产出能力持续增强，以生态保护补偿助推生态建设、环境综合治理，形成与生态建设和环境综合治理的良性互动，确保“绿水青山”尽快转化为“金山银山”，有效促进人与自然和谐发展③。

王金南、刘桂环等人（2016）认为，生态补偿应重点落实各类补偿受益主体权责按照事权和支出责任相适应的原则，中央政府应负责国家重点生态功能区、大江大河的生态保护补偿，提供政策支持并给予指导和协调。地方各级政府应负责本辖区内生态功能重要区域、水源、流域等生态保护补偿，并要强化组织领导，层层分解任务，明确责任分工和时限，综合施策，调动各级政府、企业、社会团体等各类受益主体履行生态保护补偿义务。同时，生态保护补偿还需要行政区际之间的合作，因此工作协调机制至关重要。地方也应该积极做好生态保护补偿规划。此外，对于生态

---

① Wunder S. Payment for environmental services: some nuts andbolts [R]. Bogor: CIFOR, 2005: 3 -4.

② 毛显强，钟瑜，张胜. 生态补偿的理论探讨［J］. 中国人口·资源与环境，2002，(04).

③ 刘桂环，张彦敏，石英华. 建设生态文明背景下完善生态保护补偿机制的建议［J］. 环境保护，2015，(11).

保护补偿建设相对滞后的领域，还应深入开展生态保护补偿试点工作①。

石英华（2016）认为，生态补偿机制是生态文明制度体系的重要方面，生态治理是国家治理体系和治理能力的重要组成部分，而推进生态文明建设还需要各生态治理主体间的良性互动。政府、企业、社会组织和居民，都是国家生态治理的主体。此外，按照生态治理现代化的要求，多元化的生态补偿资金机制的构建应从政府与市场、政府与社会、中央政府与地方政府、政府内部各部门之间的良性互动关系出发，明确各治理主体的责任，形成激励相容机制，实现各主体协同共治，共同承担生态治理责任。具体体现在：（1）从政府与市场良性互动关系出发，建立鼓励和支持企业参与生态治理的市场化机制；（2）从政府与社会良性互动关系出发，建立居民和社会各方参与生态治理的激励约束机制；（3）从中央政府与地方政府的良性互动关系出发，完善生态补偿横纵向转移支付制度②。

综上所述，我们认为，生态补偿是这样一种利益驱动机制、激励机制和协调机制：它是主要通过对环境负面影响和正面效益的补偿，或者预先对环境保护的补偿性投入来平衡社会发展活动中各个与生态环境相关的利益主体的成本与收益，从而实现生态环境的短期平衡与长期可持续发展的，综合性的系列政策与制度以及相关方面的安排。

二、生态补偿范围的多角度界定

（一）补偿成本还是补偿收益

从经济学的角度解释了生态补偿所应涵盖的范围，也即从成本和收益两个方面来界定生态补偿的类型，即生态补偿应符合“补偿”二字的经济学涵义。毛显强等人认为，生态补偿的类型有两种：其一，补偿产权主体

① 王金南，刘桂环，文一惠，谢婧．构建中国生态保护补偿制度创新路线图——《关于健全生态保护补偿机制的意见》解读［J］．环境保护，2016（10）．

② 石英华．按照治理现代化的要求构建多元化的生态补偿资金机制［J］．环境保护，2016（10）．

环境经济行为产生的生态环境效益；其二，补偿产权主体环境经济行为的机会成本。而支付产权主体环境经济行为的机会成本更容易实现，因为财务成本可以通过市场定价进行评估。一旦确认所必须补偿的行为方式产生的生态环境效益足够大，就可以根据该行为方式的机会成本确定补偿额度①。

（二）补偿生态环境还是补偿行为或利益主体

从生态意义及经济意义两个方面来界定生态补偿的范围，一方面为生态意义上对自然环境的补偿，另一方面为经济意义上对利益主体的补偿。孙新章等人认为，生态补偿的内涵应当从两个方面去理解：一是对自然的补偿，即对已经遭受破坏的生态环境进行恢复与重建，对面临破坏威胁的生态环境进行保护，如退耕还林、污染治理、天然林保护、濒危物种保护等；二是对人的补偿，即对生态环境建设的相关行为主体进行经济或政策上的奖励与优惠（或惩罚与禁止），如对退耕农民的钱粮补贴、对开矿者征收排污费、对绿色环保产业减免税收等②。

从生产力和生产关系的角度出发界定生态补偿应涵盖的范围，一方面是体现为对相关生产力的一种调整和促进，另一方面还表现为对相关生产关系的调整和改善。俞海、任勇等人认为，关于生态补偿范围的界定有来自对于“应该补偿谁或者说应该向谁补偿”两个方面的理解：一种理解认为生态补偿就是对生态环境本身的补偿，另一种理解认为生态补偿是将生态保护的外部性内部化，即一种对行为或利益主体的补偿。由此他们认为生态补偿即是通过调整生态环境的主体间的利益关系，将生态环境的外部性进行内部化，达到保护生态环境、促进自然资本或生态服务功能增殖的目的的一种制度安排，其实质是通过资源的重新配置，调整和改善自然资源开发利用或生态环境保护领域中的相关生产关系，最终促进自然资源环

---

① 毛显强，钟瑜，张胜. 生态补偿的理论探讨［J］. 中国人口·资源与环境，2002，(04).

② 孙新章，谢高地，张其仔，周海林，郭朝先，汪晓春，刘荣霞. 中国生态补偿的实践及其政策取向［J］. 资源科学，2006（04）.

境以及社会生产力的发展①。

（三）补偿生态保护者还是补偿受损者

从生态补偿的对象角度出发，将补偿的范围具体化到四类主体身上，从对生态环境的保护（破坏）以及减少生态破坏的主动（被动）而受损两个维度四类主体进行生态补偿范围的界定。杨丽韫、甄霖等从生态补偿的对象角度指出了生态补偿所应涵盖的范围，即生态补偿应该包括以下四类：第一类为生态保护作出贡献者。如地处水源地或重要生态保护区的居民或政府，为了保护生态系统，会进行生态投资，如植树造林或停止一些污染企业的招商引资等。第二类为生态破坏的受损者。如矿产资源开发过程中，对矿产资源所在地造成的生态破坏，只有对受损者进行生态补偿，才能激发受损者生态恢复的主动性。第三类为生态治理过程中的受害者。如在流域治理或生态系统恢复过程中，为保护与恢复生态停产或搬迁的企业或居民。这些企业或居民只有通过生态补偿机制才有可能继续生存。第四类是对减少生态破坏者给以补偿。有些生态破坏确实是人们迫于生计而为之，是“贫穷污染”所致，因此对生态环境的破坏者也不得不给予补贴②。

（四）共建共享背景下从利益相关者的权利和义务出发界定生态补偿范围

从利益相关者的权利和义务角度，进而从生态补偿的内涵和外延两个方面来界定生态补偿的范围，比较符合当前我国共建共享背景下的国家治理的模式，与我国目前政策和实践中对于生态补偿范围的界定较为相近。彭丽娟认为，要明确生态补偿的范围关键在于充分保证利益相关者的充分参与并且明确其利益的实现途径。其从实现生态服务公共物品的非市场化

---

① 俞海，任勇．中国生态补偿：概念、问题类型与政策路径选择［J］．中国软科学，2008（06）．

② 杨丽韫，甄霖，吴松涛．我国生态补偿主客体界定与标准核算方法分析［J］．生态经济（学术版），2010（01）．

价值、内化生态环境保护行为外部性以及重新分配生态环境保护利益相关者的权利三个方面对生态补偿进行科学分类，着力构建生态补偿分类体系。进一步看，生态补偿分类体系的构建应该从生态补偿的本质出发来确定补偿范围的内在需求，并且以国家的区域生态功能区规划和主体功能区规划为前提来实现外延范围的确定①。

（五）实践层面：重点领域全覆盖、分类补偿与综合补偿有机结合

国务院办公厅于2016年4月28日印发的《关于健全生态保护补偿机制的意见》（以下简称《意见》）明确对我国未来生态保护补偿实施的重点领域进行了规划，指出要着力落实森林、草原、湿地、荒漠、海洋、水流、耕地等重点领域生态保护补偿任务。到2020年，实现上述重点领域和禁止开发区域、重点生态功能区等重要区域生态保护补偿全覆盖，补偿水平与经济社会发展状况相适应，跨地区、跨流域补偿试点示范取得明显进展，多元化补偿机制初步建立，基本建立符合我国国情的生态保护补偿制度体系，促进形成绿色生产方式和生活方式。此外，《意见》还指出“将分类补偿与综合补偿有机结合”是对我国生态保护补偿试点的总体布局，一方面通过试点和健全各类补助政策等手段继续推进分类补偿；另一方面，严守生态保护红线的工作并且研究制定相关生态保护补偿政策，健全禁止开发区域生态保护补偿政策，形成分类补偿与综合补偿互为补充的生态补偿新格局。

三、生态补偿融资：社会资本参与的重要渠道

广义的融资是指资金在持有者之间流动以余补缺的一种经济行为，这是资金双向互动的过程包括资金的融入（资金的来源）和融出（资金的运用）。狭义的融资只指资金的融入。融资机制是指资金融通过程中各个

① 彭丽娟．生态补偿范围及其利益相关者辨析［J］．时代法学，2013，（05）．

构成要素之间的作用关系及其调控方式，包括融资主体的确立、融资主体在资金融通过程中的经济行为、储蓄转化为投资的渠道与方式以及确保促进资本形成良性循环的金融手段等诸多方面。融资机制发挥作用的过程既是资金筹集、资金供给过程，同时也是资金配置的过程。

生态补偿融资旨在强调在生态补偿中融资机制所应发挥的作用，着力通过市场产权交易和金融工具运用，促进生态资源合理流动，达到生态资源优化配置和吸引社会资本投入生态补偿的目的。在政府投入为主的背景下，生态补偿融资机制强调市场在生态补偿中的作用①。国外并没有有关生态补偿融资的定义，相关表述如类似于生态补偿融资的付费机制，认为生态功能服务付费机制（PES）是生态功能受益的一方提供相应的费用给生态功能服务提供的一方，通过经济手段来达到生态补偿目的的一种制度②。

在生态融资体系中，不同机构角色和功能是不同的，政府的角色和功能是制定生态融资的法律、法规，制定融资规则，促进融资机构建立、融资市场形成和保障正常运转。

洪尚群、吴晓青就市场经济条件下的生态融资进行了探讨，认为生态补偿需要融资的帮助，才能广泛而顺利地展开。为了有效地进行生态融资，应解决三个基本问题：①用什么（资本）进行融资；②以什么方式进行融资；③如何高效地融资。进一步地，他们认为首先必须具备一定资本才能进行融资，任何有形资源和无形资源均可作为融资的资本，并从生态建设和经济活动的总资本构成将生态融资分为三大类型：自然资本融资、人造资本融资和人力资本融资。在一些特定场合，补偿是生态融资必要条件和外部援助，而生态补偿又需要生态融资所筹集的各类资金壮大补偿的

① 潘华，徐星．生态补偿投融资市场化机制研究综述［J］．昆明理工大学学报（社会科学版），2016（01）．

② Wünsher T.，Engel S.，Wunder S.，Spatial targeting of payments for environmental services：A tool for boosting conservation benefits，Ecological economics，2008（65）．

影响力。此外，他们还从主体数量的角度提出了单独融资和联合融资①。

邓远建、张陈蕊等人则从生态资本整体的角度出发研究生态补偿的融资问题，他们认为：生态资本的成本存在外部性，由此造成了生态资本成本的不完全性。要完全化生态资本的不完全成本，就要内部化成本的外部性，可通过实施生态补偿实现外部性成本内部化。运用政府补偿、市场补偿或政府与市场相结合补偿（混合补偿）、社会补偿的方式，构成生态资本外部化成本的分摊机制，以此对生态资本的不完全成本进行补偿，实现对生态补偿的融资②。

生态补偿特别是针对补偿自然主体的各种生态工程建设离不开融资支持，生态补偿融资的方式多种多样，常见的有：借款、贷款、集资、债券、租赁、绿色保险、BOT、TOT、PFI 投资基金等③。有关生态补偿市场化机制的实践研究方面，国外主要有成立生态补偿专项基金，如法国成立了国家森林专项基金，哥斯达黎加政府成立了生态补偿基金，用于补偿森林提供的生态服务；设立资源税，如欧盟推行二氧化碳税实现生态补偿；建立补偿保证金制度，如英国、美国、德国建立了矿区的补偿保证金制度；还有一些市场化途径，如美国纽约市与上游的清洁供水交易案例，澳大利亚实施的水分蒸发信贷案例和生态标记，欧盟的生态标签体系案例等。相对我国，国外有较健全的产权交易制度，能够为生态补偿的市场化运行提供制度保障；政府的财政实力较强，有能力购买重要的生态服务；社会有较成熟的参与及协商机制，可为引入社会资本提供便利④。

---

① 洪尚群，段昌群，陈国谦，叶文虎，吴晓青．生态补偿的融资——生态融资［J］．江苏环境科技，2002（02）．

② 邓远建，张陈蕊，袁浩．生态资本运营机制：基于绿色发展的分析［J］．中国人口·资源与环境，2012（04）．

③ 黄寰．论生态补偿多元化社会融资体系的构建［J］．现代经济探讨，2013（09）．

④ 潘华，徐星．生态补偿投融资市场化机制研究综述［J］．昆明理工大学学报（社会科学版），2016（01）．

四、健全生态补偿融资机制的理论依据

（一）生态补偿机制弥补生态公共产品的“公地悲剧”

所谓公共产品，是相对于私人产品而言的。根据传统公共产品的理论，由于公共品具有非排他性和非竞争性的特征，从而公共品需要通过政府来提供。从早期休谟提出的“公地悲剧”理论，林达尔提出的公共产品均衡理论，到萨缪尔森对公共产品的界定，公共产品理论认识到了公共产品的存在给市场机制所带来的严重问题，由于公共产品存在非排他性和非竞争性的特征，公共产品的消费存在“搭便车”的动机，从而使公共产品的供给远远低于有效率的水平。公共产品理论还从效用的表达和确定出发，用货币尺度去衡量公共产品的价值。生态补偿的对象必然涉及环境及各类生态资源，可以称之为生态公共品。这些生态公共品中有一些属于纯公共产品，另一些则属于具有排他性但非竞争性的“自然资源类产品”。依据公共产品理论，由于生态公共产品的存在，需要通过生态补偿机制的设计来弥补其供给的不足。对生态公共产品进行细分，进而通过相应的机制来实现生态公共产品的生产、提供和消费。生态公共产品可以依照受益区域范围的大小，进一步划分为全国性公共产品和地区性公共产品，并且地区性公共产品内部还可以继续细分，而区域性生态补偿必然涉及跨区生态公共产品的提供，这也体现了跨区域生态治理的理论依据。

（二）生态补偿机制解决生态环境的外部性问题

生态型公共产品具有很强的外部性，通过市场价格机制无法有效反映外部性。这里的外部性指对市场交易双方之外的第三方主体产生无需额外付费的正外部性或造成损失的负外部性，因而有必要引入某种机制使产生的外部性内部化。庇古基于市场失灵提出政府通过补贴、罚款等方式矫正外部性。科斯则从产权界定的角度探讨解决外部性问题，认为私人部门之间可以通过市场交易来消除外部性对于效率产量的扭曲。可以通过产权的

初始界定来提高资源配置效率，实现外部效应内部化。人类在生态环境中进行的实践活动，会不同程度地产生环境成本或收益的外溢，通过生态环境显现出各种各样的正外部性或负外部性，可通过生态补偿机制来解决，补偿那些对生态环境产生正外部性的经济主体以及那些因负外部性而造成损失的经济主体。生态补偿机制不仅需要政府的引导和制度安排，还需要吸引多方主体共同参与。

（三）生态价值论为生态补偿机制奠定了理论基础

生态环境是由各种自然要素构成的复杂系统，从某种角度来看具有环境与资源的双重属性。生态环境不仅具有固有的自然资源价值和生态环境价值，而且具有开发利用自然资源的人类劳动投入所产生的价值。其中，自然资源价值取决于各自然要素的有用性和稀缺性；生态环境价值包括维护生态平衡、促进生态系统良性循环的价值。生态系统服务价值可采用经济货币价值评价、能值评价以及生态足迹评价的等方法评估。生态价值理论为建立生态补偿机制奠定了基础，针对具体的生态补偿所涉及的主体和对象，需要对其生态价值所涵盖的内容进行界定，明确每个部分应有的价值标准，构建起一套能全面反映其价值的体系。

（四）生态补偿涉及生态产品的产权制度安排

界定环境资源产权是对占有和利用资源的权利进行初始分配。只有分配初始权利才可以确定谁应该负有补偿的责任，谁应该具有被补偿的权利。生态补偿涉及以下两个方面的产权安排：一方面是可再生和可更新的自然资源或生态环境的产权，此类产权的界定一般是比较清晰的，市场主体可以通过市场交易实现相关方的利益均衡，从而充分利用市场机制实现产权的最优安排；另一方面是由可再生或可更新的自然资源或生态环境所产生的生态系统服务的产权，它是由生态自然资源或生态环境所衍生出来的一种公共物品或“准公共物品”，其产权一般难以界定或者界定的成本非常高，这类产权的界定往往需要政府作出相应的制度界定和安排，同时也需要设计出一系列的机制和手段来保障各个经济利益主体能在经济活动中遵循这样一种机制。通过这种方式能明确各个经济利益主体的产权范围和权益，多方参与以形成权责清晰、公平高效、经济合理的利益均衡关系。

（五）生态补偿需要形成共治共享的格局

新公共管理运动注重通过引入市场机制和私人部门的模式来改造政府，从而提高各个部门的效率。新制度经济学的委托—代理理论、有限政府理论和新自由主义思潮也给治理理念的提出提供了重要的理论参考和实践内涵。基于社会资源配置中的市场失效和政府失效，西方学者认为，解决这一问题的途径不能仅仅依靠政府或者市场，而应通过一套良好的社会治理机制来实现，即参与社会治理的主体应逐步多元化，治理的结构应从垂直型走向扁平化，治理的运作机制也应由垄断走向竞争。党的十八届三中全会提出，全面深化改革的总目标是“完善和发展中国特色社会主义制度，推进国家治理体系和治理能力现代化”。治理本身应当包含有国家治理、政府治理和社会治理三个维度。而生态治理现代化也包含这三个治理体系的有机统一，生态补偿中各个利益相关主体的共同参与有利于环保生态领域秩序的追求和价值实现。通过一系列的制度安排协调各相关主体的利益与分配关系，形成良性激励约束机制，在多元主体利益博弈中形成共治共享的格局，提升生态治理的水平。

五、健全生态补偿融资机制具有现实意义

（一）“三期”叠加背景下健全生态补偿机制更为迫切

习近平总书记在全国生态环境保护大会上讲话强调，“生态文明建设是关系中华民族永续发展的根本大计”，提出：“加大力度推进生态文明建设、解决生态环境问题，坚决打好污染防治攻坚战，推动我国生态文明建设迈上新台阶。”生态文明建设是经济发展方式转变的重要内容，也是经济发展方式转变的重要手段。我国进入高质量发展的阶段，加大力度推进

生态文明建设是高质量发展的根本要求。习总书记对当前我国生态文明建设阶段作了准确定位，提出当前处于生态文明建设“三期”叠加阶段，“生态文明建设正处于压力叠加、负重前行的关键期，已进入提供更多优质生态产品以满足人民日益增长的优美生态环境需要的攻坚期，也到了有条件有能力解决生态环境突出问题的窗口期。”从关键期、攻坚期、窗口期“三期”叠加的论断可以看出，加大力度推进生态文明建设十分紧迫。生态补偿是生态文明建设的重要方面，生态补偿机制是生态文明制度体系的重要方面，加快推进生态文明建设需要有健全的生态补偿机制。

（二）治理现代化要求构建多元化生态补偿融资机制

党的十八届三中全会提出，全面深化改革的总体目标是通过推进国家治理体系和治理能力现代化，发展和完善中国特色社会主义。党的十九大报告进一步明确了全面深化改革的总目标。生态治理是国家治理体系和治理能力的重要组成部分，良好的生态环境是最公平的公共产品，是最普惠的民生福祉。在国家治理现代化中，生态治理的地位越来越重要。

治理是个人和制度、公共与私营部门管理其公共事务的各种方法的综合，是一个持续的过程。国家治理是政府、市场与社会等多元主体互动推进的过程。推进生态文明建设，提升国家生态治理体系和生态治理能力现代化，是个长期的过程，不仅需要依赖于规范稳定的制度环境，形成“硬约束”的长效机制，而且需要各生态治理主体间的良性互动。政府、企业、社会组织和居民都是国家生态治理的主体，国家生态治理能力不仅反映政府在生态保护、生态建设、开发和管理方面的能力，而且反映企业、社会组织和居民在生态保护、生态建设方面的素质和能力。因此，构建多元化的生态补偿融资机制，不仅是经济新常态下财政政策的现实选择，而且是生态治理现代化的客观要求。

按照生态治理现代化的要求，多元化的生态补偿融资机制的构建应从政府与市场、政府与社会、中央政府与地方政府、政府内部各部门之间的良性互动关系出发，明确各治理主体的责任，形成激励相容机制，实现各主体协同共治，共同承担生态治理责任。

（三）现行生态补偿融资机制亟待完善

“十一五”时期以来，我国环境保护和治理力度不断加强。出台了生态保护补偿、资源税费、绿色金融、污染防治、排污权交易等方面的政策，这些政策在推进生态保护和生态建设方面发挥了积极作用。在生态保护补偿方面，国家已出台了一系列财政支持政策，森林、草原、湿地、水流、荒漠、海洋等领域的生态补偿机制建设取得了阶段性进展，重点生态功能区转移支付制度已经基本形成，2008—2017 年中央财政累计安排重点生态功能区转移支付资金 3727 亿元。此外，还安排了森林生态效益补偿资金、草原奖补资金、湿地生态效益补偿试点资金等，这些资金在我国生态建设中发挥了积极作用。

我国加快生态文明建设目标任务艰巨，仅以生态保护补偿考量，就需要巨量的资金。国务院办公厅印发《关于健全生态保护补偿机制的意见》提出，到 2020 年，实现森林、草原、湿地、荒漠、海洋、水流、耕地等重点领域和禁止开发区域、重点生态功能区等重要区域生态保护补偿全覆盖，补偿水平与经济社会发展状况相适应，跨地区、跨流域补偿试点示范取得明显进展，多元化补偿机制初步建立，基本建立符合我国国情的生态保护补偿制度体系，促进形成绿色生产方式和生活方式。与生态保护补偿的巨量资金需求相比，现行生态保护补偿支持政策尚显不足。亟待建立多元化的生态补偿融资机制，破解推动生态文明建设的资金瓶颈。

从生态治理现代化的要求来审视，现行生态补偿资金投入机制存在诸多缺陷，亟待予以完善。突出问题是生态补偿受益主体定位不清，责任不明，政府承担了过重的责任，企业、居民、社会主体等治理主体没有很好地发挥作用，协同共治难以实现。从融资的角度看，生态补偿资金来源渠道单一，主要依靠中央财政转移支付，生态保护补偿的范围偏小、标准偏低，生态保护者和受益者良性互动的机制尚不健全，不能充分调动生态保护补偿相关利益主体的积极性和主动性，难以形成有效的激励和约束机制，成本共担、效益共享、合作共治的生态补偿机制尚未建立。

参考文献：

［1］邓远建，张陈蕊，袁浩．生态资本运营机制：基于绿色发展的分析［J］．中国人口·资源与环境，2012，22（04）：19—24．

［2］黄寰．论生态补偿多元化社会融资体系的构建［J］．现代经济探讨，2013，（09）：58—62．

［3］洪尚群，段昌群，陈国谦，叶文虎，吴晓青．生态补偿的融资——生态融资［J］．江苏环境科技，2002，（02）：40—41、43．

［4］《环境科学大辞典》编委会．环境科学大辞典［M］．北京：中国环境科学出版社，1991．326．

［5］李文华，刘某承．关于中国生态补偿机制建设的几点思考［J］．资源科学，2010，（5）．

［6］刘峰江，李希昆．生态市场补偿制度研究［J］．云南财贸学院学报（社会科学版），2005（01）．

［7］毛显强，钟瑜，张胜．生态补偿的理论探讨［J］．中国人口·资源与环境，2002，（04）：40—43．

［8］潘华，徐星．生态补偿投融资市场化机制研究综述［J］．昆明理工大学学报（社会科学版），2016，16（01）．

［9］彭丽娟．生态补偿范围及其利益相关者辨析［J］．时代法学，2013，11（05）：33—40．

［10］秦艳红．国内外生态补偿现状及其完善措施［J］．自然资源学报，2007（7）：557—565．

［11］任勇、俞东方、冯海等．中国生态补偿理论与政策框架设计［M］．北京：中国环境科学出版社，2008．

［12］石英华．按照治理现代化的要求构建多元化的生态补偿资金机制［J］．环境保护，2016，44（10）：19—22．

［13］孙新章，谢高地，张其仔，周海林，郭朝先，汪晓春，刘荣霞．中国生态补偿的实践及其政策取向［J］．资源科学，2006，（04）：25—30．

［14］王婧．低碳经济路径下的绿色金融创新模式探讨［J］．绿色金

融，2010（12）：53—59.

[15] 王雅丽，刘洋. 强化金融支持 推进生态补偿 [J]. 浙江金融，2009（4）：28—30.

[16] 杨丽韫，甄霖，吴松涛. 我国生态补偿主客体界定与标准核算方法分析 [J]. 生态经济（学术版），2010，（01）：298—302.

[17] 杨晓萌. 生态补偿机制的财政视角研究 [M]. 东北财经大学出版社，2013.

[18] 俞海，任勇. 中国生态补偿：概念、问题类型与政策路径选择 [J]. 中国软科学，2008，（06）：7—15.

[19] 张诚谦. 论可更新资源的有偿利用 [J]. 农业现代化研究，1987，（05）：22—24. [2017-09-27].

[20] 詹姆斯·N. 罗西瑙. 没有政府的治理 [M]. 伦敦：剑桥大学出版社，1995.

[21] 中国21世纪议程管理中心. 生态补偿的国际比较模式与机制 [M]. 北京：社会科学文献出版社，2012.

[22] 中国生态补偿机制与政策研究课题组. 中国生态补偿机制与政策研究 [M]. 北京：科学出版社，2007.

[23] 钟绍峰，王塑峰. 浅论生态补偿的本质——兼论《生态补偿条例》[J]. 工业技术经济，2010，29（03）：6—8.

[24] 中国生态补偿机制与政策研究课题组. 中国生态补偿机制与政策研究 [M]. 北京：科学出版社，2007.

[25] Cuperus R., K. J. Canters, A. G. Annette, et al., Ecological compensation of the impacts of a road: Preliminary method for the A50 road link [J]. Ecological Engineering, 1996, (7) 005, (01): 38-40.

[26] Wünscher T., Engel S., Wunder S., Spatial targeting of payments for environmental services: A tool for boosting conservation benefits, Ecological economics, 2008 (65).

[27] WUNDER S., Payment for environmental services: some nuts and bolts [R]. Bogor: CIFOR, 2005: 3-4.

第二章

生态补偿融资现行政策评估

当前，我国越来越强调生态文明建设的重要性。党的十九大报告明确指出要“加快生态文明体制改革，建设美丽中国”，要“建立市场化、多元化生态补偿机制”。在生态文明建设迈向新高度的时间节点上，通过梳理我国各领域生态补偿融资的政策实践，重点分析我国生态补偿资金的主要来源、财政补偿方式以及补偿标准，可以找出现行政策的不足，进一步为我国建立多元化生态补偿融资政策体系提供相关建议。

一、我国生态补偿融资现状

近年来，国家陆续出台一系列政策推进生态保护补偿机制建设，相关领域取得了积极的进展。一是我国生态补偿融资的相关制度设计不断完善。近年来，国务院和财政部等部委出台了一系列政策文件确定和扩展生态补偿融资来源。例如，2016 年国务院发布了《关于健全生态保护补偿机制的意见》（国办发〔2016〕31 号），该意见明确了森林、草原、湿地、荒漠、海洋、水流、耕地等分领域重点任务，提出建立稳定投入机制、完善重点生态区域补偿机制、推进横向生态保护补偿、健全配套制度体系、创新政策协同机制、结合生态保护补偿推进精准脱贫、加快推进法制建设等体制机制。二是以中央财政为主的纵向补偿是现阶段最主要的生态补偿资金来源。三是在治理水域等地域性补偿中，生态补偿资金由中央与地方财政共同承担。四是绿色金融和生态补偿相结合的机制已经开始初步探索，绿色债券发行规模可观。绿色金融主要包括绿色债券、绿色信贷等形式。现阶段，面向个人的绿色信贷方式已经开始进行初步探索。截至2017年12月31日，债券市场上发行贴标绿色债券2486.1337亿元；我国发行的绿色债券占全球绿色债券总规模的22%，是2017年全球绿色债券市场上最大的发行来源国之一。五是PPP模式正在逐步开展。截至2018年5月，根据全国PPP综合信息平台项目管理库的数据，我国共有生态建设和环境保护项目931个，占总入库项目（12476个）的7.46%。下文主要分析财政资金支持生态补偿的制度及政策。

（一）重点生态功能区转移支付政策分析

2011年，国务院发布了我国首个全国性国土空间开发规划——《全国主体功能区规划》（以下简称《规划》），《规划》将我国国土空间按开发内容分为以下主体功能区：城市化地区、农产品主产区和重点生态功能区。国家重点生态功能区是我国为优化国土资源空间格局、坚定不移地实施主体功能区制度、推进生态文明制度建设所划定的重点区域。国家重点生态功能区分为水源涵养型、水土保持型、防风固沙型和生物多样性维护型四种类型。重点生态功能区转移支付是对因保护生态环境而限制或禁止进行工业化城镇化开发的地区给予的生态补偿，以增强这些地区基层政府实施公共管理、提供基本公共服务和落实各项民生政策的能力。2008年开始，国家建立了重点生态功能区财政转移支付，它是一般性转移支付中支持地方保护生态环境的重要组成部分，也是我国生态补偿资金的重要来源之一。

1. 重点生态功能区转移支付政策实践演变

2009年，财政部出台《国家重点生态功能区转移支付（试点）办法》，通过明显提高转移支付补助系数的方式，加大对青海三江源、南水北调中线及国家限制开发的其他生态功能重要区域相关县域的转移支付力度。2011年以来，财政部先后发布了重点生态功能区转移支付相关政策，不断加大对重点生态功能区转移支付力度，其支付办法和范围也越来越明确。为了更有效地使用国家重点生态功能区财政转移支付资金，环保部联合财政部先后发布了重点功能区生态监测相关文件，进一步为国家重点生态功能区财政转移支付提供有效的科学依据。重点生态功能区相关政策如表2－1所示。

表2－1　重点生态功能区转移支付相关政策

文件内容	文件名称	文号
重点功能区转移支付办法及标准相关政策文件	《重点生态功能区转移支付办法》	财预〔2011〕428号
	《2012年国家重点生态功能区转移支付办法》	财预〔2012〕296号
	《中央对地方国家重点生态功能区转移支付办法》	财预〔2014〕92号
	《中央对地方国家重点生态功能区转移支付办法》	财预〔2015〕126号
	《2016年中央对地方重点生态功能区转移支付办法》	财预〔2016〕117号
	《2017年中央对地方重点生态功能区转移支付办法》	财预〔2017〕126号
	《2018年中央对地方重点生态功能区转移支付办法》	财预〔2018〕86号
重点功能区生态监测相关文件	《国家重点生态功能区县域生态环境质量考核办法》	环发〔2011〕18号
	《国家重点生态功能区县域生态环境质量监测评价与考核指标体系》	环发〔2014〕32号

重点生态功能区转移支付范围主要为《全国主体功能区规划》中限制开发的国家重点生态功能区和京津冀协同发展、“两屏三带”、海南国际旅游岛等生态功能重要区域所属县，以及其他生态功能重要区域所属县级行政单元。为进一步提高生态产品供给能力和国家生态安全保障水平，重点功能区转移支付范围不断扩大。2016年9月29日国务院印发《关于同意新增部分县（市、区、旗）纳入国家重点生态功能区的批复》，至此，国家重点生态功能区的县市区数量由原来的436个增加至676个，占国土面积的比例由41%提高到53%。2017年、2018年重点生态功能区县域数量分别为816个和818个。

为确立国家重点生态功能区转移支付资金对地方政府加强生态环境保护的导向作用，环保部门明确了国家重点生态功能区县域生态环境质量监测、评价与考核的技术方法。自2012年我国正式开展国家重点生态功能区县域生态环境质量监测评价考核，截至2017年，已连续完成了6次考核。依据考核结果累计对200余个县域转移支付资金奖惩调节，建立了

"花钱问效，无效问责"的国家重点生态功能区转移支付资金奖惩机制。具体政策内容如表 2－2 所示。

表 2－2　重点生态功能区转移支付政策内容

文件名称	文件内容	具体内容
《中央对地方重点生态功能区转移支付办法》（财预〔2018〕86 号）	转移支付范围	第二条　转移支付支持范围包括： （一）限制开发的国家重点生态功能区所属县（县级市、市辖区、旗）和国家级禁止开发区域，以及京津冀协同发展、"两屏三带"、海南国际旅游岛等生态功能重要区域所属重点生态县域。 （二）国家生态文明试验区、国家公园体制试点地区等试点示范和重大生态工程建设地区。 （三）选聘建档立卡人员为生态护林员的地区。 中央财政根据绩效考核情况对转移支付范围进行动态调整。
	转移支付资金分配标准	第四条　转移支付资金选取影响财政收支的客观因素测算，下达到省、自治区、直辖市、计划单列市（以下统称省）。具体计算公式： 某省重点生态功能区转移支付应补助额＝重点补助＋禁止开发补助＋引导性补助＋生态护林员补助±奖惩资金
《关于同意新增部分县（市、区、旗）纳入国家重点生态功能区的批复》（2016 年 9 月 29 日）	重点功能区县市数量	原则同意将 240 个县（市、区、旗）和东北、内蒙古国有林区 87 个林业局新增纳入国家重点生态功能区。
《关于加强"十三五"国家重点生态功能区县域生态环境质量监测评价与考核工作的通知》（环办监测函〔2017〕279 号）	重点生态功能区生态环境质量监测方法	指标体系的变化：空气质量指标由原来的 3 项污染物增加至 6 项（二氧化硫、二氧化氮、可吸入颗粒物、细颗粒物、臭氧、一氧化碳）；水环境质量指标在涉水环境内主要河流、湖库布设监测点位，同时开展县城在用集中式饮用水水源地水质监测；新增土壤环境质量指标；自然生态指标中增加生态保护红线内容，将原来的"受保护区域面积比"调整为"生态保护红线等受保护区域面积所占比例"；将"污染源排放达标率""主要污染物排放强度"和"城镇污水集中处理率"3 个技术指标调整为监管指标，并将"主要污染物排放

续表

文件名称	文件内容	具体内容
《关于加强“十三五”国家重点生态功能区县域生态环境质量监测评价与考核工作的通知》（环办监测函〔2017〕279号）	重点生态功能区生态环境质量监测方法	强度”作为专项指标进行评价。 监测工作模式的变化：自然生态监测工作由国家统一组织实施；环境质量监测工作包括环境空气质量监测、水环境质量（含饮用水水源地水质）监测和土壤环境质量监测点位，除目前的国控点外，其余点位全部设为省控点位，土壤环境质量监测点位均为国控点位，由国家统一组织布设。国控点由国家组织监测，省控点位由省级环境保护部门组织监测。

2. 重点生态功能区转移支付资金投入分析

中央对地方的生态补偿转移支付可分为一般性转移支付和专项转移支付。重点生态功能区转移支付属于一般性转移支付中均衡性转移支付项下设立的资金项目。在当前重点生态功能区转移支付资金分配中，主要分为五部分：一是按照国家发展和改革委员会（以下简称发改委或发展改革委）规划和另外报请国务院批准的重点县域安排重点补助；二是对发改委规划中确定的禁止开发区进行补助；三是按照环保部规划，安排引导性补助；四是安排生态护林员补助；五是对重点生态县域根据考核评价情况安排奖惩资金。2018年重点生态功能区转移支付制度的构成及分配办法见表2-3。

表2-3　2018年重点生态功能区转移支付制度的构成及分配办法

转移支付类型	分配对象	分配办法
重点补助	重点生态县域	按照标准财政收支缺口并考虑补助系数测算。标准财政收支缺口参照均衡性转移支付测算办法，结合中央与地方生态环境保护治理财政事权和支出责任划分，将各地生态环境保护方面的减收增支情况作为转移支付测算的重要因素，补助系数根据标准财政收支缺口情况、生态保护区域面积、产业发展受限对财力的影响情况和贫困情况等因素分档分类测算。

续表

转移支付类型	分配对象	分配办法
禁止开发补助	禁止开发区域	根据各省禁止开发区域的面积和个数等因素分省测算，向国家自然保护区和国家森林公园两类禁止开发区倾斜。
引导性补助	国家生态文明试验区、国家公园体制试点地区等试点示范和重大生态工程建设地区	分类实施补助。
生态护林员补助	选聘建档立卡人员为生态护林员的地区	中央财政根据森林管护和脱贫攻坚需要，以及地方选聘建档立卡人员为生态护林员情况，安排生态护林员补助。

资料来源：财政部关于印发《中央对地方重点生态功能区转移支付办法》（财预〔2018〕86号）。

2008年实施国家重点生态功能区转移试点，中央财政将天然林保护、青海三江源和南水北调等国家重点生态工程所涉及的230个县纳入补助范围，补助总额60亿元。2009年到2016年间，中央财政不断扩大重点生态功能区补助范围，加大对生态功能区转移支付力度，增强对重点生态功能区的生态保护。截至2017年，国家累计下达重点生态功能区转移支付资金3709亿元，转移支付县域达到816个，其中近71%的县域为国家扶贫开发重点县或连片贫困县。从2008—2017年，中央财政下达国家重点生态功能区转移支付由60亿元增加到2017年的627亿元。2008年到2017年转移支付补助县域、转移支付资金及变化趋势如图2－1所示，2018年中央对地方重点生态功能区转移支付分配情况如图2－2所示。

从地方来看，江西省从2011年起设立省级自然保护区奖励制度。福建省安排生态保护财政转移支付资金，采取补助和奖励相结合的方式，支持限制开发区域和禁止开发区域增强公共服务保障能力。

（二）森林生态补偿政策分析

森林生态补偿是一种运用经济手段保护森林资源和生态环境的制度，对于保持森林生态系统功能的稳定性，实现森林的经济、生态和社会效益

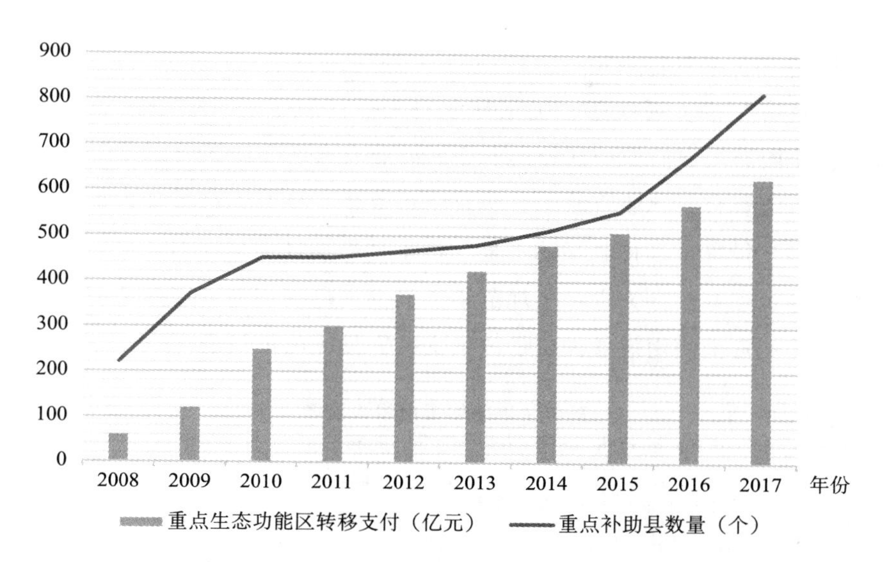

图 2－1　2008—2017 年重点生态功能区转移支付规模及重点补助县数量情况

资料来源：财政部网站。

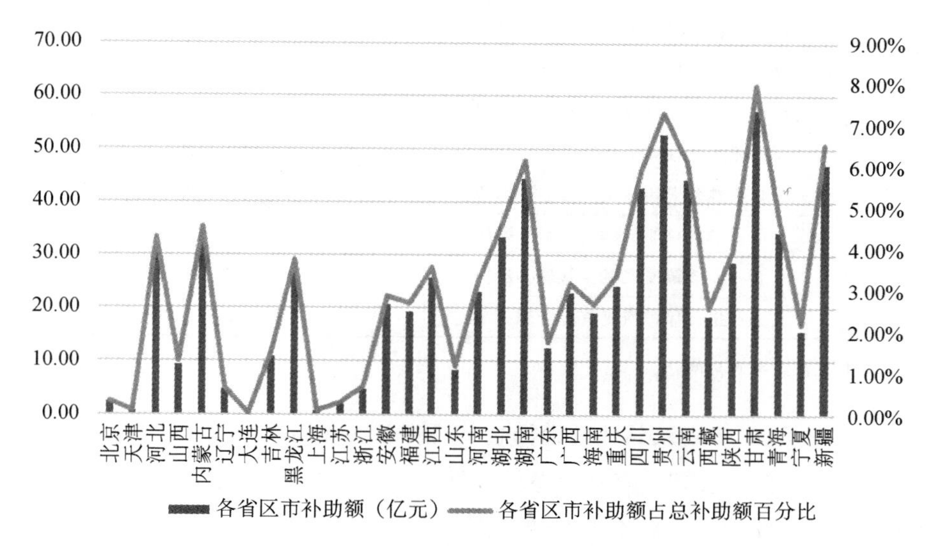

图 2－2　2018 年中央对地方重点生态功能区转移支付分配情况表

资料来源：财政部网站。

有着深远意义。森林生态补偿资金主要来源于中央财政安排专项资金建立的中央财政森林生态效益补偿基金。

1. 森林生态补偿政策

2004 年以来，财政部、国家林业局先后印发了森林生态效益补偿基金、林业国家级自然保护区补助资金、林业有害生物防治补助费、林业科技推广示范资金、林业贷款中央财政贴息资金、林业生产救灾资金、森林公安转移支付资金、林业补助资金、林业改革发展资金、林业生态保护恢复资金等管理办法，为进一步规范和加强中央财政森林生态效益补偿基金管理、提高资金使用效益提供了政策支持。具体政策如表 2－4 所示。

表 2－4　　森林生态补偿资金相关政策

文件名称	文号
《中央森林生态效益补偿基金管理办法》	财农〔2004〕169 号
《林业有害生物防治补助费管理办法》	财农〔2005〕44 号
《中央财政森林生态效益补偿基金管理办法》	财农〔2007〕7 号
《中央财政森林生态效益补偿基金管理办法》	财农〔2009〕381 号
《林业国家级自然保护区补助资金管理暂行办法》	财农〔2009〕290 号
《中央财政林业科技推广示范资金管理暂行办法》	财农〔2009〕289 号
《林业贷款中央财政贴息资金管理规定》	财农〔2009〕291 号
《林业生产救灾资金管理暂行办法》	财农〔2011〕10 号
《中央财政森林公安转移支付资金管理暂行办法》	财农〔2011〕447 号
《中央财政林业补助资金管理办法》	财农〔2014〕9 号
《林业改革发展资金管理办法》	财农〔2016〕196 号
《林业生态保护恢复资金管理办法》	财农〔2018〕66 号

资料来源：财政部网站。

其中，《中央财政林业补助资金管理办法》（财农〔2014〕9 号），进一步明确了预算管理、森林生态效益补偿、林业补贴、森林公安补助、国有林场改革补助、监督检查等各项内容。《中央财政林业补助资金管理办法》与生态补偿资金密切相关的政策内容如表 2－5 所示。

根据《关于尽快实现森林资源有偿使用和生态补偿制度的提案》复文（2015 年第 2365 号），近年来，中央财政逐步增加了森林生态效益补偿规模，适当提高了对国家公益林的补偿标准。2010 年，中央财政对属于集体和个人的国家级公益林补偿标准，从每年每亩 5 元提高到每年每亩 10

表 2-5　　中央财政林业补助资金管理相关政策内容

林业补助资金分配	财政部根据预算安排、各省资金申请文件、国家林业局的资金分配建议函、上年度林业补助资金使用管理情况等，确定林业补助资金分配方案，并在全国人民代表大会批复预算后三个月内，按照预算级次下达资金。
林业补助分配方法	采取因素法分配。
森林生态效益补偿标准	根据国家级公益林权属实行不同的补偿标准，包括管护补助支出和公共管护支出两部分。国有的国家级公益林平均补偿标准为每年每亩 5 元，其中管护补助支出 4.75 元，公共管护支出 0.25 元；集体和个人所有的国家级公益林补偿标准为每年每亩 15 元，其中管护补助支出 14.75 元，公共管护支出 0.25 元。
林业补贴适用范围	用于林木良种培育、造林和森林抚育，湿地、林业国家级自然保护区和沙化土地封禁保护区建设与保护，林业防灾减灾，林业科技推广示范，林业贷款贴息等方面。
林业补贴具体支出内容	（一）林木良种培育补贴。包括良种繁育补贴和林木良种苗木培育补贴。（二）造林补贴。对国有林场、农民和林业职工（含林区人员，下同）、农民专业合作社等造林主体在宜林荒山荒地、沙荒地、迹地、低产低效林地进行人工造林、更新和改造，面积不小于 1 亩的给予适当的补贴。（三）森林抚育补贴。对承担森林抚育任务的国有森工企业、国有林场、农民专业合作社以及林业职工和农民等给予适当的补贴。
其中： 林木良种培育补贴：补贴对象及补偿标准	良种繁育补贴的补贴对象为国家重点林木良种基地和国家林木种质资源库；补贴标准：种子园、种质资源库每亩补贴 600 元，采穗圃每亩补贴 300 元，母树林、试验林每亩补贴 100 元。林木良种苗木培育补贴的补贴对象为国有育苗单位；补贴标准：除有特殊要求的良种苗木外，每株良种苗木平均补贴 0.2 元，各地可根据实际情况，确定不同树种苗木的补贴标准。
造林补贴：补贴对象及补贴标准	直接补贴是指对造林主体造林所需费用的补贴，补贴标准为：人工营造，乔木林和木本油料林每亩补贴 200 元，灌木林每亩补贴 120 元（内蒙古、宁夏、甘肃、新疆、青海、陕西、山西等省灌木林每亩补贴 200 元），水果、木本药材等其他林木、竹林每亩补贴 100 元；迹地人工更新、低产低效林改造每亩补贴 100 元。间接费用补贴是指对享受造林补贴的县、局、场林业部门（以下简称县级林业部门）组织开展造林有关作业设计、技术指导所需费用的补贴。

续表

森林抚育补贴：补贴对象及补贴标准	森林抚育对象为国有林中的幼龄林和中龄林，集体和个人所有的公益林中的幼龄林和中龄林。一级国家级公益林不纳入森林抚育范围。森林抚育补贴标准为平均每亩100元。根据国务院批准的《长江上游、黄河上中游地区天然林资源保护工程二期实施方案》和《东北、内蒙古等重点国有林区天然林资源保护工程二期实施方案》，天然林资源保护工程二期实施范围内的国有林森林抚育补贴标准为平均每亩120元。
林业国家级自然保护区建设与保护补贴	根据湿地、林业国家级自然保护区和沙化土地封禁保护区的重要性、建设内容、任务量、地方财力状况、保护成绩等因素分配。主要用于保护区的生态保护、修复与治理，特种救护、保护设施设备购置和维护，专项调查和监测，宣传教育，以及保护管理机构聘用临时管护人员所需的劳务补贴等支出。
林业防灾减灾补贴	根据损失程度、防灾减灾任务量、地方财力状况等因素分配。
林业科技推广示范补贴	用于对全国林业生态建设或林业产业发展有重大推动作用的先进、成熟、有效的林业科技成果推广与示范等相关支出的补贴。
林业贷款贴息补贴	中央财政对各类银行（含农村信用社和小额贷款公司）发放的符合贴息条件的贷款给予一定期限和比例的利息补贴。

元。2013年，中央财政进一步提高了属于集体和个人的国家级公益林补偿标准，由每年每亩10元提高到15元。2015年，中央财政首次提高国有国家级公益林补偿标准，由每年每亩5元提高到每年每亩6元。国有国家级公益林补偿标准的提高，有利于弥补和改善国有国家级公益林管护经费不足、管护人员工资偏低的状况，对加强国有国家级公益林保护管理，提高林分质量，维护生态安全等方面提供了政策支持和资金保证。在中央财政不断增加投入的同时，地方财政也可根据各地具体情况，逐步增加本地森林生态效益补偿规模，加大对公益林的补偿力度。

2016年国务院发布的《关于健全生态保护补偿机制的意见》（国办发〔2016〕31号）中提出，要健全国家和地方公益林补偿标准动态调整机制。完善以政府购买服务为主的公益林管护机制。合理安排停止天然林商业性采伐补助奖励资金。中央财政大力支持天然林保护全覆盖和森林生态效益补偿，具体内容如下：一是对未纳入原政策保护范围的，实施天然林保护政策全覆盖，主要采取新的停伐补助和奖励政策；二是对已纳入政策保护范围的，适当提高补助标准。

中央财政连续提高天保工程区国有林管护补助标准和国有国家级公益林生态效益补偿标准，从2014年的每年每亩5元提高到2017年的每年每亩10元，翻了一番，对集体和个人所有的国家级公益林每年每亩补助15元，并按照上述标准安排停伐管护补助。将社会保险补助费的缴费工资基数从2008年社会平均工资的80%提高到2013年的80%，国有天然林商业性采伐全面停止，森林资源管护切实得到加强，天然林保护基本实现全覆盖。

2. 森林生态补偿资金投入分析

近年来，中央财政按照生态文明建设总体要求，不断加大投入力度，支持实施森林生态效益补偿。2016年，中央财政积极盘活存量，用好增量，通过林业补助资金拨付165亿元，支持做好森林生态效益补偿工作，加强国家级公益林保护和管理。同时，积极完善森林生态效益补偿机制，将国有国家级公益林补偿标准提高33%，进一步加大对生态环境的支持保护力度。以森林生态补偿资金为例，中央财政在2010年至2016年森林生态效益补偿资金投入具体情况如图2-3所示。

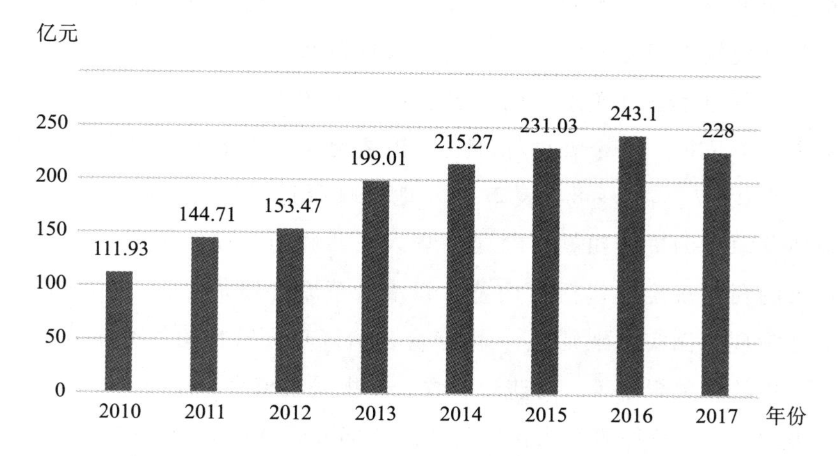

图2-3　2010—2017年森林生态效益补偿资金投入情况

2017年，中央财政共计安排533亿元（其中中央本级31亿元，补助地方502亿元），支持全面保护我国天然林资源，其中：用于森林资源管护313亿元、停伐补助103亿元、天保工程区政策性社会性支出和社会保险补助117亿元。

从各省市情况来看，山东省省级财政安排专项资金，同时组织市、县财政分别对省、市、县级生态公益林进行补偿，形成了中央、省、市、县四级联动的补偿机制。广东省由省、市、县按比例筹集公益林补偿资金。福建省从江河下游地区筹集资金，用于对上游地区森林生态效益补偿。各地对地方公益林的补偿标准，东部地区明显高于中央对国家级公益林补偿标准，西部地区则大多低于中央补偿标准。北京市对生态公益林每亩每年补助40元，并建立了护林员补助制度，每人每月补助480元。

（三）草原生态补偿融资制度分析

1. 草原生态补偿融资政策梳理

国家专门立法并发布相关规定以保障草原生态的资金来源，对破坏生态的行为进行惩处。草原生态补偿融资的主要来源包括政府补助、草原相关罚没资金、各类专项资金等。各项转移支付及补助资金由国务院或国务院授权部门按规定下发，主要来自财政部、发改委、农业部、扶贫办等。草原生态补偿融资的主要法律法规政策依据、草原生态补偿财政资金政策依据、资金补助标准及分担情况、资金监管主体及职责见表2-6、表2-7、表2-8、表2-9。地方政府有权利规定相关处罚细则，对破坏草原行为进行罚款。除《中华人民共和国草原法》外，对破坏草原行为的罚款规定还包括《内蒙古自治区草原管理条例》、《内蒙古自治区草原管理条例实施细则》、《内蒙古自治区草原野生植物采集收购管理办法》中的相关规定等，对违规放牧、违规采集植物、违规开矿和利用草原、机动车碾压草原等行为作出处罚。这部分资金作为罚没收入，专项用于草原保护。社会资金和金融机构投资也是草原生态保护资金的重要来源（见表2-10）。

表 2－6　　草原生态补偿融资的主要法律法规政策依据

序号	法律法规名称	时间及出台部门	具体内容
1	《中华人民共和国草原法》	2013 年 6 月 29 日	第三十五条 在草原禁牧、休牧、轮牧区，国家对实行舍饲圈养的给予粮食和资金补助，具体办法由国务院或者国务院授权的有关部门规定。第六十五至第七十条 以各种形式破坏草原的，限期整改，并处以罚款。第七十三条 违反草蓄平衡规定的，由省、自治区、直辖市人民代表大会或常委会规定处理。
2	《内蒙古自治区草原管理条例》	2005 年 1 月 1 日	第四十六、四十七条 对超载行为和违反草蓄平衡行为、禁牧行为予以罚款。第四十八、四十九条，对破坏草原的其他行为予以罚款。
3	《内蒙古自治区草原管理条例实施细则》	2006 年 5 月 1 日	第五十一、五十二条 对加工发菜、阻塞道路造成草原损坏的要予以罚款。
4	《内蒙古自治区草原野生植物采集收购管理办法》	2009 年 3 月 1 日	第二十一条 在荒漠、半荒漠和严重退化、沙化、盐碱化、荒漠化和水土流失的草原以及生态脆弱区的草原上采集草原野生植物的将予以处罚。
5	《国家重点生态功能区转移支付办法》	财预〔2011〕428 号 2011 年 7 月 19 日	国家重点生态功能区转移支付按县测算，下达到省，省级财政根据本地实际情况分配落实到相关市县。选取影响财政收支的客观因素，适当考虑人口规模、可居住面积、海拔、温度等成本差异系数，采用规范的公式化方式进行分配。
6	《关于扩大新一轮退耕还林还草规模的通知》	财政部、国家发展和改革委员会（以下简称发展改革委）、国家林业局、国土资源部、农业部、水利部、环境保护部、国务院扶贫办财农〔2015〕258 号 2015 年 12 月 31 日	加快贫困地区新一轮退耕还林还草进度。重点向扶贫开发任务重、贫困人口较多的省倾斜。各有关省在具体落实时，要进一步向贫困地区集中。

续表

序号	法律法规名称	时间及出台部门	具体内容
7	《内蒙古自治区“十三五”时期草原保护建设规划（2016—2020）》	2016年11月	在坚持政府积极投入、统筹利用现有相关资金的同时，多渠道、多层次、多方位地筹集资金，积极引导和利用外资企业、民营企业、农牧民个人等社会资金，加大对草原保护建设利用的支持力度。

表2－7　　草原生态补偿财政资金政策依据

序号	法律法规名称	时间及出台部门	具体内容
1	《内蒙古自治区基本草原保护条例》	2016年3月30日	第二十一条　占用基本草原的，要交纳草原植被恢复费。 第三十二条　违法利用和改善基本草原用途的，要交纳相应罚款。 第三十三条　工业污染基本草原的，按照规定罚款。 第三十四条　机动车破坏基本草原进行罚款。 第三十九条　违反草畜平衡条例的，要进行罚款。 第四十条　对草原植物进行破坏的要进行罚款。 第四十一条　禁止相关部门和人员截留“草原补偿费、安置补助费、附着物补偿费、植被恢复费、草原生态保护奖励补助费”。
2	《关于同意收取草原植被恢复费有关问题的通知》	财政部、国家发展改革委财综〔2010〕29号2010年4月27日	收费部门为草原行政主管部门或其委托的草原监理站（所），全额缴入地方国库。草原植被恢复费收入列“政府收支分类科目”第103类“非税收入”02款“专项收入”13项“草原植被恢复费收入”。草原植被恢复费支出列“政府收支分类科目”第213类“农林水事务”01款“农业”53项“草原植被恢复费支出”。草原植被恢复费纳入财政预算管理，专项用于草原行政主管部门组织的草原植被恢复、保护和管理。
3	《国家发展改革委、财政部关于草原植被恢复费收费标准及有关问题的通知》	发改价格〔2010〕1235号2010年7月9日	进行矿藏勘查开采和工程建设征用或使用草原的单位和个人，以及因工程建设、勘查、旅游等活动需要临时占用草原且未履行恢复义务的单位和个人，缴纳草原植被恢复费。

续表

序号	法律法规名称	时间及出台部门	具体内容
4	《农业部关于加强草原植被恢复费征收使用管理工作的通知》	农财发〔2010〕132号2010年6月21日	收取的草原植被恢复费要按规定全额缴入地方国库。草原植被恢复费的使用，要纳入财政预算管理。县级以上地方草原行政主管部门要按规定编制草原植被恢复费收支预算，并按同级财政部门核定的支出预算使用资金。
5	《内蒙古自治区草原植被恢复费征收使用管理办法》	内政发〔2012〕8号2012年1月20日	第十条　草原植被恢复费的使用按照“取之于草、用之于草、统筹使用”的原则。 第十一条 草原植被恢复费由征收机构在征收时直接缴入同级财政非税收入专户，由同级财政按照自治区20%、盟市10%、旗县70%的比例缴入相应级次国库，纳入地方预算管理。
6	《内蒙古自治区嘎查（村）级草原管护员管理办法》	2011年6月15日	第十一条　草原管护员人均每年补贴4000元。草原管护员补贴由自治区统筹安排。 第十二条　草原管护员管护补贴通过转移支付拨付到旗县级草原监督管理机构，建立专户，专款专用。
7	《关于扩大新一轮退耕还林还草规模的通知》	财政部、国家发展改革委、国家林业局、国土资源部、农业部、水利部、环境保护部、国务院扶贫办财农〔2015〕258号2015年12月31日	（二）加快贫困地区新一轮退耕还林还草进度。从2016年起，国家有关部门在安排新一轮退耕还林还草任务时，重点向扶贫开发任务重、贫困人口较多的省倾斜。各有关省在具体落实时，要进一步向贫困地区集中，向建档立卡贫困村、贫困人口倾斜。 （三）国家按退耕还草每亩补助1000元（其中中央财政专项资金安排现金补助850元、国家发展和改革委员会安排种苗种草费150元）。中央安排的退耕还草补助资金分两次下达，每亩第一年600元（其中种苗种草费150元）、第三年400元。
8	《内蒙古自治区禁牧和草畜平衡监督管理办法》	内政办发〔2015〕133号2015年12月14日	第十四条 违反禁牧和草畜平衡规定的罚没款，实行收支两条线，应当用于禁牧和草畜平衡的监督管理工作。

续表

序号	法律法规名称	时间及出台部门	具体内容
9	《国务院办公厅关于健全生态保护补偿机制的意见》	国办发〔2016〕31号2016年5月13日	（十一）中央预算内投资对重点生态功能区内的基础设施和基本公共服务设施建设予以倾斜。各省级人民政府要完善省以下转移支付制度，建立省级生态保护补偿资金投入机制。完善各类资源有偿使用收入的征收管理办法，逐步扩大资源税征收范围。 （十二）完善重点生态区域补偿机制。继续推进生态保护补偿试点示范，统筹各类补偿资金，探索综合性补偿办法。划定并严守生态保护红线，研究制定相关生态保护补偿政策。将生态保护补偿作为建立国家公园体制试点的重要内容。 （十三）推进横向生态保护补偿。研究制定以地方补偿为主、中央财政给予支持的横向生态保护补偿机制办法。鼓励受益地区与保护生态地区建立横向补偿关系。 （十四）健全配套制度体系。加快建立生态保护补偿标准体系，根据各领域、不同类型地区特点，以生态产品产出能力为基础，完善测算方法，分别制定补偿标准。 （十五）研究建立生态环境损害赔偿、生态产品市场交易与生态保护补偿协同推进生态环境保护的新机制。稳妥有序开展生态环境损害赔偿制度改革试点，加快形成损害生态者赔偿的运行机制。健全生态保护市场体系，完善生态产品价格形成机制，使保护者通过生态产品的交易获得收益，发挥市场机制促进生态保护的积极作用。建立碳排放权初始分配制度，完善有偿使用、预算管理、投融资机制，培育和发展交易平台。完善落实对绿色产品研发生产、运输配送、购买使用的财税金融支持和政府采购等政策。 （十六）结合生态保护补偿推进精准脱贫，探索生

续表

序号	法律法规名称	时间及出台部门	具体内容
9	《国务院办公厅关于健全生态保护补偿机制的意见》	国办发〔2016〕31号2016年5月13日	态脱贫新路子。生态保护补偿资金、国家重大生态工程项目和资金按照精准扶贫、精准脱贫的要求向贫困地区倾斜，向建档立卡贫困人口倾斜。
10	《内蒙古自治区人民政府办公厅关于健全生态保护补偿机制的实施意见》	内政办发〔2016〕183号2016年12月19日	（十一）逐步增加对国家和自治区重点生态功能区、生态多样性优先保护区、自然保护区的转移支付力度。中央和自治区预算内投资对重点生态功能区内的基础设施和基本公共服务设施建设予以倾斜。探索建立自治区生态保护补偿基金。完善草原等资源收费基金和各类资源有偿使用收入的征收管理办法。建立矿山环境治理恢复基金。继续加大资金投入，开展无责任主体矿山地质环境治理工作。加快建立基于区域能源开发和生态破坏的生态补偿机制，制定针对能源输出地区的生态补偿办法和财税政策，启动外送电生态补偿试点。 （十四）助推精准扶贫、精准脱贫。国家和自治区重大生态工程项目和资金按照精准扶贫、精准脱贫的要求向贫困地区倾斜，向建档立卡贫困人口倾斜。开展贫困地区生态综合补偿试点，创新资金使用方式，利用生态保护补偿和生态保护工程资金，促进当地有劳动能力的部分贫困人口转为生态保护人员。
11	《内蒙古自治区“十三五”时期草原保护建设规划（2016—2020）》	2016年11月	京津风沙源二期工程草原建设工程。

表 2-8　　草原生态补偿资金补助标准及分担情况

序号	法律法规名称	时间及出台部门	具体内容
1	《关于扩大新一轮退耕还林还草规模的通知》	财政部、国家发展改革委、国家林业局、国土资源部、农业部、水利部、环境保护部、国务院扶贫办 财农〔2015〕258号 2015年12月31日	（二）充分发挥退耕还林还草政策的扶贫作用，加快贫困地区脱贫致富。 （三）国家按退耕还草每亩补助1000元（其中中央财政专项资金安排现金补助850元、国家发展和改革委员会安排种苗种草费150元）。中央安排的退耕还草补助资金分两次下达，每亩第一年600元（其中种苗种草费150元）、第三年400元。
2	《内蒙古草原生态保护补助奖励机制实施方案》	2011年12月20日	（一）补奖标准 1. 国家补奖标准。 （1）禁牧补助：根据全国不同草原的载畜能力，测算标准为每亩6元。 （2）草畜平衡奖励：根据全国不同草原的载畜能力，测算标准为每亩1.5元。 （3）牧草良种每年每亩平均补贴10元。 （4）牧民生产资料补贴每年每户500元。 2. 内蒙古补奖标准。 （1）禁牧补助：按照标准亩每亩补助6元。 （2）草畜平衡奖励：按照标准亩每亩补助1.5元。 （3）优良多年生牧草每亩补贴70元，在3年内补给。 （4）牧民生产资料补贴每年每户500元。 3. 内蒙古配套政策。 （1）牧民更新的种公羊予以补贴，标准为种公羊800元/只/年，肉牛良种基础母牛饲养每年每头补贴50元。 （2）对牧民购买的畜牧业用机械，在中央财政资金补贴30%的基础上，自治区财政资金累加补贴

续表

序号	法律法规名称	时间及出台部门	具体内容
2	《内蒙古草原生态保护补助奖励机制实施方案》	2011 年 12 月 20 日	20%，使总体补贴比例达到 50%。 （3）牧民管护员工资每人每年 4000 元，由自治区各级财政承担，其中，自治区级承担 50%，盟市和旗县（市、区）承担 50%。 （4）移民试点补贴每人补贴 8 万元，由自治区各级财政承担，其中，自治区级承担 50%，盟市和旗县（市、区）承担 50%。

表 2－9　　草原生态补偿资金监管主体及职责

序号	法律法规名称	时间及出台部门	具体内容
1	《中华人民共和国草原法》	2013 年 6 月 29 日	第三十五条　在草原禁牧、休牧、轮牧区，国家对实行舍饲圈养的给予粮食和资金补助，具体办法由国务院或者国务院授权的有关部门规定。 第七十三条　违反草畜平衡规定的，由省、自治区、直辖市人民代表大会或常委会规定处理。
2	《内蒙古自治区草原管理条例实施细则》	2006 年 5 月 1 日	第三十三条　签订草蓄平衡规定的草原补偿费、安置补助费由旗县级人民政府草原行政主管部门的草原监督管理机构进行测算。
3	《草畜平衡管理办法》	中华人民共和国农业部令第 48 号 2005 年 3 月 1 日	第五条　农业部主管全国草畜平衡监督管理工作。县级以上地方人民政府草原行政主管部门负责本行政区域内的草畜平衡监督管理工作。
4	《内蒙古自治区禁牧和草畜平衡监督管理办法》	内政办发〔2015〕133 号 2015 年 12 月 14 日	第三条　旗县级人民政府和苏木乡镇人民政府是落实禁牧和草畜平衡制度的实施主体。 第九条 原承包经营者或者使用者必须认真履行禁牧和草畜平衡的有关规定。在禁牧区内放牧或者违反草畜平衡规定超载放牧的，草原监督管理机构按照草原法律法规的相关规定依法进行查处。 第十条 各级财政部门和草原行政主管部门应当建立禁牧和草畜平衡制度等落实与相关资金发放的衔

续表

序号	法律法规名称	时间及出台部门	具体内容
4	《内蒙古自治区禁牧和草畜平衡监督管理办法》	内政办发〔2015〕133号 2015年12月14日	接机制。草原补奖区域内的补助奖励资金发放应当与禁牧和草畜平衡制度落实的监管情况挂钩。 第十一条　旗县级财政部门和草原行政主管部门应当根据本地实际，制定禁牧和草畜平衡制度落实具体办法，明确草原补奖资金的具体发放和监管措施。
5	《国务院办公厅关于健全生态保护补偿机制的意见》	国办发〔2016〕31号 2016年5月13日	（十）提高禁牧补助和草畜平衡奖励标准。（农业部、财政部、国家发展和改革委员会负责）。 （十一）中央预算和各省级人民政府完善转移支付制度。完善各类资源有偿使用收入的征收管理办法，逐步扩大资源税征收范围，允许相关收入用于开展相关领域生态保护补偿。（财政部、国家发展和改革委员会同国土资源部、环境保护部、住房城乡建设部、水利部、农业部、税务总局、国家林业局、国家海洋局负责） （十二）完善重点生态区域补偿机制。继续推进生态保护补偿试点示范，将生态保护补偿作为建立国家公园体制试点的重要内容。（国家发展和改革委员会、财政部会同环境保护部、国土资源部、住房城乡建设部、水利部、农业部、国家林业局、国务院扶贫办负责） （十三）推进横向生态保护补偿（财政部会同国家发展和改革委员会、国土资源部、环境保护部、住房城乡建设部、水利部、农业部、国家林业局、国家海洋局负责） （十四）健全配套制度体系。建立统一的确权登记系统和权责明确的产权体系。强化科技支撑。（国家发展和改革委员会、财政部会同国土资源部、环境保护部、住房城乡建设部、水利部、农业部、国家林业局、国家海洋局、国家统计局负责） （十五）创新政策协同机制。研究建立生态环境损害赔偿、生态产品市场交易与生态保护补偿协同推进生态环境保护的新机制。健全生态保护市场体

续表

序号	法律法规名称	时间及出台部门	具体内容
5	《国务院办公厅关于健全生态保护补偿机制的意见》	国办发〔2016〕31 号 2016 年 5 月 13 日	系，逐步建立碳排放权交易制度，建立统一的绿色产品标准、认证、标识等体系，完善落实对绿色产品研发生产、运输配送、购买使用的财税金融支持和政府采购等政策。（国家发展和改革委员会、财政部、环境保护部会同国土资源部、住房城乡建设部、水利部、税务总局、国家林业局、农业部、国家能源局、国家海洋局负责） （十六）结合生态保护补偿推进精准脱贫。重点生态功能区转移支付要考虑贫困地区实际状况，加大投入力度，扩大实施范围。加大贫困地区新一轮退耕还林还草力度，合理调整基本农田保有量。（财政部、国家发展和改革委员会、国务院扶贫办会同国土资源部、环境保护部、水利部、农业部、国家林业局、国家能源局负责） （十八）强化组织领导。建立由国家发展改革委、财政部会同有关部门组成的部际协调机制，加强跨行政区域生态保护补偿指导协调。
6	《内蒙古自治区人民政府办公厅关于健全生态保护补偿机制的实施意见》	内政办发〔2016〕183 号 2016 年 12 月 19 日	（十一）建立稳定投入机制。完善自治区国家重点生态功能区财政转移支付办法，逐步增加转移支付力度。完善草原等资源收费基金和各类资源有偿使用收入的征收管理办法。建立矿山环境治理恢复基金。（自治区财政厅、地税局、林业厅、农牧业厅、水利厅、国土资源厅、环保厅、发展和改革委员会负责） （十四）助推精准扶贫、精准脱贫。（自治区扶贫办、财政厅、发展和改革委员会负责）
7	《内蒙古自治区人民政府办公厅关于印发培育发展绿色基金工作方案的通知》	内政办发〔2016〕143 号 2016 年 9 月 30 日	强化部门协调沟通。自治区金融、发展改革、财政、环保、税务、工商、证监及其他相关部门要加强协作，在推进绿色基金的业务开展、政策扶持、财税优惠、工商注册、模式创新、风险防范等方面形成工作合力。

表 2－10　　市场化融资法律及政策依据

序号	法律法规名称	时间及出台部门	具体内容
1	《关于划定并严守生态保护红线的若干意见》	中共中央办公厅、国务院办公厅 2017 年 2 月	加快制定有利于提升和保障生态功能的土地、产业、投资等配套政策。研究市场化、社会化投融资机制，多渠道筹集保护资金，发挥资金合力。
2	《内蒙古自治区“十三五”时期草原保护建设规划（2016—2020）》	2016 年 11 月	在坚持政府积极投入、统筹利用现有相关资金的同时，多渠道、多层次、多方位地筹集资金，积极引导和利用外资企业、民营企业、农牧民个人等社会资金。
3	《国务院办公厅关于健全生态保护补偿机制的意见》	国办发〔2016〕31 号 2016 年 5 月 13 日	（十五）创新政策协同机制。研究建立生态环境损害赔偿、生态产品市场交易与生态保护补偿协同推进生态环境保护的新机制。完善生态产品价格形成机制，使保护者通过生态产品的交易获得收益。建立碳排放权初始分配制度，完善有偿使用、预算管理、投融资机制，培育和发展交易平台。逐步建立碳排放权交易制度。完善落实对绿色产品的财税金融支持和政府采购等政策。
4	《内蒙古自治区人民政府办公厅关于健全生态保护补偿机制的实施意见》	内政办发〔2016〕183 号 2016 年 12 月 19 日	（十一）建立稳定投入机制。探索建立自治区生态保护补偿基金。完善草原等资源收费基金和各类资源有偿使用收入的征收管理办法。建立矿山环境治理恢复基金。继续加大资金投入，开展无责任主体矿山地质环境治理工作。加快建立基于区域能源开发和生态破坏的生态补偿机制，制定针对能源输出地区的生态补偿办法和财税政策，启动外送电生态补偿试点。（十二）建立生态补偿市场化机制。完善生态产品价格形成机制，使保护者通过生态产品交易获得收益。推动建立用能权、碳排放权初始分配制度和建设交易平台。加快碳排放权交易

续表

序号	法律法规名称	时间及出台部门	具体内容
4	《内蒙古自治区人民政府办公厅关于健全生态保护补偿机制的实施意见》	内政办发〔2016〕183号 2016年12月19日	市场建设。探索政府与社会资本合作开展生态补偿模式，鼓励有能力的第三方进入生态补偿交易市场，积极推进第三方评估、检测、服务和生态受损地区的环境恢复治理。 （十四）助推精准扶贫、精准脱贫。对在贫困地区开发水电、矿产、光伏资源占用集体土地的，试行给原住居民集体股权方式进行补偿，让贫困人口分享资源开发收益。引导贫困人口发展草业、旅游等生态产业，大力推行资产收益扶贫机制。
5	内蒙古自治区人民政府办公厅关于印发《内蒙古自治区生态环境保护“十三五”规划》的通知	内政办发〔2017〕97号 2017年5月27日	加快构建绿色金融体系：建立并进一步发展壮大“内蒙古自治区环保基金”，通过专业化管理和市场化运作，有效放大政府资金使用效益。探索推动环境权益及其未来收益权切实成为合格抵质押物，鼓励金融机构开发基于环境权益抵质押融资产品。发展环境权益回购、托管等金融产品。通过提供再贷款和建立专业化担保机制等措施，促进绿色信贷发展。推动证券市场支持绿色投资，支持地方和市场机构通过专业化的担保和增信机制支持绿色债券的发行。探索开展对新建项目“强制”应用PPP模式的试点工作。推动建立碳排放权初始分配制度和建设交易平台。探索政府与社会资本合作开展生态补偿模式，鼓励有能力的第三方进入生态补偿交易市场。 培育环境治理市场主体：组建环境治理和生态保护领域的国有资本投资公司，鼓励政府投融资平台和社会资本建立混合所有制企业，形成政府、企业、社会三元共治新格局，推动建立排污者付费、第三方治理的治污新机制，提升自治区污染治理水平。吸收先进的环境治理新

续表

序号	法律法规名称	时间及出台部门	具体内容
5	内蒙古自治区人民政府办公厅关于印发《内蒙古自治区生态环境保护“十三五”规划》的通知	内政办发〔2017〕97号 2017年5月27日	技术和优秀研发团队，采取增资扩股、股权多元等市场化运作模式。采用环境治理依效付费与环境绩效合同服务等方式引入第三方治理。加大环保投入，拓宽融资渠道：充分发挥财政资金的引导和带动作用，鼓励民间资本和社会资本对生态环保的投入，建立政府、企业、社会多元化投融资机制。建立环保基金，吸纳社会资本，破解资金约束。推进实施政府与社会资本合作（PPP），鼓励和引导银行业金融机构加大对生态环境保护与污染防治项目信贷支持力度，推行绿色信贷。
6	《内蒙古自治区人民政府办公厅关于印发培育发展绿色基金工作方案的通知》	内政办发〔2016〕143号 2016年9月30日	（一）做好绿色引导基金培育工作。进一步发展壮大“内蒙古自治区环保基金”，通过专业化管理和市场化运作，有效放大政府资金使用效益，撬动更多社会资本投向绿色产业。推动设立一批绿色基金，规范扶持一批绿色基金。鼓励有条件的地方政府和相关部门设立绿色引导基金，吸引、联合社会资本共同发起设立区域性、行业性绿色基金，侧重投资具有社会公益性、回报稳定的绿色产业项目，或参与绿色产业企业的并购重组。 （二）支持民间资本参与发起设立绿色基金。鼓励自治区及境内外绿色产业龙头企业、有资金实力的民营企业和知名投资基金管理机构在自治区发起募集设立一批绿色基金。对具有政府资金背景的绿色基金，探索通过政府和社会资本合作（PPP）模式充分发挥基金的放大效应和导向作用，积极引导投资机构和社会资本加入绿色基金。（三）创造绿色基金市场发展的良好氛围。支持各级政府和部门通过放宽市场准入、完善公共服务定价、实施特许经营模

续表

序号	法律法规名称	时间及出台部门	具体内容
6	《内蒙古自治区人民政府办公厅关于印发培育发展绿色基金工作方案的通知》	内政办发〔2016〕143号 2016年9月30日	式、落实财税和土地政策等措施，建立健全绿色产业项目的收益和成本风险共担机制，支持绿色基金所投资的项目。鼓励支持银行、证券、保险和各类投资机构开展业务、加强服务，充分发挥其在构建绿色金融体系中的主体作用，服务自治区绿色基金市场发展。 （四）推动绿色基金市场的交流合作。积极引导支持自治区各类绿色基金对接国家绿色发展基金，争取国家绿色发展基金对自治区绿色产业的投入，助推自治区绿色产业发展。积极组织开展绿色产业投资领域的合作交流活动，支持自治区优质绿色企业“走出去”开展投资合作。
7	《关于构建绿色金融体系的指导意见》	2016年8月31日	二、大力发展绿色信贷 三、推动证券市场支持绿色投资 四、设立绿色发展基金，通过政府和社会资本合作（PPP）模式动员社会资本 五、发展绿色保险 六、完善环境权益交易市场、丰富融资工具 八、推动开展绿色金融国际合作
8	国家发展改革委、环境保护部关于印发《关于培育环境治理和生态保护市场主体的意见》的通知	发改环资〔2016〕2028号 2016年9月22日	加快建设市场交易体系。鼓励多元投资。拓宽融资渠道。发挥政府资金引导带动作用。

2. 草原生态补偿资金投入分析

草原是我国面积最大的陆地生态系统，草原面积近4亿公顷，占全国国土总面积的40%以上。草原具有重要的生态功能。从2011年开始，国家在内蒙古等8个主要草原牧区省份全面实施草原生态保护补助奖励政策，中央财政每年拿出136亿元（后增加到150亿元），在内蒙古、新疆、西藏、青海、甘肃、四川、宁夏、云南等省份全面建立草原生态保护补助奖励机制。2012年又将政策实施范围扩大到黑龙江等5个非主要牧区省的36个牧区半牧区县，覆盖了全国268个牧区半牧区县。以退牧还草资金投入为例，2010年到2016年退牧还草资金投入如图2-4所示。2016年，西藏落实了草原生态补偿资金2亿元，拟在5个县开展生态补偿试点工作。西藏成为全国第一个实施这项试点的省区。

图2-4　2010—2016年中央财政退牧还草资金投入

（四）流域生态补偿融资机制与政策分析

流域生态补偿资金主要来源包括上级政府的纵向转移支付，同级政府间的横向转移支付等。

1. 流域生态补偿试点政策梳理

“十一五”时期以来，我国出台了一系列流域生态保护补偿政策，开展了多个跨省区域试点，在流域生态保护补偿实践方面取得了一定成效。《水污染防治法》中增加生态补偿相关条款，首次在环保法律中规定了对饮用水水源保护区和江河、湖泊、水库上游地区的水环境保护生态补偿机制，对生态补偿工作的有效开展发挥了积极作用。该法第七条规定：“国家通过财政转移支付等方式，建立健全对位于饮用水水源保护区区域和江河、湖泊、水库上游地区的水环境生态保护补偿机制。”2016年国务院发布的《关于健全生态保护补偿机制的意见》（国办发〔2016〕31号）中提出，在江河源头区、集中式饮用水水源地、重要河流敏感河段和水生态修复治理区、水产种质资源保护区、水土流失重点预防区和重点治理区、大江大河重要蓄滞洪区以及具有重要饮用水源或重要生态功能的湖泊，全面开展生态保护补偿，适当提高补偿标准，加大水土保持生态效益补偿资金筹集力度。

目前，我国开展了多个跨省试点区域，流域生态补偿政策也以各个试点领域为重点，具体试点政策如表2-11所示。

表2-11　流域生态补偿试点

名称	开展时间	相关地域
《陕西省渭河流域水污染补偿实施方案（试行）》	2010年1月	陕西省
《新安江流域水环境补偿协议（第一轮）》	2012年9月	浙江省、安徽省
《粤桂九州江流域跨界水环境保护合作协议》	2014年8月	广东省、广西壮族自治区
《新安江流域水环境补偿协议（第二轮）》	2015年5月	浙江省、安徽省
《关于汀江—韩江上下游横向生态补偿协议》	2016年3月	福建省、广东省
《东江流域上下游横向生态补偿协议》	2016年10月	江西省、广东省
《新安江流域水环境补偿协议（第三轮）》	2018年11月	浙江省、安徽省
《赤水河流域横向生态补偿协议》	2018年3月	云南省、贵州省、四川省

在黄河流域沿线，我国已开展了生态补偿相关工作，有力推动了黄河中上游流域水污染防治。《渭河流域水污染补偿实施方案（试行）》规定，西安、宝鸡、咸阳和渭南等四市根据考核断面出境水质缴纳污染补偿金，落实渭河流域四市责任，调动治污积极性。2010年河南省全面推行了流域生态补偿机制，大力推进了流域水污染防治工作。《重点流域水污染防治规划（2011—2015年）》将黄河中上游流域纳入规划范围，努力改善黄河中上游流域水环境质量。

从2011年开始，财政部和环保部联合推动实施的新安江跨省生态补偿试点，促进了新安江流域水质总体提升。2012年9月，正式启动新安江流域水环境补偿试点，浙江、安徽两省正式签订《新安江流域水环境补偿协议》，以水质考核为基础，下游对上游水环境保护予以补偿、上游对下游水质超标或环境责任事故赔偿的双向责任机制，建立了上下游联动的流域治理机制，体现了上下游共担保护成本、共享发展成果的理念。2012—2014年，中央、两省财政安排资金建立新安江流域水环境补偿资金。每年中央财政投入3亿元、皖浙两省各出资1亿元；如果年度水质达到考核标准，浙江拨付给安徽1亿元，否则相反。作为全国首个跨省流域的生态补偿机制试点，试点机制运行顺利，水质保持优良并逐步向好，两省界断面保持地表水Ⅱ类左右，下游千岛湖富营养状态逐步改善。2015—2017年启动新安江流域第二轮生态补偿协议，每年中央财政出资3亿元，安徽、浙江两省分别出资2亿元；年度水质达到考核标准，浙江拨付给安徽2亿元，水质达不到考核标准，安徽拨付给浙江2亿元。补偿资金可用于新安江流域环境综合治理、水污染防治、生态保护建设、产业结构调整、产业布局优化和生态补偿等方面，使用范围进一步拓展。2018—2020年，新安江流域签订第三轮生态补偿协议，共同设立新安江流域上下游横向生态补偿资金，浙江、安徽每年各出资2亿元，并积极争取中央资金支持。当年度水质达到考核标准，浙江支付给安徽2亿元；水质达不到考核标准，安徽支付给浙江2亿元。除延续原有的流域生态补偿机制之外，两省还采取工程、经济、科技等措施，旨在促进绿色生产、生活方式形成，促进全流域生态环境保护与经济社会协调可持续发展。

以新安江流域生态补偿机制试点为范本的流域上下游横向补偿机制试点工作，已在广西、广东、福建、江西、河北、天津、陕西、甘肃等多地逐步推开。

继广东省与广西、福建建立了九洲江、汀江—韩江横向生态补偿机制后，2016年10月，江西、广东两省签署《东江流域上下游横向生态补偿协议》，建立东江流域上下游横向生态补偿机制，促进东江流域水环境治理和保护。为推动试点工作顺利开展，中央财政一方面继续通过既有资金渠道，对东江流域的治理和保护给予倾斜；另一方面，对东江生态补偿机制建设给予梯级奖励，每年资金安排与流域治理效果挂钩，根据跨省界断面水质监测结果，分档安排。此外，财政部强化业务指导，推动两省完善试点的配套机制办法，形成相互协调的政策体系。

近年来，多个流域生态补偿试点的建立取得了突破性进展，但从总体上看，这项工作仍处于探索阶段，有效的合作平台尚未建立健全，联防共治的长效机制尚未真正建立。为加快建立流域上下游横向生态保护补偿机制，财政部、环境保护部连同发展和改革委员会、水利部共同印发了《关于加快建立流域上下游横向生态保护补偿机制的指导意见》（财建〔2016〕928号），具体内容如表2－12所示。

表2－12　加快建立流域上下游横向生态保护补偿机制的目标及内容

项目	具体内容
工作目标	（1）到2020年，各省（区、市）行政区域内流域上下游横向生态保护补偿机制基本建立；在具备重要饮用水功能及生态服务价值、受益主体明确、上下游补偿意愿强烈的跨省流域初步建立横向生态保护补偿机制，探索开展跨多个省份流域上下游横向生态保护补偿试点。
	（2）到2025年，跨多个省份的流域上下游横向生态保护补偿试点范围进一步扩大；流域上下游横向生态保护补偿内容更加丰富、方式更加多样、评价方法更加科学合理、机制基本成熟定型，对流域保护和治理的支撑保障作用明显增强。
明确补偿基准	将流域跨界断面的水质水量作为补偿基准。流域跨界断面水质只能更好，不能更差，国家已确定断面水质目标的，补偿基准应高于国家要求。地方可选取高锰酸盐、氨氮、总氮、总磷以及流量、泥沙等监测指标，也可根据实际情况，选取其中部分指标，以签订补偿协议前3—5年平均值作为补偿基准，具体由流域上下游地区双方自主协商确定。
科学选择补偿方式	流域上下游地区可根据当地实际需求及操作成本等，协商选择资金补偿、对口协作、产业转移、人才培训、共建园区等补偿方式。鼓励流域上下游地区开展排污权交易和水权交易。
合理确定补偿标准	流域上下游地区应当根据流域生态环境现状、保护治理成本投入、水质改善的收益、下游支付能力、下泄水量保障等因素，综合确定补偿标准，以更好地体现激励与约束。

2. 流域生态补偿资金投入分析

从新安江流域试点来看，第一轮生态补偿协议实施期间，中央财政每年安排资金3亿元、安徽省、浙江省每年各出资1亿元补偿资金；第二轮生态补偿协议实施期间，中央财政每年安排资金3亿元、安徽省、浙江省每年出资各增加1亿元，达到2亿元；从2016年的决算和2017年的预算来看，中央财政对新安江流域的转移支付规模已经达到5.6亿元。第三轮生态补偿协议实施期间，中央财政安排资金重在引导，安徽省、浙江省每年各出资2亿元；上下游省份之间以水质考核为基础，建立双向责任机制，即下游对上游水环境保护予以补偿、上游对下游水质超标或环境责任事故赔偿，形成了上下游联动治理，共担保护成本，共享发展成果的机制。自2015年起，在中央财政和两省财政增加投入的同时，鼓励和支持通过设立绿色基金、政府和社会资本合作（PPP）模式、融资贴息等方式，引导社会资本加大新安江流域综合治理和绿色产业投入，探索多元化的生态补偿融资机制。

从各省市情况来看，浙江省在全省8大水系开展流域生态补偿试点，对水系源头所在市、县进行生态环保财政转移支付，成为全国第一个实施省内全流域生态补偿的省份。江西省安排专项资金，对“五河一湖”（赣江、抚河、信江、饶河、修河和鄱阳湖）及东江源头保护区进行生态补偿，补偿资金的20%按保护区面积分配，80%按出境水质分配，出境水质劣于Ⅱ类标准时取消该补偿资金。江苏省在太湖流域、湖北省在汉江流域、福建省在闽江流域分别开展了流域生态补偿，断面水质超标时由上游给予下游补偿，断面水质指标值优于控制指标时由下游给予上游补偿。北京市安排专门资金，支持密云水库上游河北省张家口市、承德市实施“稻改旱”工程，在周边有关市（县）实施100万亩水源林建设工程。天津市安排专项资金用于引滦水源保护工程。

（五）湿地、荒漠、海洋生态补偿融资机制与政策分析

为了进一步解决我国湿地当前面临的问题，加大湿地保护力度，满足人民群众不断增长的对湿地功能的需求，我国探索开展了一系列湿地生态补偿的政策实践。

1. 湿地生态补偿

国家从2010年启动了湿地生态效益补偿试点，对40多个国际重要湿

地、湿地类型自然保护区等进行了生态效益补偿，2014 年中央财政增加安排林业补助资金，支持启动了退耕还湿、湿地生态效益补偿试点和湿地保护奖励等工作。

2009 年，《中共中央、国务院关于 2009 年促进农业稳定发展农民持续增收的若干意见》明确要求，启动湿地生态补偿试点。2009 年 6 月召开的中央林业工作会议再次要求建立湿地生态补偿制度。2010 年，财政部建立了中央财政湿地保护补助专项资金，会同国家林业局开展湿地保护补助工作。2011 年 10 月，财政部、国家林业局联合印发了《中央财政湿地保护补助资金管理暂行办法》（财农〔2011〕423 号）。在“关于尽快实现森林资源有偿使用和生态补偿制度的提案”复文（2015 年第 2365 号）中专门提出建立湿地生态补偿机制。2014 年启动湿地生态效益补偿试点工作，对候鸟迁飞路线上的重要湿地因鸟类等野生动物保护造成的损失给予适当补偿。湿地生态补偿相关政策具体如表 2 - 13 所示。

表 2 - 13　　湿地生态补偿政策

政策名称	项目	政策内容
《中央财政湿地保护补助资金管理暂行办法》（财农〔2011〕423 号）	补助资金原则	补助资金的安排和使用应坚持以下原则： （一）多渠道筹集资金，中央财政适当补助； （二）突出重点，集中投入； （三）区分轻重缓急，分步实施。
	补助资金范围	主要用于以下支出范围： （一）监测、监控设施维护和设备购置支出。 （二）退化湿地恢复支出。 （三）管护支出。
《中央财政林业补助资金管理办法》（财农〔2014〕9 号）	湿地建设和保护补贴支出	主要用于湿地保护与恢复、退耕还湿试点、湿地生态效益补偿试点、湿地保护奖励等相关支出。
《关于健全生态保护补偿机制的意见》（国办发〔2016〕31 号）	政策目标	稳步推进退耕还湿试点，适时扩大试点范围。探索建立湿地生态效益补偿制度，率先在国家级湿地自然保护区、国际重要湿地、国家重要湿地开展补偿试点。

湿地生态补偿资金主要来源于中央财政湿地保护补助资金，中央财政湿地保护补助资金（以下简称补助资金）是指中央财政预算安排的，主要用于林业系统管理的国际重要湿地、湿地类型自然保护区及国家湿地公园开展湿地保护与恢复相关支出的专项资金。2014 年，财政部、国家林业局印发了《中央财政林业补助资金管理办法》（财农〔2014〕9 号），对湿地建设和保护补贴支出内容做了详细规定，具体补贴内容如表 2－14 所示。

表 2－14　　湿地补贴具体项目

湿地补贴	具体内容
湿地保护与恢复支出	用于林业系统管理的国际重要湿地、国家重要湿地、湿地自然保护区及国家湿地公园开展湿地保护与恢复的相关支出，主要包括监测监控设施维护和设备购置支出、退化湿地恢复支出和湿地所在保护管理机构聘用临时管护人员所需的劳务费等。
退耕还湿试点支出	用于国际重要湿地和湿地国家级自然保护区范围内及其周边的耕地实施退耕还湿的相关支出。
湿地生态效益补偿试点支出	用于对候鸟迁飞路线上的重要湿地因鸟类等野生动物保护造成损失给予的补偿支出。
湿地保护奖励支出	用于经考核确认对湿地保护成绩突出的县级人民政府相关部门的奖励支出。

2014 年中央财政安排补助 6.4 亿元用于湿地生态补偿。为支持湿地保护与恢复，推动农业可持续发展，2016 年，中央财政通过林业补助资金拨付地方 16 亿元，支持湿地保护，其中用于实施退耕还湿和湿地生态效益补偿 5 亿元。在中央财政的大力支持下，部分湿地得到有效恢复和修复，保护面积有所扩大，湿地生态服务功能日益提升。

从地方看，黑龙江省、广东省每年各安排 1000 万元，专项用于湿地生态效益补偿试点。苏州市将重点生态湿地村、水源地村纳入补偿范围，对因保护生态环境造成的经济损失给予补偿。

2. 荒漠生态补偿

中央财政重视支持荒漠化治理工作，通过有关政策和资金渠道加强沙区管理，建立荒漠生态补偿机制。具体政策内容如表 2－15 所示。

表 2－15　　荒漠生态补偿融资政策

政策名称	具体内容
《中央财政林业补助资金管理办法》（财农〔2014〕9号）	第十九条　湿地、林业国家级自然保护区和沙化土地封禁保护区建设与保护补贴，根据湿地、林业国家级自然保护区和沙化土地封禁保护区的重要性、建设内容、任务量、地方财力状况、保护成绩等因素分配。…… （三）沙化土地封禁保护区补贴主要用于对暂不具备治理条件的和因保护生态需要不宜开发利用的连片沙化土地实施封禁保护的补贴支出。范围包括：固沙压沙等生态修复与治理，管护站点和必要的配套设施修建和维护，必要的巡护和小型监测监控设施设备购置，巡护道路维护、围栏、界碑界桩和警示标牌修建，保护管理机构聘用临时管护人员所需的劳务费等支出。
"关于尽快实现森林资源有偿使用和生态补偿制度的提案"复文（2015年第2365号）	一是安排林业补助资金沙化土地封禁保护区补贴，对暂不具备治理条件的，或因保护生态需要不宜开发利用的连片沙化土地实行封禁保护。二是安排退耕还林财政资金。
《关于健全生态保护补偿机制的意见》（国办发〔2016〕31号）	要开展沙化土地封禁保护试点，将生态保护补偿作为试点重要内容。加强沙区资源和生态系统保护，完善以政府购买服务为主的管护机制。研究制定鼓励社会力量参与防沙治沙的政策措施，切实保障相关权益。

2014年，中央财政安排3亿元，主要用于封禁保护区固沙压沙等生态修复与治理和围栏、界碑界桩、警示标牌修建，以及必要的巡护和小型监测监控设施购置等方面的支出。2014年，中央财政安排287亿元，支持陡坡耕地和严重沙化耕地退耕还林还草，减少水土流失，改善沙区生态环境。此后，中央财政将继续加大投入，支持荒漠化治理工作。建立荒漠生态系统补偿机制，考虑荒漠生态效益补偿对象、主体、范围、标准。

3. 海洋生态补偿制度分析

海洋生态补偿是以保护海洋生态环境、促进人海和谐为目的，根据海洋生态系统服务价值、海洋生物资源价值、生态保护需求，综合运用行政和市场手段，调节海洋生态环境保护和海洋开发利用活动之间利益关系，建立海洋生态保护与补偿管理机制。为保护海洋生态环境，推动海洋产业转型升级，促进海洋经济、社会发展与环境保护相协调，各级政府陆续出台相关政策以支持建立有效的海洋生态补偿融资机制。

2016 年国务院发布的《关于健全生态保护补偿机制的意见》（国办发〔2016〕31 号）中提出，要完善捕捞渔民转产转业补助政策，提高转产转业补助标准。继续执行海洋伏季休渔渔民低保制度。健全增殖放流和水产养殖生态环境修复补助政策。研究建立国家级海洋自然保护区、海洋特别保护区生态保护补偿制度。

山东、福建、广东等省坚持环境治理海陆统筹，在围填海、跨海桥梁、航道、海底排污管道等工程建设中开展海洋生态补偿试点。山东省征收海洋工程生态补偿费专项用于海洋与渔业生态环境修复、保护、整治和管理。2016 年，山东省财政厅连同海洋与渔业厅印发了《山东省海洋生态补偿管理办法》（鲁财综〔2016〕7 号），规定了海洋生态补偿内容及其资金来源。具体条款如表 2 - 16 所示。福建省、广东省要求项目开发主体在红树林种植、珊瑚礁异地迁植、中华白海豚保护等方面履行义务，对工程建设造成的生态损害进行补偿。广东省大亚湾开发区安排资金扶持失海社区发展，对失海渔民给予创业扶持和生活补贴。

表 2 - 16　《山东省海洋生态补偿管理办法》具体细则

内　容	具体条款
补偿内容	第四条　海洋生态补偿包括海洋生态保护补偿和海洋生态损失补偿。 第七条　海洋生态保护补偿是指各级政府履行海洋生态保护责任，对海洋生态系统、海洋生物资源等进行保护或修复的补偿性投入。 第十二条　海洋生态损失补偿是指用海者履行海洋环境资源有偿使用责任，对因开发利用海洋资源造成的海洋生态系统服务价值和生物资源价值损失进行的资金补偿。
资金来源	第十条　海洋生态保护补偿资金主要包括各级财政投入、用海建设项目海洋生态损失补偿资金等。鼓励和引导社会资本参与海洋生态保护建设投入。 第十四条　海洋生态损失补偿资金依据《用海建设项目海洋生态损失补偿评估技术导则》（DB37/T1448 - 2015）的标准计算。

二、生态补偿融资机制与政策现存问题

从上述政策梳理和财政投入分析来看，我国的生态保护补偿机制取得了很大的进展。分领域进行生态补偿机制的改革和实施使得各个资金有针对性地运用到不同领域，这样更有助于我国的生态文明建设。但是，从生态补偿融资机制考察，尽管财政资金投入力度不断加大，客观上有助于生态保护补偿的进一步推进，但是，目前生态补偿机制仍属于探索起步阶段，存在很多需要进一步改革的问题，例如各领域生态补偿资金来源较为单一，中央对地方重点功能区转移支付与其他专项转移支付存在交叉，生态补偿资金的使用缺乏完善的考核评价机制等。

（一）生态补偿标准单一，差别化不足

目前，在一些具体领域通过出台相关政策建立了生态补偿标准，并且逐步提高一些补偿标准，有利于加强相关领域生态环境的保护力度。但是，由于我国各领域生态补偿范围较广，各个生态补偿试点分布具有很大的差异性，无论是宏观环境方面，如资源禀赋、经济发展、地理位置等，还是在微观环境方面，如地方政府具体政策安排，生态补偿客体行为差异性以及理性程度等都存在较大差异。而目前大多数生态补偿标准是普遍性适用标准，标准虽然分领域制定，但是较为单一，导致区域之间生态补偿资金供给与需求的匹配不够。

（二）生态补偿资金来源单一，市场化不足

目前，生态补偿资金主要依靠政府一般性转移支付和专项转移支付，很大一部分资金来源于中央财政。中央财政与地方财政承担了生态保护补偿的大部分资金压力，资金缺乏多元化，生态补偿客体有可能过度依赖财政转移支付，降低生态补偿资金使用效率，无法全面调动社会与相关公众的积极性。作为生态补偿融资方式的绿色金融和 PPP 项目还有待于进一步

开发。绿色金融机制仍停留在规划层面，尤其是在西部等欠发达省份，本来就缺乏金融推广和创新能力，无力也无动力推进绿色金融落地。生态PPP项目由于投入比较大、回报周期长，对企业、政府、金融机构都提出了比较高的要求，其大范围推广还存在多重困难。

（三）生态补偿资金分配重叠，针对性不足

目前，大多数生态补偿资金由中央财政通过转移支付下拨给地方，包括中央对地方重点生态功能区转移支付，各领域专项生态补偿资金、生态补偿效益基金等。由于生态补偿资金的分地域分领域的划分标准，可能存在转移支付资金的交叉重叠情况，导致资金分配不平衡、不合理，影响资金配置和使用效率，在一定程度上造成生态补偿资金的浪费，也不利于进一步完善生态补偿机制。

（四）生态补偿机制考核困难，专业化不足

从生态补偿项目本身看，目前我国缺乏系统性、专业化的生态补偿价值评价体系，生态系统本身的复杂性和经济学学科的局限性限制了专业化的生态补偿价值评价体系的构建，评估结果差异较大，不利于生态补偿价值评估。从生态补偿资金使用看，生态补偿资金来源于中央对地方的转移支付以及专项转移支付，地方政府或者相关部门在运用生态补偿资金时没有明确的资金使用考核机制和绩效考核评价，无法保证有限的资金发挥其最大的效用，不利于生态补偿机制的有效运行。

（五）生态产权划分不明确，标准化不足

生态产权划分标准尚不明确。在大多数情况下，仅以中央政府为生态产权所有人代表。在涉及地域间横向补偿或者企业间生态产权交易时，缺少更详细的产权划分和生态标准，只能采取主体间协商或一事一议的方式。在横向补偿中，地方政府间由于无法确定初始产权，导致无法确定补偿标准；或者由于信息不对称性，导致政府间博弈行为，使补偿资金不足以修复原有生态功能或覆盖生态损失。

第三章

完善生态补偿融资机制与政策的思路建议

结合前述对各个领域政策实践的梳理和财政资金投入情况的分析，以及生态补偿融资机制与政策的现存问题，本章探讨提出完善生态补偿制度的总体思路，并就财政资金投入和社会资本投入的不同工具提出对策建议。

一、完善生态补偿融资机制与政策的总体思路

（一）制定差别化生态补偿标准

生态补偿融资应该包括破坏者付费、使用者付费、受益者付费、保护者得到补偿四个维度。如图 3－1 所示，生态环境补偿制度就是由生态环境破坏者、生态资源使用者、生态资源受益者等主体接受罚款或者付费，由公共管理者统一集中资金，补偿、补助或者奖励给生态资源的保护者。

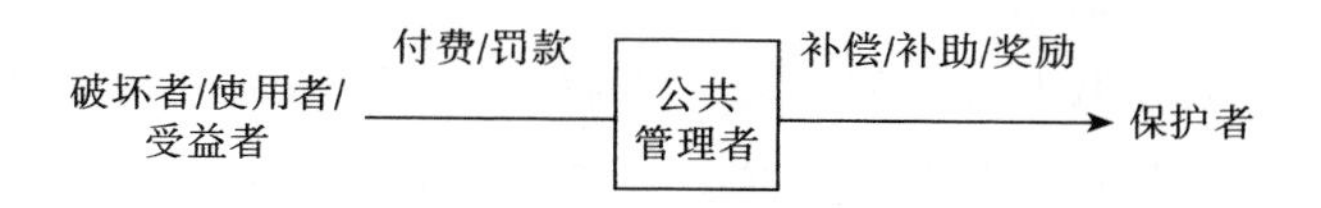

图 3－1　生态补偿资金流动

在以上四个维度中，科学制定生态补偿标准是生态补偿的核心问题之一。生态补偿标准的制定是从机会成本的角度出发的，一般符合以下原则：生态保护补偿标准要大于生态系统服务提供者的机会成本，小于生态

系统服务对受益者的价值。建立科学的生态补偿标准需要对生态补偿主体行为进行量化，确定其机会成本，进而设定合理的生态补偿标准。除了根据生态补偿标准的制定原则来制定合理的标准之外，还需要对不同地域实行差别化的生态补偿标准，对不同地区不同的地理环境、经济环境和微观环境等进行不同的分类和研究，制定不同的生态补偿标准，更有利于生态补偿资金的有效使用。

（二）建立生态补偿市场化融资机制

针对生态补偿资金来源较为单一的问题，有效的解决方案是建立市场化融资机制。增加生态补偿资金渠道，分别从政府、社会、个人三个层次增加融资渠道。在社会层面上，吸引社会组织和企业参与生态治理，引入社会资本参与生态补偿。比如引导企业进行绿色产品的生产和推广；开发相关的金融工具参与生态补偿资金供给，如绿色证券、绿色债券、绿色资产证券化等；在生态补偿方面引入 PPP（政府与社会资本合作）项目。在个人层面上，主要是价值观方面的引导以及生态保护思想意识方面的加强，增强居民参与生态环境保护的意识与观念，有利于从源头上改善生态环境，实现生态文明建设。

（三）在事权与支出责任明晰基础上界定生态补偿资金分担机制

由于生态补偿资金存在一定程度的覆盖，所以必须清晰界定生态补偿资金的分配，加强生态补偿资金的管理。要界定生态补偿资金的分配，就涉及政府间生态补偿的事权划分问题，因而要建立中央政府与地方政府在生态补偿方面的事权与支出责任匹配机制。不同地区之间建立横向生态补偿机制，如受益地区与保护生态地区、流域下游与上游地区之间建立生态补偿共治机制，充分调动各个地区、流域上下游地区进行生态保护和生态建设的积极性，有效利用生态补偿资金。横向生态保护补偿主要是调节地区与地区之间生态补偿资金，但很多地区及部门在生态环境保护事务上的权责关系不清晰，其环保意识、监测能力和经济环境上存在差异。需要建立有效合理的横向生态补偿转移支付机制，完善生态补偿转移支付体系。

（四）建立生态补偿考核评价体系

建立合理的生态系统服务价值考核体系，与生态补偿标准的制定密切相关，需要从机会成本角度出发，当生态系统服务价值大于机会成本时，存在福利改善的空间，才能进一步构建生态保护补偿机制，机会成本和生态系统服务价值构成生态保护补偿标准的合理区间。建立有效的生态补偿资金考核评价机制，建立生态保护成效与资金分配挂钩的激励约束机制，重点县域要加强考核力度，实施更严格的考核标准，实现差别化精准化考核。精准高效的考核机制不仅有助于评价政府及各部门生态补偿工作绩效，而且有利于提高资金使用效率，加强生态保护，实现绿色发展。

（五）明确生态产权，规范横向生态补偿

建立明确的产权交易制度是开展生态融资的前提，有利于解决外部性问题和提升资源配置效率。建立用水权、排污权、碳排放权初始分配制度，探索建立各项权益交易制度，建立全国性生态产品交易市场，使保护者可以通过生态产品交易获得收益。给予生态保护地区和生态受益地区独立的市场地位，上级政府责任由协调转化为监督。中央财政对横向生态转移支付的作用应由行政协调转为奖励引导，再逐步探索转入事后监督。由流域上下游省份开展协调工作，在补偿基准选择、补偿标准变化上达成一致。通过法律界定产权，进而确立补偿标准和方式，通过政府监管，由受益和保护主体双方谈判达成协议，可以提高效率。横向生态补偿可以逐步转向科斯范式，成为半市场化的出资主体。在纵向补偿不能完全退出的领域，纵横向补偿可以互相补充，形成纵横交织的混合型补偿和出资方式。

二、拓展生态补偿融资渠道的具体对策

（一）优化生态补偿财政转移支付制度

1. 明确不同阶段和不同层面的转移支付重点

根据生态补偿的组织主体不同，可以把生态补偿的发展分为起步阶

段、发展阶段和成熟阶段三个阶段。在每个不同的阶段，生态补偿的资金需求不同，转移支付的地位也发生变化。在起步阶段，生态补偿集中在微观层面，主要补偿参与者的直接损失和花费，政府在这一过程中应当充当主导。在发展阶段，生态补偿集中在中观层面，主要通过产业结构的调整和从业人员的引导，使得原有生产方式中的生产工具和设施等沉没成本得到补偿，进一步通过新产业所需设施和设备投入使原从业者获得新的生产技术和技术培训费用等，政府在这一过程中仍是主导，但开始辅助有效的市场手段。在成熟阶段，由于市场机制发展成熟，企业开始从生态补偿的项目中收益，并主动在生态项目中进行技术创新，金融系统的支持手段多样，消费者的生态环境意识增强，政府的生态税收基础稳固、体系完善，基于生态补偿的横向转移支付逐步转变为市场主导，通过产权交易形成长效机制。

2. 调整和完善生态补偿纵向转移支付制度

（1）优化生态补偿转移支付结构。一是进一步缩减税收返还比重，将其逐步纳入均衡性转移支付，为生态补偿提供更多资金支持。二是优化生态专项转移支付项目，对过多过细的生态建设项目进行跨部门、跨行业整合，适度缩减专项转移支付规模，扩大一般性转移支付比重。三是加强生态资金使用管理，明确规定资金在民生和环保双重目标间的配比和去向，并调整考核激励机制，通过“以奖代补”等方式将转移支付力度与生态环境改善直接挂钩。

（2）强化一般性转移支付的生态功能。考虑在一般性转移支付测算中，加入地理区位、地形地貌、植被覆盖度、生态地位等环境因素作为生态功能指标，并赋予较高权重，同时重点考虑地区人口密度和社会经济发展相对指数（现代化指数）等财政均等化因素。

（3）科学制定生态补偿标准测算方法。以生态环境保护者的机会成本来确定补偿标准的机会成本，可作为目前我国主导的生态补偿测算方法。生态补偿标准可以生态保护者的直接投入与机会成本之和作为基准指标。针对生态建设不同情况，结合其他补偿标准测算方法，如利益相关方博弈法和受偿意愿法。

（4）合理确定生态补偿转移支付系数。在标准财政支出测算中，除一般性公共服务支出外，可考虑增加生态保护支出因子；标准财政收入测算中，调整按地区自身财政收入为基数的测算方式，逐步转变“基数+增长”理念，引入零基预算方法。将测算公式中的财政供养人口调整为生态功能区全体居民。结合主体功能区规划，按照水源涵养型、水土保持型、防风固沙型、生物多样性维护型等不同生态类型，在生态补偿标准测算中，考虑各功能区既有条件、禁限程度、目标任务难度等因素，进一步细化补偿标准，制定类型化补偿方式。

3. 加快建立生态补偿横向转移支付制度

（1）赋予生态补偿相关地方政府的谈判主体地位，强化中央政府的监督职能。生态补偿横向转移支付方式的根本优势在于，生态补偿直接利益相关方可以实现充分参与。应赋予谈判双方最大的自由度，使其在利益机制的引导下，做出最符合社会效率的博弈选择。中央政府应扮演公正的第三方，对双方协议内容进行备案，并监督双方协议内容的履行情况，尽可能避免单方违约风险。

（2）明确生态补偿横向转移支付制度的适用范围及补偿主客体。生态补偿横向转移支付的适用范围和补偿方向是：优先开发区和重点开发区、禁止开发区和限制开发区（不含饮用水水源地）补偿；流域下游地区、上游地区（包含饮用水水源地）补偿。补偿主体是生态受益区的政府，具体包括限制开发区和禁止开发区政府；流域下游地区政府。补偿对象是生态提供区的政府（直接对象），以及因环境保护受到影响或为保护环境作出贡献（牺牲）的当地居民和企业（间接对象）。

（3）建立“横向转移支付生态补偿基金”。借鉴德国州际财政平衡基金模式，并参考国内江西、浙江、广东等省的实践经验，建立“横向转移支付生态补偿基金”。

（二）探索生态补偿领域政府与社会资本合作机制

除政府补偿和市场补偿外，生态补偿还有第三种模式，即政府与社会资本合作（PPP）模式。2013 年以来，国务院和各部委密集出台 PPP 相关政策，大力推行使用PPP模式支持新型城镇化建设和基础设施建设，全国多个省市也都在积极进行PPP模式的探索推广。现在我国的PPP模式的应用范围已不仅仅局限于部分基础设施建设，逐渐扩大到农业发展、环保等领域；对PPP模式实践的研究和政策安排也愈渐落实到实际操作的各个层面以及相关配套设施建设上来。

1. 生态补偿项目的机制设计

生态补偿项目的回报机制、收益分享机制和风险分担机制设计如下：

（1）回报机制。生态补偿PPP项目的回报包括社会效益和经济效益两个方面，相应地可以向政府和使用者两个方面收费：政府付费，是指政府直接付费购买公共产品和服务，主要包括可用性付费、使用量付费和绩效付费；使用者付费，是指由最终消费用户直接付费购买公共产品和服务。可行性缺口补助，是指使用者付费不足以满足社会资本或项目公司成本回收和合理回报，而由政府以财政补贴、股本投入、优惠贷款和其他优惠政策的形式，给予社会资本或项目公司的经济补助。

（2）收益分享机制。在政府与社会资本方之间，原则上政府应当分享项目中的社会效益和少量经济效益，甚至不分享经济效益，而社会资本应分享主要的经济效益。不同省域、市域政府之间，由国家财政分享区域整体所获得的整体收益；跨市域的生态补偿项目可由省一级政府统筹提供，并适当分享收益。

（3）风险分担机制。政府和社会资本间的风险分配划分为三个阶段：一是风险的初步分担阶段（可行性研究阶段）。法律风险、政策风险、土地权属风险、税收和汇率等风险政府控制力度较强，应当由政府来承担；具体项目设计、建设等技术风险、管理风险、通胀和利率等商业风险，应当有市场适应能力较强的社会资本承担。二是风险的全面分担阶段（投标与谈判阶段）。社会资本就第一阶段的风险初步分担结果进行自我评估，主要评估其拥有的资源和能力（包括经验、技术、人才等），据此判断其对第一阶段分担的风险是否具有控制力。对于双方控制力之外的风险（如自然灾害等），则经过谈判确定风险分担机制，之后社会资本计算风险价值并进行自我评估，提出风险补偿价格。风险分担达成一致意见后，双方将签订合同。三是风险的跟踪和再分担阶段（建设和运营阶段）。跟踪已分担的风险是否发生协议各方意料之外的变化或者出现未曾识别的风险，再根据风险分担原则进行谈判，进行风险的再分担。不同省域、市域间合作建设生态补偿 PPP 项目，政府间应做好地方性法规、地方性政策衔接工作，相应的应当承担法律、政策变动风险。不同省域、市域政府应当在项目实施方案设计阶段统一相关政策、规划、实施标准，在项目实施过程中确有必要变动的，责任政府应当承担政策、规划或标准变动所带来的风险并提供补偿。

2. 生态补偿领域 PPP 模式的实施路径

第一，理顺利益关系。生态补偿 PPP 项目，要求政府必须树立平等协商的理念，按照权责对等原则合理分配项目风险，按照激励相容原则科学设计合同条款，明确项目的产出说明和绩效要求、收益回报机制、退出安排、应急和临时接管预案等关键环节，实现责权利对等。第二，建立跨地区、跨部门项目组织管理体系。尝试成立有明确工作职能的专门机构，实现政策、资金和项目的统筹，建立公开、透明、统一的信息平台为企业和其他政府工作部门提供信息。第三，尝试利用项目打包的方法提升整体收益。当 PPP 模式面对复杂的生态补偿项目，可以鼓励对项目有效整合，打包实施 PPP 模式，提升整体收益能力，扩展外部效益。第四，根据项目特点选择不同的 PPP 模式。对于非经营性的生态补偿项目，适用于政府付费的回报机制。经营性的生态补偿项目，适用于使用者付费的回报机制。对于准经营性的生态补偿项目，适用于可行性缺口补助的回报机制。

（三）构建生态补偿基金融资机制

与传统的财政转移支付、财政补贴等生态补偿方式相比，生态补偿基金是更具有市场化特征的方式。目前，我国纯市场化的产业基金、投资基金等已初具规模，政府性引导基金近年来也出现了井喷态势，基金管理制度、市场监管制度基本完善，市场主体充分，为构建市场化的生态补偿基金提供了市场基础。

生态补偿基金可分为政府主导型与市场主导型两种模式。我国在生态补偿基金的模式选择应坚持政府与市场相结合的原则，既通过设立政府主导生态补偿基金集中解决重点领域的生态环境问题，又通过引入市场化生态补偿基金，提高市场配置生态资源的效率，以政府主导之“点”带市场主导之“面”；将公益性和收益性项目实施差异化运作，满足不同领域和层次的生态补偿需求。

1. 总体思路与目标定位

生态补偿基金构建的总体思路是，根据前期森林生态补偿基金的实践经验，进一步整合相关领域财政资金，在中央和省级层面成立生态补偿基金，针对重点领域、重点地区开展生态补偿。积极引导社会资本参与，以产业化运作的方式进行市场化生态基金项目的运作，将资金重点投向以生态保护和环境治理为主营业务的相关企业，由企业按照市场规律去运作生态项目。

生态补偿基金立足于运用市场机制保障国家生态文明建设战略的实施，充分考虑生态保护与环境治理的战略定位、国有资本和社会资本的保值增值要求，以国有资本为引导，吸引社会资金投入，通过市场化基金运作模式，着力发挥生态与环保产业在稳增长、培育经济增长点和促就业中的独特作用，支持相关产业跨越式发展，促进相关产业转型提质增效，提升我国生态资源的综合利用效率，促进科技成果在生态经济领域的产业化，推动国家生态经济科学发展。建立符合市场经济规律和股权基金行业规律的管理体制和运行机制，维护国有资本和社会投资人利益。

基金由国家生态环境部牵头发起，与中央企业、国家开发银行、商业银行、各省市地方政府等其他投资主体共同出资组建母基金，并可通过与各级地方政府、社会资本合作，设立面向不同地域和领域的子基金和孙基金。基金依照《中华人民共和国合伙企业法》组建成有限合伙制企业。

2. 基本原则

生态补偿基金构建应遵循以下原则：一是聚焦符合国家整体发展规划目标的项目，兼顾基金的回报水平和项目的经济效益，重点支持产业带动性强、协同效应好、盈利预期良好的项目。二是按照政府引导、市场化、专业化、契约化原则运作，实行所有权、管理权、托管权分离，并委托专业基金管理公司负责基金的发起设立、资金募集、投资管理、退出等。三是充分发挥国有资本的投资导向作用，以国家财政资金为引导，吸收中央企业、开发银行、商业银行、保险机构、各省市地方政府资金；以基金的结构化设计为条件，吸引社会资本共同参与。

3. 基金运作模式设计

生态补偿基金可采取“政府出资和市场化出资”相结合的方式，即财政适度出资，作为引导资金，发挥政策示范效应。从资金来源来看，有两种选择方式可供选择：一是将现有财政资金进行打包整合出资。二是通过引入市场化机构，发挥政府资金杠杆作用，吸引有实力的企业、大型金融机构等社会、民间资本参与，形成一定规模的生态补偿基金。三是由财政部门直接出资，作为出资人，授权国家生态环境部（或国家生态环境部局指定的有关机构）进行基金的经营管理。此外，也可选择由环保产业领域的龙头企业联合相关金融机构共同发起。

在具体运作模式上，可设立国家生态补偿基金管理公司，如为市场化出资建议采用有限合伙制，如财政出资采用公司制，组织形式为有限责任公司，按照《公司法》的规定，建立法人治理结构，设董事会、监事，依法履行相应职责。实行市场化运作、专业化管理，业务上接受国家生态环境部等部门的指导，可公开招标择优选定若干家基金管理公司负责运营、自主投资决策。

在投资方式上，可采用“直接投资”、“母基金”、“战略合作”等三种运作模式进行投资。直接投资模式主要适用于对发展生态经济具有战略意义的资源型项目、国家发展生态经济的重点项目以及生态经济新兴产业的早期孵化项目进行投资。母基金模式主要适用于对特定的生态、环境产业细分行业进行投资。战略合作模式主要适用于国家生态经济新兴产业中资金需求量大、资源整合难度高、直接投资和母基金模式都难以实施的大项目，引进国内外战略合作伙伴进行投资或联合投资。

在利益分配和激励机制上，可通过社会出资人优先分红、国家出资收益适当让利等措施，更多吸引社会资本。为提高社会资本进入的意愿，建议从政策层面设计一系列的激励措施。例如税收优惠，对注资生态补偿基金的企业及生态补偿基金投资的相关项目，减免相关税收；碳排放配额倾斜，对注资生态补偿基金的企业，在碳排放配额分配方面给予适当倾斜。

（四）完善生态补偿绿色金融政策

绿色金融政策是指通过绿色信贷、绿色债券、绿色股票指数及相关产品、绿色发展基金、绿色保险、碳金融等金融服务将社会资金引导到支持经济向绿色化转型的一系列政策和制度安排。绿色金融政策是一项系统工程，其对于生态补偿的有效支持需要多方联动，建立有效的协调工作机制，共同形成绿色金融有效工作的合力。

1. 探索实施差异化风险监管和绿色信贷资产证券化

如为绿色信贷占总贷款比重较大的银行实施差异化的存贷比监管要求，调整资本充足率计算中风险资产计算的绿色信贷风险权重，降低对绿色信贷比重较大的银行的存款准备金要求，使银行有能力为绿色信贷项目提供低于传统项目的贷款利率。

通过信贷资产证券化募集资金的数量和期限由资产质量和市场决定，因此，绿色信贷资产证券化产品能够为优质绿色项目提供成本合理的长期资金，有助于落实金融支持经济结构调整和转型升级政策，助力经济的绿色可持续发展。同时，绿色信贷资产证券化要求更为严格的信息披露机制，有利于通过社会化监督手段，确保资金的投向。

2. 扩大绿色债券发行主体类型和投资者范围

我国绿色债券参与主体还比较单一。目前主要是金融债，其他产品较少，发行绿色债券最大的主体是商业银行，其他主体参与度不高。可开展绿色理念普及和绿色投资教育，推动中国开发性金融机构、商业金融机构、实体企业、地方政府等积极探索发行绿色债券，鼓励和支持公益类基金投资者，在做好政策研究和风险评估的基础上积极投资绿色债券，并加快开放绿色债券市场，打通国外资本进入国内绿色债券市场的通道。可以对用于生态补偿项目的绿色债券实施价格补贴、财政贴息和投资补助等经济激励措施，鼓励投向生态补偿项目的绿色债券发行。

未来地方政府需要从区域经济发展的实际出发，一方面，积极参与已有的顶层设计的细化、落实及推广，出台配套激励措施，推动绿色债务市场业务发展。另一方面，从市场层面看，可以推动地方政府作为发行主体，在专项债券的基础上推出绿色专项债券，为具有公共或公益性的绿色项目提供更为长期稳定、规模较大的资金支持，强化政府在支持绿色产业中的引领作用以及在环境信息披露中的表率作用，带动更多金融资源向绿色产业的有效配置。

3. 大力发展绿色PPP基金

绿色区域PPP基金是以实现一个区域特定的环境目标为目的，基金只是手段，例如流域水环境保护基金等。绿色区域PPP基金在选择项目时考虑项目的环境绩效，对区域绿色发展目标的实现非常关键。具体到生态补偿项目，此类项目一般区域性较强，且需要多产业联动，通常需要绿色基金将整个区域当作一个项目包进行全面的综合融资和管理。如果只是运用绿色产业基金选择效益好的产业，会导致一些对于当地生态环境保护至关重要但单项收益不高的产业面临困境，最终影响整个区域的生态环境保护目标。

未来应大力发展绿色区域PPP基金，基于区域绿色发展目标或环境目标设立集融资、产业链整合和技术创新为一体的产融结合的投融资平台，可以在该平台上运用多种金融工具支持产业链的整合，将生态补偿项目与各种相关高收益项目打捆，建立公共物品性质的绿色服务收费机制，实现生态环境保护的内生机制。与此同时，地方政府应积极落实财税与土地政策等形式改善项目的投资环境，并完善收益与成本共担机制，从根本上强化基金的投融资能力。

4. 积极探索建立绿色担保基金

可以考虑设立包括绿色中小企业信用担保、绿色债券、绿色PPP项目担保等在内的绿色担保基金，并通过市场化、差别化的担保政策、补贴政策、税收优惠政策等进行综合调整，以担保机制的完善推进生态补偿项目融资风险管理与激励机制的创新。绿色担保基金可以通过银行贷款、企业债、项目收益债券、资产证券化等市场化方式举债并承担偿债责任。在实践中，可以考虑以地方财政投入启动资金，引入金融资本和民间资本成立绿色担保基金。当地政府应在资金筹集和投向等方面发挥政策引导作用。

5. 鼓励和支持保险机构绿色保险产品和服务

应鼓励和支持保险机构创新绿色保险产品和服务，如建立完善与气候变化相关的巨灾保险制度，森林保险和农牧业灾害保险等产品。绿色保险深化绿色产业资本的可能性也有待进一步挖掘。一方面，通过将绿色知识产权、绿色技术设备等纳入保险保障，绿色保险可显著提高绿色信贷底层基础资产的抗风险能力与可抵押性；另一方面，可通过信用保证保险的增信服务，有效分散和分担绿色信贷风险，从而促进金融资源流向绿色经营主体。运用好保险的保障功能和保费的杠杆机制，完善市场化的生态补偿机制，助力构建全过程的生态环境风险防范体系。

6. 鼓励和支持开展林业碳汇项目开发

林业碳汇通常是指通过森林保护、湿地管理、荒漠化治理、造林和更新造林、森林经营管理、采伐林产品管理等林业经营管理活动，稳定增加碳汇量的过程、活动或机制。未来可通过绿色信贷、绿色债券等多种绿色金融工具，解决碳汇项目成本门槛高等问题，帮助拓宽融资渠道，释放市场化生态补偿的潜力。政府可以通过信贷额度、利率优惠以及准备金率等政策工具鼓励商业银行开展碳汇项目开发及林业经营等领域的绿色信贷；在发行相关绿色债券时通过担保和增信降低发债门槛和成本等。

第四章

生态补偿融资需求预测

近年来，由于人口、资源、环境之间的矛盾越来越突出，通过生态补偿来促进环境保护的观点逐渐被政府和民众重视认可。生态补偿关键在于如何确立合理的补偿标准，很多学者从不同方面对此进行了研究，但至今仍未完全解决这一难题。原因主要在于生态补偿概念涵盖范围广、补偿形式多样、我国地区间经济和财政情况差异巨大等因素的影响，使得我国生态补偿的实践中长期存在着补偿标准不合理、与利益相关者联系不紧密等问题。因此，急需从宏观和微观两个层面进行深入而系统的研究。

一、宏观层面分析

（一）生态保护补偿现状

生态保护补偿机制是调动各方积极性，保护好环境的重要手段，是生态文明建设的重要内容。党的十八大作出了大力推进生态文明建设的战略部署，要求建立生态保护补偿机制。党的十八届三中、四中、五中全会对生态保护补偿机制建设提出了明确要求。习近平总书记指出，要把生态保护放在重要位置，中央和地方都要加大投入，落实好生态保护补偿机制。在以习近平为核心的党中央的领导下，各地区、各有关部门认真贯彻落实中央决策部署，有序推进生态保护补偿机制建设，在森林、草原、湿地、水流重点生态功能区等领域取得了阶段性进展。2016 年，重点功能区转移支付制度基本形成，中央财政 2008—2015 年累计安排转移支付资金

2513亿元。森林生态效益补偿制度不断完善，2001—2015年累计安排森林生态效益补偿资金986亿元。此外，在“十三五”期间，草原生态保护补助奖励政策全面实施，2011—2015年中央安排草原奖补资金773亿元；湿地生态保护补偿机制探索取得成效，2014—2015年中央财政累计安排湿地生态效益补偿试点资金10亿元；退耕还林还草、天然林保护、退牧还草等重点生态保护工程顺利实施（见图4-1）。

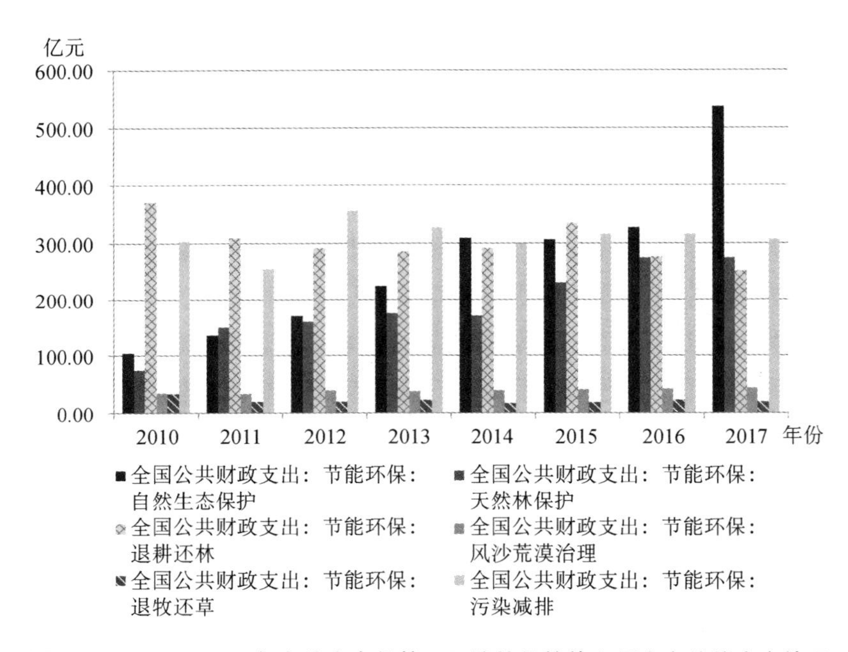

图4-1　2010—2017年自然生态保护、天然林保护等六项生态补偿支出情况

党的十九大报告提出“严格保护耕地，扩大轮作轮耕试点，健全耕地草原森林河流湖泊休养生息制度”，并将“建立市场化、多元化生态补偿机制”列为“加快生态文明体制改革，建设美丽中国”的内容之一，为未来环境政策改革指明了方向。总体来看，目前国家生态补偿制度框架已经构建，发展路线也基本明晰。具体梳理相关文件如表4-1所示。

1. 森林生态效益补偿

森林生态效益保护是我国最早引入生态补偿基金制度的领域，森林生态效益补偿基金经历了从无到有、从少到多、从无序到规范的过程。

表 4－1　生态补偿制度相关文件

文件	内容
新《中华人民共和国环境保护法》[1]	国家建立、健全生态保护补偿制度。国家加大对生态保护地区的财政转移支付力度。有关地方人民政府应当落实生态保护补偿资金，确保其用于生态保护补偿。
《关于加快推进生态文明建设的意见》[2]	健全生态保护补偿机制。科学界定生态保护者与受益者权利义务，加快形成生态损害者赔偿、受益者付费、保护者得到合理补偿的运行机制。
《生态文明体制改革总体方案》[3]	完善生态补偿机制。探索建立多元化补偿机制，逐步增加对重点生态功能区转移支付。
《关于健全生态保护补偿机制的意见》[4]	明确了森林、草原、湿地、荒漠、海洋、水流、耕地等分领域重点任务，提出建立稳定投入机制、完善重点生态区域补偿机制、推进横向生态保护补偿、健全配套制度体系、创新政策协同机制、结合生态保护补偿推进精准脱贫、加快推进法制建设等体制机制。
《关于加快建立流域上下游横向生态保护补偿机制的指导意见》[5]	明确了流域上下游横向生态补偿的指导思想、基本原则和工作目标，就流域上下游补偿基准、补偿方式、补偿标准、建立联防共治机制、签订补偿协议等主要内容提出了具体措施。

第一部《中华人民共和国森林法》[6]就提出了建立森林生态效益补偿基金的构想，1992 年国务院批准建立林价制度和森林生态效益补偿制度，对森林资源进行有偿利用，标志着森林生态效益补偿进入实施探索的过程。

1998 年 4 月 29 日，森林生态效益补偿资金用途正式通过立法的形式得到规范，修订的《中华人民共和国森林法》[7]中明确规定，“国家设立森林生态效益补偿基金，用于提供生态效益的防护林和特种用途林的森林资源”。但修正案并没有解决补偿资金来源何处这一关键问题。2001 年初，财政部正式同意设立森林生态效益补助基金，并在当年 11 月正式启动试点工作，结束了我国无偿使用森林资源生态价值的历史[8]。

从时间上看，2000 年以后是我国森林生态效益补偿基金快速发展的时期。2000 年以后，随着《中共中央、国务院关于加快林业发展的决定》[9]的出台、《中央森林生态补偿基金管理办法》[10]（财农〔2004〕169

号）以及《中央财政森林生态效益补偿基金管理办法》[11]（财农〔2007〕7号）的颁布，各级政府按照事权划分建立生态效益补偿基金，中央和地方补偿主体的责任进一步得到明确，主要框架一直沿用至今，资金使用效率不断提高，为保护我国的森林资源发挥了重要作用。分中央和地方看，中央财政统筹安排森林生态效益补偿基金，用于重点公益林的营造、抚育、保护和管理，其中重点公益林是指国家林业局会同财政部，按照国家林业局、财政部印发的《重点公益林区划界定办法》[12]（林策发〔2004〕94号）核查认定的，生态区位极为重要或生态状况极其脆弱的公益林林地。而地方政府主要补偿对象为地方公益林，也有部分财力较强的省份将重点公益林划入补偿范围内。地方政府根据“谁受益谁补偿，分级管理”的原则，建立完善了“政府为主、部门配合、全民参与”的森林生态效益补偿机制。

总体来说，我国森林生态效益补偿基金已经取得了明显成效，对森林资源的保护起到重要作用，但还存在一些问题，主要表现在三个方面：（1）资金来源单一，财政拨款是最主要的资金来源，社会资金占比很小；（2）补偿标准偏低，尽管我国已经多次提高了补偿标准，但公益林补偿标准和对应市场价格之间仍然存在较大差距，不利于充分调动广大林农的积极性；（3）运作机制不完善，对于基金来源、运作、退出方面规定尚不全面，市场化程度较低。

2. 耕地生态效益补偿

耕地生态效益补偿是生态效益补偿体系的重要组成部分。党的十八大提出“大力推进生态文明建设，完善最严格的耕地保护制度，必须建立体现生态价值和代际补偿的资源有偿使用制度和生态补偿制度”，2016年国务院办公厅《关于健全生态保护补偿机制的意见》明确提出完善耕地保护补偿制度，同年6月，农业部、财政部等10部门联合印发《探索实行耕地轮作休耕制度试点方案》[13]，方案指出，耕地轮作休耕要强化政策扶持，建立利益补偿机制，合理设定补助标准，确保农民收入不受影响[14]。

该方案正式在东北冷凉区、北方农牧交错区、河北省黑龙港地下水漏斗区、湖南省长株潭重金属污染区、西南石漠化区、西北生态严重退化地区进行轮作或者休耕试点，意味着耕地生态效益补偿进入了新的阶段。从补偿方式看，既有实物补偿、货币补偿，也有技术补偿和政策补偿。实物和货币补偿是最广泛的补偿方式，包括提供资金、种子、农药等，属于直接补偿的范畴，而技术补偿和政策补偿更多旨在让受补偿地区可以自主造血，属于间接补偿范畴。

从资金来源看，主要以财政资金为主。其中，中央层面涉及耕地保护的支出科目有退耕还林支出，地方层面通过设立耕地保护专项资金，省市县财政配合落实的方式来提高资金使用效率。

我国耕地生态效益补偿取得了一定成效，但由于建立时间较晚，还有不完善之处，主要集中在以下方面：（1）基层政府支出压力大。以中山市为例，中山市 2015 年明确耕地生态补偿实行两级补贴标准，对基本农田和非基本农田分别划定近三年补贴标准，其中省级财政对二者的补偿标准为 15 元/年·亩，其余资金市级政府支出。2017 年中山市基本农田每年每亩补贴 200 元，其中省级财政补贴 15 元，市级财政补贴 185 元，非基本农田每年每亩补贴 100 元，其中省级财政补贴 15 元，市级财政补贴 85 元，这为市级政府造成了较大的财政压力。（2）耕地生态补偿和农业补贴混淆，耕地生态补偿侧重耕地的生态价值以及社会效益，而农业补贴侧重保障粮食安全，对耕地所产出的有形产品补贴力度较大，但在实践中存在二者混为一谈的情况，不利于耕地生态补偿精准、规范地发挥其应有作用。

3. 水生态补偿

水是生命之源，建立水生态补偿机制也是整个生态体系建设的重要内容。水生态补偿包括流域生态效益补偿和湿地生态效益补偿等。水生态补偿机制最早在 2011 年中央一号文件中明确提出，2014 年中央一号文件进一步提出完善生态补偿制度，建立江河源头区、重要水源地、重要水生态修复治理区和蓄滞洪区生态补偿机制，同年的政府工作报告也强调要建立跨流域、跨区域的生态补偿机制。目前关于水生态补偿的实践可以分为转移支付、资源费和生态补偿基金三类。其中，2011 年财政部、环保部启动的新安江生态补偿机制试点尤为引人注目，作为全国首个跨省流域的生态补偿机制试点，实施6年来促进新安江上游水质为优，连年达到补偿标准，并带动了下游水质优化，既惠及了民生，也变包袱为财富，促进了旅游业的发展。

尽管我国水生态补偿已经取得了显著成效，但仍然有改进的空间，主要体现在以下几个方面：（1）补偿范围仍有扩大空间，目前水生态补偿范围主要集中在江河源头、饮用水水源地、水土流失治理区等，部分重要的江河流域、地下水开采严重的地区并未纳入补偿范围；（2）资金来源单一，转移支付仍然是目前最主要的资金来源，社会资金很少；（3）补偿方式仍待完善，目前主要以中央政府对地方政府的纵向补偿为主，流域上下游、地区与地区之间的横向补偿仍然较少，缺乏有效的协商机制，阻碍了水生态补偿工作的开展。

（二）未来生态保护补偿情况

根据我国“十三五”规划和相关政策文件，中国未来生态补偿范围将逐步扩大，补偿方式更多元，跨省补偿更为常见。从资金来源看，生态补偿资金主要以政府投入为主，因此，未来生态补偿的范围和补偿标准的确定，都将以经济形势以及财政收支情况为基础，其中，财政运行情况直接对生态补偿进展产生举足轻重的影响。此外，从地域看，扶贫和生态补偿的区域高度吻合，未来三年在贫困地区的生态补偿和扶贫行动将形成合力，共同助力全面建成小康社会的实现。

补偿范围从单领域补偿扩展到综合补偿。从领域看，流域生态补偿机制已经成为我国流域共同开展综合治理的重要抓手，森林补偿机制不断完善，草原补偿机制稳步推进，耕地、湿地等其生态补偿也在积极推进，党的十九大报告中特意提到“严格保护耕地，扩大轮作轮耕试点，健全耕地草原森林河流湖泊休养生息制度”是一个明显的信号。综合补偿方面，重点生态功能区转移支付办法不断优化，补助资金不断增加。补偿尺度从省内补偿到跨省补偿，目前跨省流域生态补偿试点进展顺利。补偿方式从资金补偿到多元化补偿，国家对生态补偿的投入在不断增加，更重要的是，市场化补偿机制成为财政生态补偿投入的重要补充，如碳排放权交易等。

此外，需要注意的是，扶贫和生态补偿高度吻合。根据赵越[15]等人的统计，我国592个贫困县中有499个位于重点生态功能区或生物多样性优先保护区，扶贫和生态补偿在地区上高度吻合。为达成2020年全面建成小康社会的目标，未来三年对贫困地区的投入将不断加大，生态补偿力度也会加大，共同助力全面小康目标的实现。

（三）宏观预测方法

1. 协整模型和误差修正模型

如果序列 X_{1t}，X_{2t}，…，X_{kt} 都是 d 阶单整，存在一个向量 $\alpha=(\alpha_1, \alpha_2, \cdots, \alpha_k)$，使得 $Z_t=\alpha X'_t \sim I(d-b)$，其中，$b>0$，$X'_t=(X_{1t}, X_{2t}, \cdots, X_{kt})'$，那么就认为序列 X_{1t}，X_{2t}，…，X_{kt} 是 (d, b) 阶协整，记为 $X_t \sim CI(d-b)$，α 为协整向量。协整的经济意义在于，几个变量虽然具有各自的长期波动规律，但如果是协整的，则这些变量间存在长期稳定的均衡关系。例如，如果两变量是协整的，那么它们之间存在一个长期稳定的比例关系。

对于两变量之间是否存在协整关系，通常用 Engle - Granger 方法检验，对于多变量的协整关系，Johansen 于 1988 年，以及 Jeselius 于 1990 年提出用极大似然方法检验，通常称为 Johansen 检验。

只有在变量之间存在协整关系时，才存在误差修正模型。长期看，变量之间存在长期均衡关系，但短期内，偏离均衡状态的情况时有发生，误差修正模型用来研究短期内的变化情况，阐述系统内在约束机制是如何使变量回到长期均衡状态的。

2. ARMA 模型

ARMA 模型是 Box 和 Jenkins 在 1970 年提出的以随机理论为基础的时间序列分析方法，又称为 Box - Jenkins 模型或者自回归滑动回归模型。该模型在经济领域的预测分析中有着非常广泛的应用。时间序列是按照时间顺序对某一统计指标的值排序后形成的序列，虽然单个序列值有不确定性，但长期来看，整个序列往往具有一定的规律性，因此，可以用数学模型来近似表示。ARMA 模型分为自回归模型（AR）、移动平均模型

（MA）、自回归移动平均模型（ARMA）三种。

p 阶自回归模型的表达式如下：

$$X_t = \varphi_1 X_{t-1} + \varphi_2 X_{t-2} + \cdots + \varphi_p X_{t-p} + \varepsilon_t$$

其中，ε_t 是 t 时刻的误差项。

q 阶移动平均模型的表达式如下：

$$X_t = \varepsilon_t - \theta_1 \varepsilon_{t-1} - \theta_2 \varepsilon_{t-2} - \cdots - \theta_q \varepsilon_{t-q}$$

ARMA（p，q）模型的表达式如下：

$$X_t = \varphi_1 X_{t-1} + \varphi_2 X_{t-2} + \cdots + \varphi_p X_{t-p} + \varepsilon_t - \theta_1 \varepsilon_{t-1} - \theta_2 \varepsilon_{t-2} - \theta_q \varepsilon_{t-q}$$

ARMA（p，q）模型的基本思想是，X_t 时刻的响应，不仅与以前时刻 X_{t-1}，X_{t-2}，…，X_{t-p} 有直接关系，还与以前时刻进入到系统中的扰动项 ε_{t-1}，ε_{t-2}，…，ε_{t-q} 有关系，因此，如果该序列是平稳的，即它的行为并不随时间推移而发生变化，那么就可以通过该序列过去的值去预测未来的值。

用 ARMA 模型进行拟合和预测时，首先要检验时间序列的平稳性，如果不平稳，需要通过差分或者取对数等变换使得序列变成平稳序列，通常，差分次数用 d 来表示，差分后 ARMA 模型记为 ARIMA 模型，即 ARIMA（p，d，q）。其次，检验平稳序列是否是白噪声，如果是白噪声那么序列变化随机，没有规律性，建立模型也就没有相应意义。最后，通过自相关系数图和偏相关系数图，结合 AIC 和 SC 指标确立最终模型，并对模型效果进行评价，对未来数据进行预测。

3. VAR 模型

VAR 模型是在对多个变量进行同时预测时，将这些变量作为一个系统来预测、使其相互接洽的一种方法，这些变量被称为“多变量时间序列”。由 Sims 于 1980 年所提倡的向量自回归（Vector Autoregression，简称 VAR）正是这样的一种方法。根据是否包括同期因变量，VAR 模型分为简化式 VAR 和结构 VAR，前者不包括同期变量，后者包括同期变量。

标准 VAR 模型有如下特点：（1）所有分量都是内生变量；（2）每个方程的解释变量相同，是所有内生变量的滞后变量；（3）因变量的动态结构由它的 p 阶滞后就可以刻画出来，p 时刻之前的变量对因变量无影响；（4）VAR 模型是联立方程的简化形式。

VAR模型也根据AIC准则、SC准则确定阶数。模型方程稳定的条件是特征方程的根在单位圆外。

二、微观层面分析

生态补偿制度本质上是一种保护环境的生态激励机制。为使生态补偿制度能从根本上调动广大保护者和受益者的积极性，在制定生态补偿标准时必须考虑微观个体的经济决策行为。按照经济学“理性人”假设，在自愿的前提下，绝大多数人只有在收益大于成本的情形下才有参与的积极性。在生态补偿过程中也是如此，对于绝大多数提供生态服务的牧民、农民等受偿者来说，只有在补偿标准大于机会成本的情况下，才会参与到生态补偿中来，补偿标准高于机会成本越多，参与生态补偿的人数越多，积极性越高，反之，参与人数越少，积极性越低。因此，微观层面的研究是科学、高效的生态补偿制度的重要基石。

由于生态补偿涉及范围广，加之我国各地区间经济和财政情况差距较大等客观因素，多样化的补偿方式是我国生态补偿制度的题中之义。洪尚群、吴晓青[16]等指出，补偿多样化是因补偿的供给和需求多样化的客观要求和客观结果，反过来，补偿多样化又能刺激补偿的供给和需求，使得高水平均衡得以实现，有利于良性互动关系的形成和进一步发展。因此基于我国国情，多样化的补偿方式是实现高水平均衡的必走路径。

笔者首先介绍微观层面的技术方法并小结，对基于微观层面的预测模型提出些许思考。

由于不同生态系统的类型、大小、结构、发展进程存在差异，各个国家和地区自然资本市场的发育程度不同，生态补偿涉及生态学、经济学等多个学科的共同影响，生态服务价值评估方法较多，且各有其独特优势。典型方法主要有市场价值法、意愿调查法、机会成本法、最小数据法、生态足迹法等。

（一）市场价值法

市场价值法是应用最广泛的生态系统服务功能价值评价方法，适用于没有费用支出但有市场价格的生态服务功能的价值评估。在评估时，首先对某种服务的生态功能效果进行定量分析，在此基础上，结合生态功能效果对应的市场价格来得到最终市场价值。

市场价值法分为环境效益评估法和环境损失评估法两类，前者是从正的生态效益角度分析，后者是从生态遭到破坏后负的生态效益的角度入手。以环境效益评估法为例，第一步先对某种生态系统服务功能进行定量测算（如二氧化碳固定量），其次确定该生态服务功能的“影子价格”（如二氧化碳的价格），最终计算总的经济价值。环境损失评估法又称为生产力损失法，其流程和环境效益评估法类似。该方法也把环境作为一种生产要素，通过计量生态破坏的“影子价格”最终确定总的经济损失。

需要指出的是，由于生态系统服务功能种类繁多，较难定量，在具体实践中可能会有一些困难。

（二）意愿调查法

意愿调查法又称假设评价法，通过直接向有关人群提问，确定对环境质量改善的支付意愿，或者受到损失后的受偿意愿，用支付意愿或者受偿意愿来表示生态服务功能的市场价值。刘向华[17]认为，意愿调查法必须建立在环境要素具有“可支付性”和“投标竞争”特征的基础上。相比其他方法，意愿调查法有着独特的优势：（1）揭示了消费者对环境物品的偏好，从经济学角度构建生态补偿的微观基础；（2）可以有效协调环境评估的多重目标，保证价值评估的实现。因此，意愿调查法成为了目前唯一能评估与环境物品有关的全部使用价值和非使用价值的方法。

但是，意愿调查法在实际应用中存在争议。原因在于被调查者主观性产生的偏差难以消除，被调查者对假想市场问题的回答和真实市场情况下的回答可能存在差异，支付意愿和接受赔偿意愿的不一致，被调查者自身素质的影响等多个方面。

（三）机会成本法

机会成本指做出一项决策时，被舍弃掉的其他备选方案中预期收益最大者，即“为得到某种东西而必须放弃的东西”。机会成本基于资源的稀缺性和多用途性。在生态补偿中，机会成本指生态系统服务功能的提供者为保护生态环境所必须放弃的经济收入和发展机会等。机会成本法在实践中应用较为广泛，并被认为是合理的确定生态补偿标准的方法。Macmillan[18]研究发现，生态补偿标准与生态系统服务提供者的机会成本直接相关，为机会成本在生态补偿标准方面的应用奠定了理论基础。

使用机会成本法需要注意载体的选择，考虑风险和时间因素的影响。一方面，不同载体机会成本存在差异（如土地、水资源对应的机会成本不同）；另一方面，寻求保护者放弃的最大利益依赖于载体。因此，如何选择合适的载体是确定合理生态补偿标准的关键。此外，目前关于机会成本法的许多研究和实践中，只注重当期的决策，并没有考虑在较长的时期内的情况，前瞻性较弱。欧阳志云等认为，定量机会成本不仅仅是当期的决策，而应该考虑一个周期或更长时期的决策[19]。从长期来看，影响机会成本的因素主要是风险和时间。时间因子对机会成本的影响主要体现在贴现率和不同时期的现金流上；风险的影响导致机会成本的变化。本文认为，将风险和时间因素纳入考虑范围，才能更贴近现实情况。

（四）最小数据法

最小数据法旨在找出补偿标准与生态服务供给量之间的定量关系，使决策者清楚了解，要得到预期生态服务供给量需要投入的生态补偿资金数额，达到以最小成本获取最多生态系统服务的目的。事实上，如果补偿标准过高，会造成补偿资金支出压力较大，还有可能助长寻租和资金浪费，过低又会导致无法达到预期的效果。Antle 等[20]开发的最小数据法为解决这一问题提供了技术手段。这种方法的最大优点在于只需少量数据，通过机会成本空间分布就可以得到新增生态系统服务的供给曲线。

实际上，由于生态系统服务的供给、相关人群经济行为都具有空间异质性，要进行精确研究需要大量数据，并且所需特定地点的经济数据只能通过特定目的调查获得。最小数据法避免了这一问题，通过对生态补偿问题的分解，使用相对简单的数据就可以得到较为精确的结果。目前，最小数据法在国外已经成功于水资源保护、土壤固碳等领域，国内相关实践研究仍然较少，已有研究主要集中在农田、森林、草地、流域等领域。

（五）生态足迹法

生态足迹概念由 William E. Rees 在 1992 年提出，用来定量衡量可持续发展程度，时隔 4 年之后，William E. Rees[21] 和 Wackenagel M[22] 共同提出了生态足迹的计算模型，此后这种方法在批判和修正中不断取得发展。1996 年 Wackenagel 对生态足迹概念做了进一步阐述：任何已知人口（某个个人，一个城市或者一个国家）的生态足迹是生产这些人口所消费的所有资源和吸纳这些人口所产生的所有废弃物所需要的生物生产面积。

我国学者张志强等[23]认为，生态足迹法的计算主要基于两个事实：人类可以确定自身消费的绝大多数资源以及废弃物的数量；这些资源和废弃物能转换成相应的生态生产性面积。金书秦等[24]在以上两点的基础上，进一步丰富了使用生态足迹法的假设条件，补充了另外四条：（1）各类可用生物生产能力不同的土地，可以折算成标准公顷；（2）由于土地的用途是相互排斥的，因此相加可以得到人类的消费需求；（3）自然的生态服务的供应可以用以全球公顷所代表的生物生产空间表达；（4）生态足迹可以超越生物承载力。

生态足迹法在核算中，主要考虑化石燃料土地、可耕地、林地、草场、建筑用地和水域 6 种类型，具体通过比较某地区生态足迹和生态承载力的差异来衡量可持续发展能力。相比其他方法，生态足迹法在三个方面有着明显的优点：（1）生产足迹法涉及系统性、公平性、发展性指标；（2）生态足迹法计算结果在经过均衡因子和产量因子处理后，可以进行不同国家或者区域间的比较；（3）形象易懂，对专业知识的要求低。

不可否认的是，生态足迹法也存在不足，主要集中在没有考虑技术进步的影响，假设合理性存在质疑，与历史数据存在矛盾，忽略了土地退化和生态足迹的关系等方面。

（六）小结

根据自然资本市场的发育程度和生态系统服务的差异，生态补偿微观层面的预测方法和模型可以分为 4 类：实际市场评估技术（如市场价值法）；替代市场评估技术（如机会成本法、替代成本法、影子工程法等）；假想（模拟）市场评估技术（如意愿调查法）；空间—能值分析技术（如生态足迹法）。在实际应用中各有优劣，目前还没有一个统一的方法对生态补偿标准的认定作出非常具有说服力的解释。一方面，这是由于生态系统服务功能本身的多样性和复杂性所致对于很多类型的生态系统研究者尚未明晰它具体有哪些方面的功能，其中哪一方面的功能是主要的；另一方面，各国经济发展水平、自然资源情况差异悬殊。因此，在我国实践中，为确定合理的补偿标准，应根据当地自然资源禀赋，自然资本市场发育程度和当地风土人情等因素综合考虑，使用一种或几种合适的方法进行建模估计，以此来得到更有说服力的结论。

三、我国生态补偿资金需求预测

根据不同生态功能重要区生态补偿标准，结合未来一段时期我国财政收支情况和生态建设的实际需求，分情景预测我国生态补偿资金需求。

《国务院办公厅关于健全生态保护补偿机制的意见》（国办发〔2016〕31 号）指出，当前生态补偿的重点任务包括森林、草原、湿地、荒漠、海洋、水流、耕地几类。然而，由于生态补偿涉及多个部门以及财政资金碎片化等因素影响客观上增加了衡量生态补偿资金口径的难度。因此，目前还没有一个公认的生态补偿资金口径。一般认为，生态补偿资金的口径也有宽窄之分。其中，广义的生态补偿是指对生态环境本身，保护生态环境的行为以及对有重要的生态价值对象的补偿；狭义的生态补偿仅仅包含政府为加强生态环境保护所支付的各类资金。出于数据可得性和计量可行性的考虑，本书采用狭义的口径。相应的生态补偿资金口径采用生态保护、天然林保护、退耕还林、风沙荒漠治理、退牧还草和已垦草原退耕还草等资金用途分类。

首先，本章先阐述四个典型领域的生态补偿标准，并在此基础上，结合未来我国财政收支情况，《2018 年政府收支分类科目》中具体的类款项，进行预测。

《关于开展生态补偿试点工作的核心指导意见》指出，在四个领域开展生态补偿试点工作，这四个领域也是国内学者研究的重点领域。因此，本章接下来主要探讨这四个领域的生态补偿标准，并结合未来一段时期内我国生态建设的实际需求，对我国生态补偿资金需求进行讨论。

（一）四个典型领域的生态补偿标准

1. 自然保护区的生态补偿标准

在我国，自然保护区是有代表性的自然生态系统、珍稀濒危野生动植物物种的天然集中分布区、有特殊意义的自然遗迹等保护对象所在区域。根据 2018 年 4 月 18 日人民日报的报道[25]，截至 2017 年年底，全国共建立各类型、各级别的保护区 2750 个，总面积约 14733 万公顷，约占全国陆地面积的 14.88%，其中国家级自然保护区 469 个。

我国自然保护区发挥作用十分显著。自然保护区范围内，分布有 3500 多万公顷天然林和约 2000 万公顷天然湿地，保护着 90.5% 的陆地生态系统类型、85% 的野生动植物种类和 65% 的高等植物群落，保护了 300 多种重点保护的野生动物和 130 多种重点保护的野生植物。

目前，关于自然保护区生态补偿标准的确定办法，主要有 4 种：基于生态系统服务价值确定补偿标准，基于保护成本确定补偿标准，根据保护损失确定补偿标准，根据支付意愿和受偿意愿确定补偿标准。

基于生态系统服务价值确定补偿标准的方法应用需要较为完善的市场机制，此外技术要求较高，需要对自然保护区和生态功能区的关键服务功能进行认定，因此实际中这种方法只作为理论上限。基于保护成本确定补偿标准，这种方法简单易行，主要反映管理所需人力物力等成本。基于保护损失确定补偿标准也较为常用，其中难点在于对机会成本的处理。基于支付意愿和受偿意愿确定补偿标准，体现了“大众参与”的思想，有利于培养全民的环保意识，提高民众参与生态补偿的积极性和主动性。

对于公益性社会事业的生态保护区建设和管理，投资渠道主要有三个，分别是财政渠道投资、社会渠道投资和市场渠道投资。从占比看，财政投资为主，社会渠道和市场渠道投资占比较小，起辅助作用。财政渠道的投资包括中央政府和地方政府的投资两大方面，资金来源包括本级财政经常性预算、上级财政转移支付、项目投入、国债资金、专项资金等。社会渠道投资的内涵是，除了政府财政和主管部门以外的各种投资，既包括社会团体和个人的投资，也包括国外资助。市场渠道投资指保护区开展多种经营创收和有关服务的收费。

2. 重点生态功能区的生态补偿标准

燕守广等指出[26]，重点生态功能区是指在保持流域、区域生态平衡，防止和减轻自然灾害，确保国家和地区生态安全方面具有重要作用的区域。就作用来说，重点生态功能区对于维系区域、流域社会经济可持续发展，保障国家生态安全和民族繁衍有着重要意义。其作用包括水源涵养、水土保持、防风固沙、洪水调蓄、调节气候、降低污染物、生物多样性保护、土壤维持等。

从定位来看，重点生态功能区是从区域、流域、国家尺度定位的，重点生态功能区的生态服务具有很强的外溢性，因此，鉴别出直接关系上下游或周边地区经济利益的生态功能，是制定重要生态功能区生态补偿标准的关键。

从补偿主体看，重点生态功能区的生态保护对于流域，乃至全国都有全局性的作用，国家作为公众利益的代表，理应是生态补偿的重要主体。此外，下游和周边地区作为直接受益者，也应给与重点生态功能区的保护者回报。最后，从长远看，重点生态功能区当地居民也直接从该地区生态效益中获益，但目前要做到自我补偿困难重重，重点生态功能区及受益区大多经济发展较为落后，可在发展过程中科学合理地、适时地推进重点功能区开展自我补偿，形成合力。

目前还没有专门针对重点生态功能区生态补偿标准的研究，只是在各相关文献中有零散的表述，缺乏系统性。从现有文献看，补偿标准制定缺乏科学依据的问题较为突出。以怒江为例，在该重点生态功能区的补偿中采用统一的标准，只注重数量补偿而忽视质量补偿，在补偿标准设定时只考虑经济价值而忽略生态价值。从更广泛的范围考量，我国生态补偿标准"一刀切"的现象十分普遍，虽然提高了政策的透明度，易于执行，但没有考虑各地实际情况的差异，不能科学反映各重点生态功能区的特性，管理水平和执行难度的差异，造成各个地区实际补偿标准和通过科学测算的补偿标准的背离。对此，一方面需要各地区切实提高管理水平；另一方面需要更详细的数据支撑，以作参考。

3. 矿产资源开发的生态补偿标准

矿产资源开发的生态补偿主体主要是指矿产资源的直接开发者，通常是国家和采矿权人。对于新建矿山和正在开采的矿山，责任人十分明确，开采者有责任和义务修复治理生态环境，但对于已经废弃的矿山等情况，由于很难明确责任主体，因此，就需要政府进行修复。

从目前情况看，矿产资源开发的生态补偿标准偏低。其原因在于现有补偿标准只考虑了矿产资源固有的自然资源价值，即天然的，没有经过人类劳动的价值，但是，矿区生态环境和矿产物质对生态系统的功能性价值没有纳入考量。基于开发利用该种矿产资源的劳动投入所产生的价值（也包括为保护、恢复矿产资源开发中生态环境遭受破坏的劳动投入）也没有纳入口径中。因此，应当综合考虑，提高矿产资源开发的生态补偿标准。

4. 流域水环境保护的生态补偿标准

目前关于流域生态补偿测算没有统一的标准，测算技术难度较大是导致这一问题产生的重要原因之一。理论上，流域生态补偿标准的确立是从两个方面衡量：第一是流域生态建设者和保护者经济行为的成本；第二是由流域生态保护和建设对相应的受益者产生的效益。前者包括直接投入成本和机会成本，其中，直接投入成本占据较大比重，而机会成本占比较小。国际上一般以上游土地的机会成本作为补偿标准，从结果看，这样测算使上游生态保护的机会成本远大于下游用水者的支付金额。

从国内研究看，主要有五种流域生态补偿的测算标准：（1）基于水质和水量的补偿标准；（2）基于生态重建或恢复成本的补偿标准；（3）基于上游流域环境保护成本的补偿标准；（4）基于水资源市场价格的补偿标准；（5）基于意愿价值的补偿标准。

2016年12月27日，财政部、环保部、发展和改革委员会、水利部联合发布《关于加快建立流域上下游横向生态保护补偿机制的指导意见》，该文件旨在加快流域上下游之间横向生态保护补偿机制的建立，调动上下游积极性，共同推进生态环境保护和治理，进一步加快生态文明体制建设。预计在未来几年，流域生态保护补偿将会有较大进展。

（二）对生态补偿资金需求的分情景讨论

从资金来源看，生态补偿资金来自政府、市场以及其他渠道，其中政府生态补偿资金占比最大。更具体的，转移支付制度、专项基金制度起着重要作用，此外还有政策补偿以及生态环境保护税费等配合。

因此本章设想，在分情景讨论时根据未来我国经济总体情况（如gdp增速），财政对生态补偿资金的投入情况（生态补偿资金支出占财政支出的比重），以及我国未来生态环境情况的变化，分情景进行讨论。由于缺乏全国总的生态补偿方面的支出数据，预测难点在于对生态补偿支出口径的认定（如贫困地区的转移支付，也带有一定的生态补偿意义，因此如何认定还需仔细甄别），以及对未来我国生态环境变化的把握上。本章预测是在假定大的政策环境不变情况下的预测。

1. 未来财政收支情况预测

2018年上半年，全国财政收支运行情况良好，财政收入保持平稳较快增长，财政支出保持较高强度，支出进度总体加快，对重点领域和关键环节的支持力度进一步加大，有力促进了经济社会平稳健康发展。

从数据上看，1—6月累计，全国一般公共预算收入104331亿元，同比增长10.6%。其中，中央一般公共预算收入49890亿元，同比增长13.7%；地方一般公共预算本级收入54441亿元，同比增长8%。全国一般公共预算收入中的税收收入91629亿元，同比增长14.4%；非税收入

12702 亿元，同比下降 10.8%。从支出看，1—6 月累计，全国一般公共预算支出 111592 亿元，同比增长 7.8%，为年初预算的 53.2%，比去年同期进度加快 0.1 个百分点。其中，中央一般公共预算本级支出 15371 亿元，同比增长 8.3%；地方一般公共预算支出 96221 亿元，同比增长 7.8%（见图 4－2、图 4－3）。

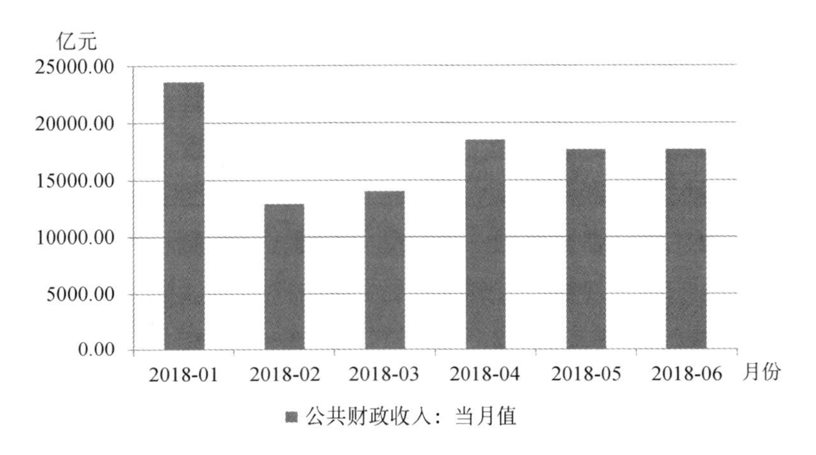

图 4－2　2018 年 1—6 月公共财政收入当月值

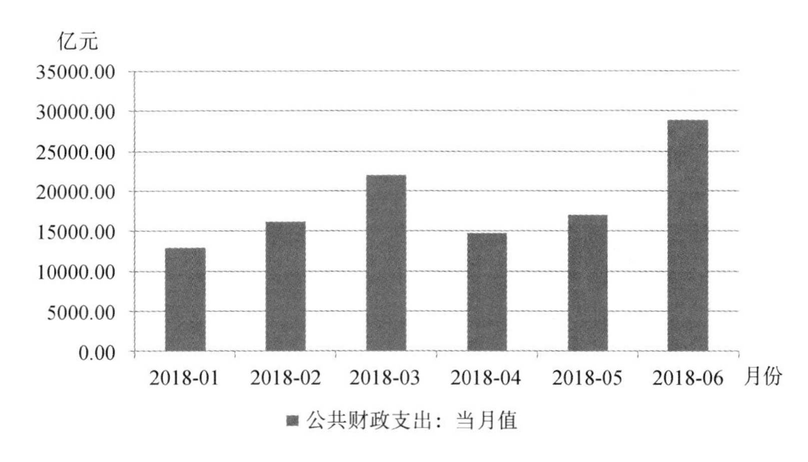

图 4－3　2018 年 1—6 月公共财政支出当月值

首先预测财政收入。经济决定财政，财政反过来影响经济。从长期来看，财政收入作为政府参与分配的一种方式，和 gdp 之间相关性较高，但短期内财政收入增速和 gdp 增速可能不一致，为更精确把握两者之间的相互关系，本章选取全国财政收入总量（记为 govrevenue）、名义国内生产总值（gdp）两项指标建立 VAR 模型。样本数据时间跨度为 1978—2017 年，并以 1978 年 gdp 指数为 100，对全国财政收入总量、名义 gdp 数据进行调整，消除价格的影响（见图 4-4）。

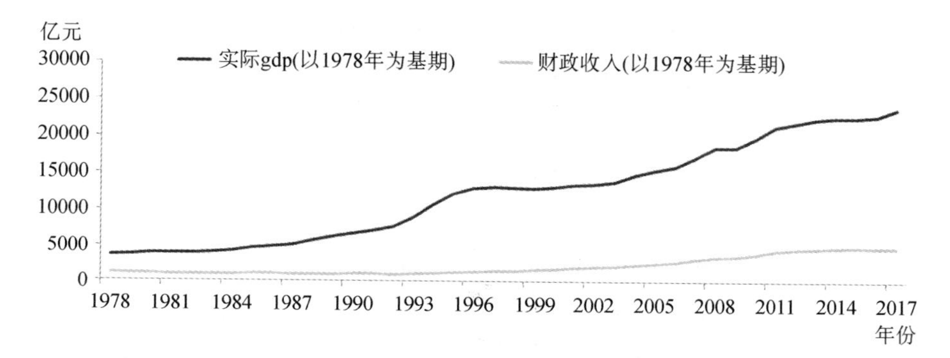

图 4-4　1978—2017 年实际 gdp 和财政收入情况

首先，使用 1978—2014 年数据建立模型。其次，通过 2015—2017 年样本数据对模型进行检验。预处理时对样本数据取对数消除量纲，并引入虚拟变量 D85、D94 代表 1985、1994 年税制改革对税收收入造成的影响，记当年税制改革发生前虚拟变量值为 0，发生当年及以后年度值为 1（见表 4-2）。

表 4-2　ADF 单位根检验表

序列	检验形式（C，T，K）	ADF 值	1% 显著性水平临界值	5% 显著性水平临界值	10% 显著性水平临界值	结论
lngdp	（C，T，9）	-2.036	-4.244	-3.544	-3.205	不平稳
dlngdp	（C，N，9）	-2.630	-3.633	-2.948	-2.613	平稳*
lngovrevenue	（C，T，9）	-2.995	-4.253	-3.548	-3.207	不平稳
dlngovrevenue	（C，T，9）	-4.690	-4.253	-3.548	-3.207	平稳***
lngovexpend	（C，T，9）	-2.702	-4.253	-3.548	-3.207	不平稳
dlngovexpend	（C，T，1）	-4.996	-4.253	-3.548	-3.207	平稳***

注：* 代表 10% 显著性水平下平稳，** 代表 5% 显著性水平下平稳，*** 代表 1% 显著性水平下平稳，下不赘述。

平稳性检验结果显示 $lngdp_t$、$lngovrevenue_t$、$lngovexpend_t$ 为一阶单整序列，进一步采用 EG 检验法判断是否协整，发现实际 gdp 和财政收入间存在长期均衡关系（见附录表 1-1），财政收入和财政支出间也存在长期均衡关系（见附录表 1-2），表达式如下：

$$lngovrevenue_t = -5.84 + 1.54lngdp_t - 0.69D85 - 0.51D94$$
$$(-4.04)\quad(8.83)\quad(-5.25)\quad(-2.84)$$

$$lngovexpend_t = 0.28 + 0.96lngovrevenue_t + 0.02D85 + 0.07D94$$
$$(2.14)\quad(51.94)\quad(0.94)\quad(2.97)$$

进一步建立 VAR 模型如下：

$$lngdp_t = 1.69lngdp_{t-1} - 0.69lngdp_{t-2} + 0.08lngovexpend_{t-1} + 0.02lngovexpend_{t-2}$$
$$(10.65)\quad(-4.19)\quad(0.43)\quad(0.09)$$
$$-0.24lngovrevenue_{t-1} + 0.13lngovrevenue_{t-2} + 0.05$$
$$(-1.13)\quad(0.66)\quad(0.33)$$

$$lngovexpend_t = -0.07lngdp_{t-1} + 0.20lngdp_{t-2} + 0.73lngovexpend_{t-1}$$
$$(-0.39)\quad(1.14)\quad(3.46)$$
$$-0.25lngovexpend_{t-2} + 0.63lngovrevenue_{t-1} - 0.21lngovrevenue_{t-2} - 0.40$$
$$(-1.29)\quad(2.73)\quad(-0.94)\quad(-2.51)$$

$$lngovrevenue_t = 0.06lngdp_{t-1} + 0.01lngdp_{t-2} + 0.10lngovexpend_{t-1}$$
$$(0.31)\quad(0.06)\quad(0.44)$$
$$+0.05lngovexpend_{t-2} + 1.11lngovrevenue_{t-1} - 0.32lngovrevenue_{t-2} - 0.31$$
$$(0.24)\quad(4.31)\quad(-1.26)\quad(-1.70)$$

检验结果显示模型平稳，因此可以进行预测。

使用 2015—2017 年数据对模型拟合效果进行检验。VAR 模型预测值和实际值如表 4-3 所示。

表 4-3　VAR 模型拟合效果情况

	2015 年	2016 年	2017 年
lngdp 实际值	10.032849	10.043986	10.084139
lngdp 预测值	10.0076	10.03307	10.05756
误差百分比绝对值	0.25%	0.11%	0.26%

续表

	2015 年	2016 年	2017 年
lngovrevenue 实际值	8.5231823	8.5052041	8.5171223
lngovrevenue 预测值	8.537329	8.591525	8.644356
误差百分比绝对值	0.17%	1.01%	1.49%
lngovexpendture 实际值	8.6673214	8.6680987	8.6810177
lngovexpendture 预测值	8.591947	8.643545	8.693786
误差百分比绝对值	0.86%	0.28%	0.15%

使用该模型预测未来年份数据如下（见表4-4）。

表4-4　未来财政收入和GDP情况预测　单位：亿元

年份	GDP	财政收入	财政支出
2018	23887.25	5977.81	6264.56
2019	24433.49	6284.70	6569.36
2020	24969.99	6598.15	6879.59
2021	25496.08	6917.61	7194.68
2022	26011.66	7242.49	7514.05
2023	26516.43	7572.19	7837.11
2024	27009.93	7906.10	8163.26
2025	27491.99	8243.60	8491.90
2026	27962.79	8584.08	8822.44
2027	28421.47	8926.90	9154.28
2028	28868.61	9271.43	9486.84
2029	29303.73	9617.08	9819.55
2030	29727.27	9963.23	10151.86
2031	30138.54	10309.30	10483.23
2032	30538.09	10654.72	10813.14
2033	30925.92	10998.93	11141.10
2034	31302.09	11341.41	11466.63
2035	31666.35	11681.64	11789.29

注：GDP和财政收支都是以1978年为基期调整后的结果。

2. 自然生态保护资金需求预测

自然生态保护支出反映生态保护、生态修复、生物多样性保护、农村环境保护和生物安全管理等方面的支出。包括生态保护、农村环境保护、自然保护区、生物及物种资源保护、其他自然生态保护支出 5 项。其中，自然保护区主要包括森林生态、草原草甸、荒漠生态、内陆湿地、海洋海岸、野生动物、野生植物、地质遗迹和古生物遗迹等 9 种类型[27]。我国自然保护事业经过长时期的发展，目前已经形成了以自然保护区为核心，以风景名胜区、森林公园、地质公园、文化自然遗产为主要组成部分，以重要生态功能区、生物多样性保护优先区为重要补充的体系，成为国家生态安全基本骨架和重要节点。

2010—2017 年自然生态保护支出如图 4－5 所示。

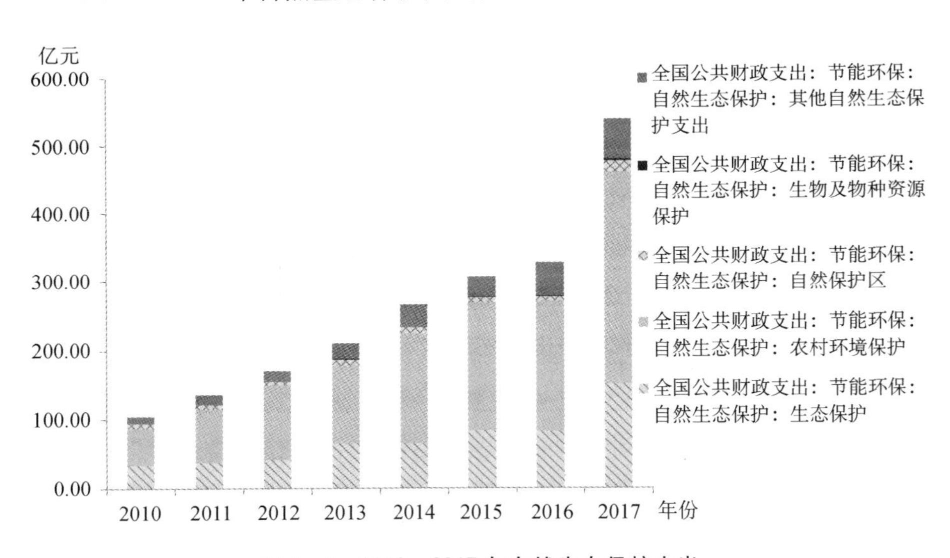

图 4－5　2010—2017 年自然生态保护支出

整体上，近年来生态保护支出快速增长，分科目来说，农村环境保护支出占比最大，且有不断提高的趋势。从各科目占比看，农村环境保护支出所占比重较为稳定，基本在 50%—60% 之间波动，8 年平均占比为 57.4%。因此，本章首先预测农村环境保护支出，再分别预测占比 50%、60% 时的生态保护支出总量，得到生态保护支出所在区间。

表 4－5　2010—2017 年农村环境保护支出占自然生态保护支出的比重

年份	农村环境保护支出占比
2010	50.71%
2011	56.99%
2012	62.84%
2013	53.72%
2014	60.11%
2015	60.02%
2016	57.29%
2017	57.62%

农村环境保护支出（记为 country）用于农村生活垃圾、污水处理、防治养殖业环境污染和工矿企业污染等方面。基于数据可得性，本章选择农林牧渔固定资产投资完成额（记为 inv）作为自变量，预测未来年度的走势。指标选取原因在于农林牧渔业的固定资产投资对环境有长期的影响，是人类代表性的农业活动，农业设施的增加意味着农业活动更为频繁，不可避免地对环境的影响会更大、更持久。

二者相关系数达到 93.30%，该指标具有代表性，考虑到固定资产投资的影响具有滞后性，取 inv_{t-1} 建立模型，得到方程（过程见附录图 2－1）如下所示：

$$country_t = 52.747346 + 0.000786 inv_{t-1}$$

根据模型进行动态预测，得到 2017 年农村环境保护支出 231.73 亿元，如果按照 50% 的占比，则总的生态保护支出将达到 463.46 亿元，按照 60% 的占比，将达到 386.22 亿元，总体来看，2017 年农村环境保护支出在 386.22 亿—463.46 亿元内。但实际由于政策调整，2017 年总的生态保护支出达 537.09 亿元，高于区间最大值 73.63 亿元，考虑政策调整的影响，调整截距，得到 2017 年及以后年份方程如下：

$$country_t = 126.377346 + 0.000786\ inv_{t-1}$$

预测得到未来年份农林牧渔业固定资产投资（过程见附录表 2－2、表2－3、表 2－4），再预测未来农村生态环境保护支出，得到数据如表 4－6 所示。

表 4－6 2018—2035 年农村环境保护支出、自然生态保护支出预测 单位：亿元

年份	农林牧渔业固定资产投资完成额	农村环境保护支出	按照 50% 比例推算的自然生态保护支出	按照 60% 比例推算的自然生态保护支出	按照 57.4% 比例推算的自然生态保护支出
2018	32866.78	145.74	291.49	242.91	253.91
2019	43341.39	152.21	304.42	253.68	265.18
2020	58239.43	160.44	320.89	267.41	279.52
2021	77484.49	172.15	344.31	286.92	299.92
2022	106400.69	187.28	374.56	312.13	326.27
2023	144970.12	210.01	420.02	350.01	365.87
2024	190561.58	240.32	480.65	400.54	418.68
2025	251687.31	276.16	552.32	460.26	481.11
2026	329842.81	324.2	648.41	540.34	564.81
2027	434049.27	385.63	771.27	642.72	671.84
2028	563752.57	467.54	935.08	779.23	814.53
2029	734586.91	569.49	1138.97	949.14	992.14
2030	971502.44	703.76	1407.53	1172.94	1226.07
2031	1282296.2	889.98	1779.96	1483.3	1550.48
2032	1697976.4	1134.26	2268.52	1890.44	1976.07
2033	2244583.3	1460.99	2921.97	2434.98	2545.27
2034	2983261.4	1890.62	3781.24	3151.03	3293.76
2035	3959728.6	2471.22	4942.44	4118.7	4305.26

3. 天然林保护资金需求预测

天然林保护资金反映专项用于天然林资源保护工程的各项补助支出，包括森林管护、社会保险救助、政策性社会性支出补助、天然林保护工程建设、停伐补助、其他天然林保护支出 6 项。李文华指出，天然林保护工程的保护范围是未经人为措施而自然起源的原始林和天然次生林，人工林中划为防护、特用等公益林[28]。

2010—2017 年天然林保护支出如图 4－6 所示。

从数据看，近年来天然林保护支出稳步上升。分项目来看，其他天然林保护支出上升速度较快，天然林保护工程建设、社会保险补助等科目支

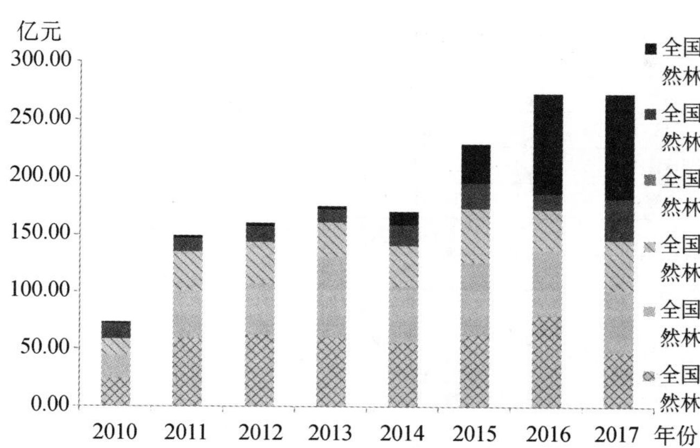

图 4-6　天然林保护支出

出稳步增长。从资金来源看，中央天然林保护支出稳步增长，而地方天然林保护支出随时间变化较大，因此分别预测中央和地方天然林保护支出（见附录 3-1、附录 3-2）。

此外，天然林保护支出与天然林造林面积密切相关。2016 年各省造林面积的分布情况如图 4-7 所示。由图可知，内蒙古、陕西、云南分别是天然林保护工程造林最多的省份，综合看，实施省份集中在长江上游地区、黄河中上游地区以及东北、内蒙古等重点国有林区。

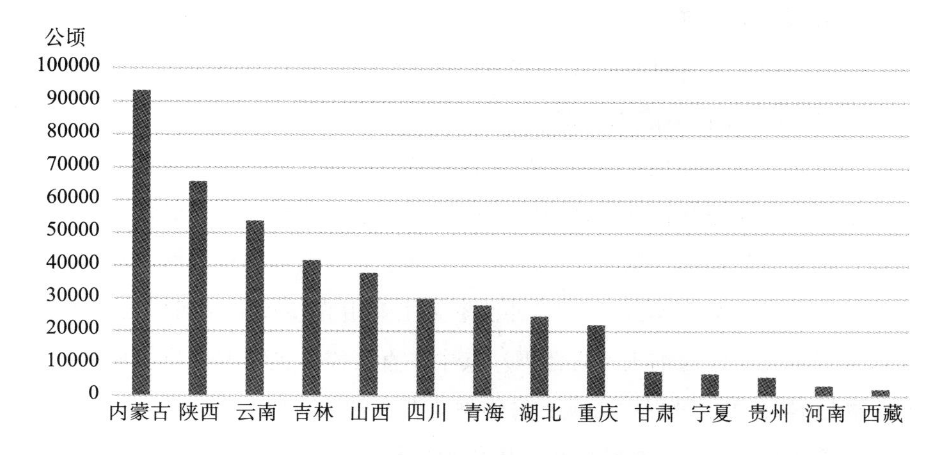

图 4-7　2016 年各省份天然林保护工程造林面积

采用最小二乘法模型，测算得到公式如下（见表 4-7）：

表 4-7　　2018—2035 年天然林保护支出预测　　单位：亿元

年份	中央	地方	合计
2018	28.75	269.92	298.67
2019	31.19	291.4	322.59
2020	33.63	312.88	346.51
2021	36.07	334.36	370.43
2022	38.51	355.84	394.35
2023	40.95	377.32	418.27
2024	43.39	398.8	442.19
2025	45.83	420.28	466.11
2026	48.27	441.76	490.03
2027	50.71	463.24	513.95
2028	53.15	484.72	537.87
2029	55.59	506.2	561.79
2030	58.03	527.68	585.71
2031	60.47	549.16	609.63
2032	62.91	570.64	633.55
2033	65.35	592.12	657.47
2034	67.79	613.6	681.39
2035	70.23	635.08	705.31

中央天然林保护支出：

$$central_t = -4895.17 + 2.44 \times t$$

地方天然林保护支出：

$$subnational_t = -43076.72 + 21.48 \times t$$

4. 退耕还林资金需求预测

该科目反映专项用于退耕还林工程的各项补助支出。退耕还林支出包括退耕现金、退耕还林粮食折现补贴、退耕还林粮食费用补贴、退耕还林工程建设、其他退耕还林支出 5 项。退耕还林资金的补偿对象是退耕农户或者承包经营户，孔凡斌[29]认为，当前补偿资金主要由直接成本和间接成本构成，而机会成本几乎没有纳入考虑范围。其中，直接成本包括因退耕造成的钱粮损失和还林（草）过程中必须支付的种苗费、管护费以及劳动力成本等。

从 2010—2017 年数据可知，历年退耕还林支出都在 250 亿—350 亿元范围内浮动，总体上较为稳定。从分项上看，退耕现金支出不断增加，从 2010 年的 80.22 亿元增长到 2017 年的 143.20 亿元，与此同时，退耕还林粮食折现补贴呈现下降的态势（见图4－8）。

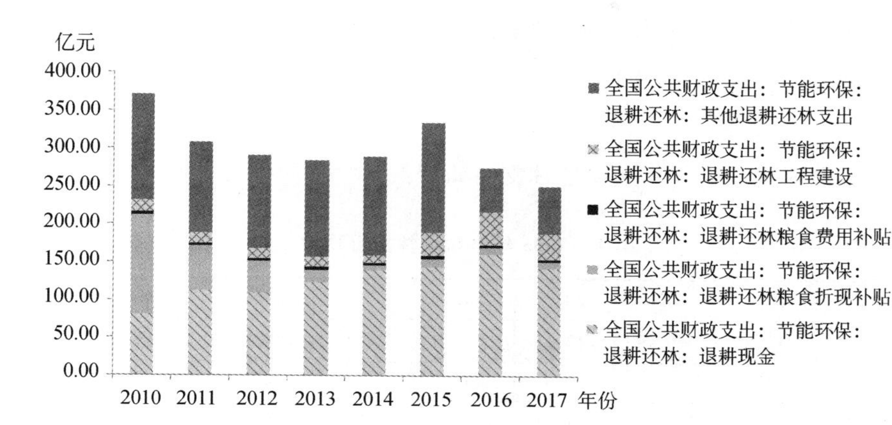

图4－8　退耕还林支出

分中央和地方看，地方退耕还林支出占据绝对比例，地方财政退耕还林支出占比在98%以上；分地区看，西部地区占比大。以2016年数据为例，云南、贵州、甘肃等西北、西南省份分别包揽了2016年退耕还林工程造林前三甲（见图4－9）。

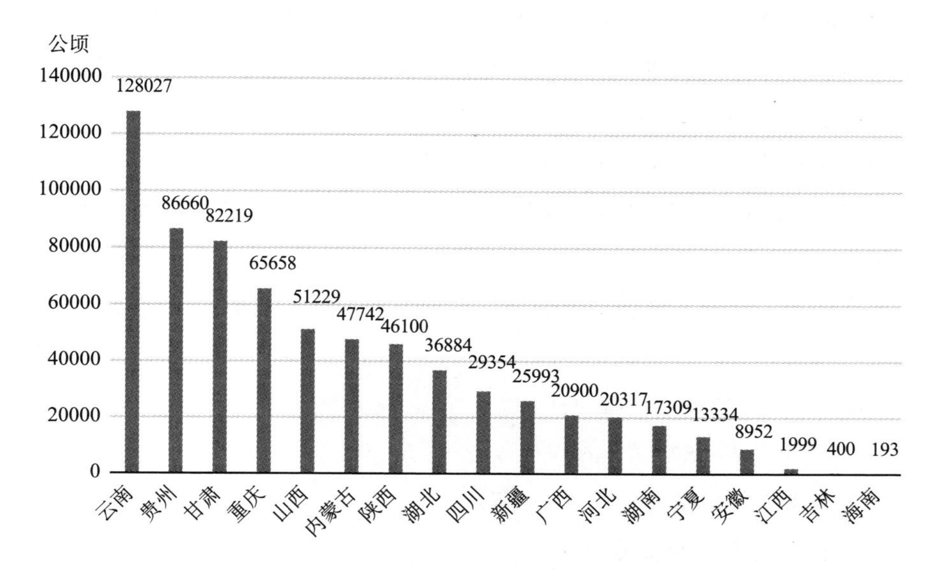

图4－9　2016年各省份退耕还林工程造林面积

数据来源：中国林业年鉴。

以时间为自变量，退耕还林支出的对数值为因变量（记为 lntghl），采用最小二乘法，得到测算结果如下：

$$lntghl_t = 73.58 - 0.03 \times t$$

$$(2.53)\quad(-2.33)$$

预测得到未来年份退耕还林支出如下：

表 4 - 8　　2018—2035 年退耕还林支出预测　　单位：亿元

2018	2019	2020	2021	2022	2023	2024	2025	2026
257.03	248.51	240.27	232.31	224.6	217.16	209.96	203.00	196.27
2027	2028	2029	2030	2031	2032	2033	2034	2035
189.76	183.47	177.39	171.51	165.82	160.33	155.01	149.87	144.9

5. 风沙荒漠治理资金需求预测

荒漠化指在干旱、半干旱和干燥半湿润地区的土地退化[30]，是我国面临的重要环境问题之一。从分布看，主要集中在西北地区和内蒙古自治区等省份，其中，内蒙古自治区以及周边地区的荒漠化问题直接威胁京津冀地区的日常生产生活和可持续发展。基于此，财政部统计口径中，风沙荒漠治理分为京津风沙源治理工程建设、其他风沙荒漠治理支出两类。

由于《2018 年政府收支科目》中没有更为详细完整的科目，因此本章中只对总的风沙荒漠治理支出进行分析。

2010—2017 年我国风沙荒漠治理支出稳步上升，支出情况如图 4 - 10 所示。

从图 4 - 10 看，风沙荒漠治理资金呈现稳步增长态势，采用最小二乘模型，结果如下：

$$desert_t = -2718.27 + 1.37t$$

$$(-6.57)\quad(6.67)$$

预测未来年份情况如表 4 - 9 所示。

6. 退牧还草资金需求预测

退牧还草是避免“公地悲剧”，保障牧民收入和草原可持续发展的重要措施。退牧还草支出分为退牧还草工程建设和其他退牧还草支出两类

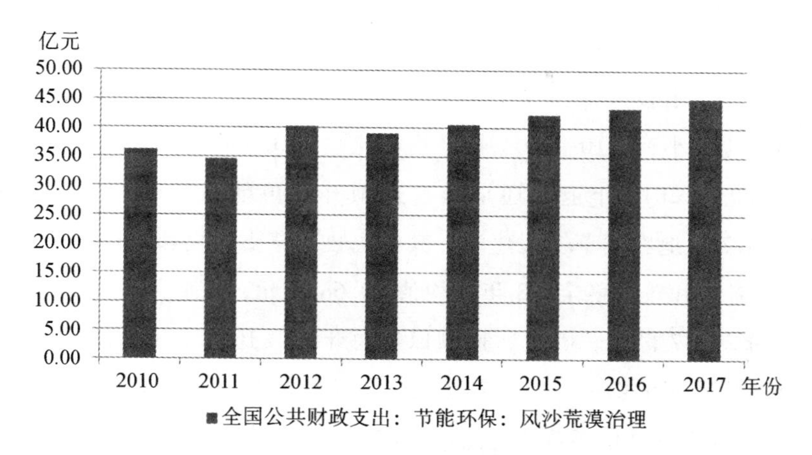

图 4－10　风沙荒漠治理支出

表 4－9　　2018—2035 年风沙荒漠支出预测　　单位：亿元

2018	2019	2020	2021	2022	2023	2024	2025	2026
46.39	47.76	49.13	50.50	51.87	53.24	54.61	55.98	57.35
2027	2028	2029	2030	2031	2032	2033	2034	2035
58.72	60.09	61.46	62.83	64.20	65.57	66.94	68.31	69.68

（2013 年之前还有退牧还草粮食折现补贴）。从具体占比看，主要以退牧还草工程建设为主（见图 4－11）。

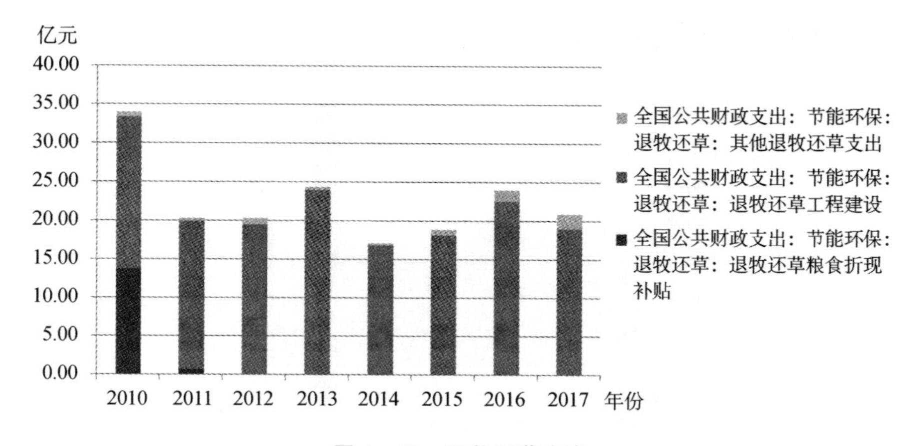

图 4－11　退牧还草支出

为提高资金使用效率、充分发挥激励机制的作用，我国对于粮食生产的支持方式逐步转向以奖代补，2010 年，全国退牧还草中粮食折现补贴

13.66 亿元，受政策变动影响，2011 年骤降为 0.56 亿元。与此同时，退牧还草工程支出投入保持平稳，其他退牧还草支出 3 年虽有较大幅度上升，但占比很小，2010—2017 年平均占比只有 3.8%，占比最高年份不到 10%。考虑到 2010 年退牧还草粮食这项补贴可能引起较大偏误，使用 2010—2017 年退牧还草工程建设、其他退牧还草支出之和进行测算，由于 8 年间二者之和较为稳定，8 年平均值 20.68 亿元，最低年份 17.03 亿元，最高年份 24.37 亿元。因此，预测以后每年退牧还草支出为 20.68 亿元，考虑到通货膨胀的影响，每年具体支出数额可能会有所调整。

7. 已垦草原退耕还草资金需求预测

对草原开展生态补偿的目的是为了保护和恢复已经受到破坏的草地，或者面临环境破坏威胁的草地。目前我国开展的草原生态补偿项目包括退牧还草、退耕还草还林、草原生态环境保护补助奖励机制等[31]。已垦草原退耕还草支出在 2016 年之前规模较小，实施进度偏慢，2015 年全国已垦草原退耕还草支出仅 1500 万元。2016 年，财政部、国家发展改革委、国家林业局、国土资源部、农业部、水利部、环境保护部、国务院扶贫办等八部门联合印发了《关于扩大新一轮退耕还林还草规模的通知》，明确了扩大新一轮退耕还林还草的主要政策。由于政策变动的影响，2016 年已垦草原退耕还草支出迅速上涨至 4.26 亿元，2017 年小幅回落至 3.97 亿元（见图 4-12）。

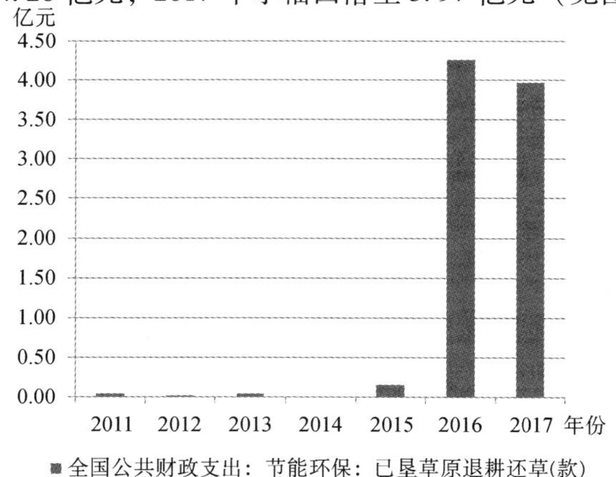

注：2014 年数据缺失。

图 4-12　已垦草原退耕还草支出

考虑到只有 2 年的有效数据，无法进行十分精确的测量，2016 年、2017 年已垦草原退耕还草支出均值为 4.12 亿元，因此，粗略估算 2018—2035 年该科目每年财政支出 4.12 亿元。

8. 其他部分生态补偿支出预测

由于其他单位也掌握一定数量的生态补偿资金，如林业、水利、环保等部门。这些资金分散在农林水支出等科目中，如农林水支出中的“森林生态效益补偿”、“林业自然保护区”、“动植物保护”、“湿地保护”、“防沙治沙”等。为全面反映生态补偿支出情况，对此预测（见图 4－13、表 4－10、图 4－14、表 4－11、图 4－15、表 4－12、图 4－16）。

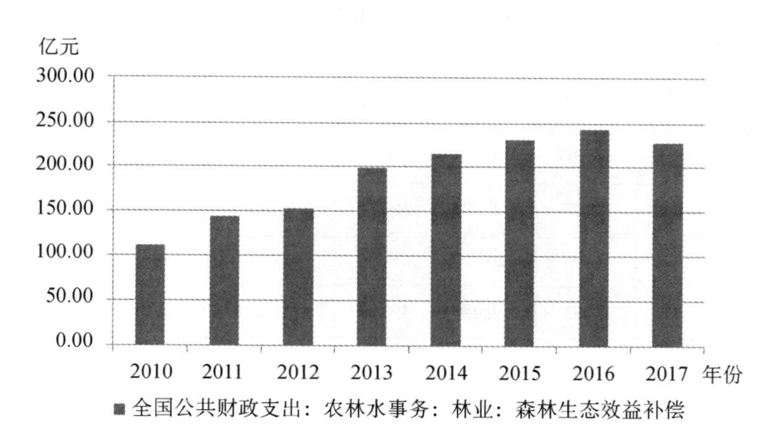

图 4－13 森林生态效益补偿支出

表 4－10 2018—2035 年林业森林生态效益补偿支出预测 单位：亿元

2018	2019	2020	2021	2022	2023	2024	2025	2026
274.03	292.52	311.02	329.51	348.00	366.49	384.99	403.48	421.97
2027	2028	2029	2030	2031	2032	2033	2034	2035
440.47	458.96	477.45	495.94	514.44	532.93	551.42	569.91	588.41

$$ForestBenefi_t = -37044.07 + 18.49 \times t$$
$$(-6.92) \quad (6.96)$$

$$NatureResFores_t = -4371.63 + 2.18 \times t$$
$$(-8.58) \quad (8.60)$$

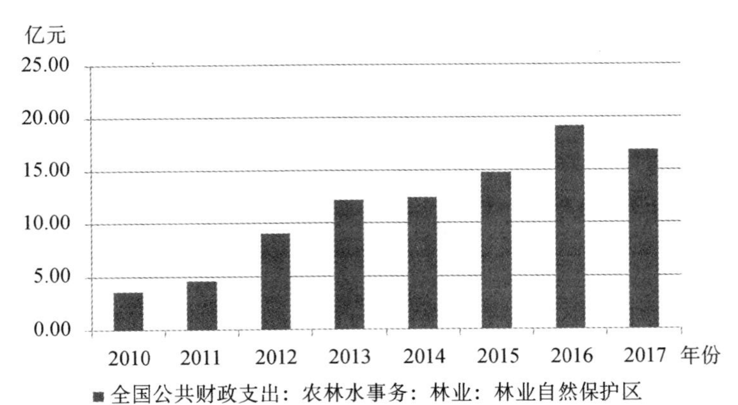

图 4-14　林业自然保护区支出

表 4-11　　2018—2035 年林业自然保护区支出预测　　单位：亿元

2018	2019	2020	2021	2022	2023	2024	2025	2026
21.36	23.54	25.72	27.89	30.07	32.25	34.42	36.60	38.78
2027	2028	2029	2030	2031	2032	2033	2034	2035
40.96	43.13	45.31	47.49	49.66	51.84	54.02	56.19	58.37

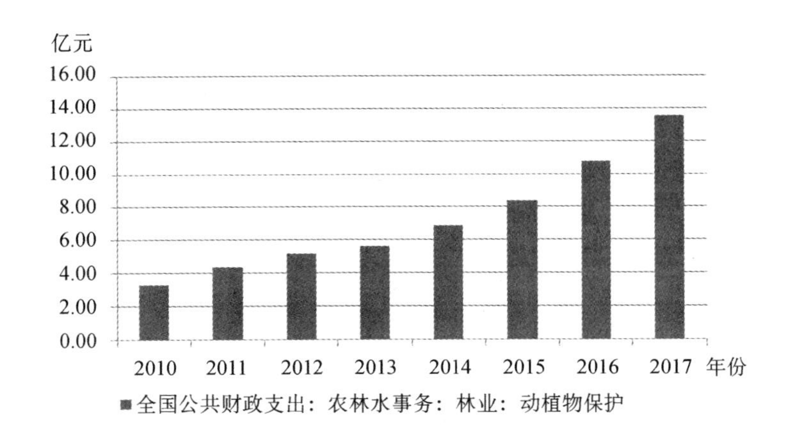

图 4-15　动植物保护支出

$$AnimalPlantPro_t = -2741.43 + 1.37 \times t$$

$$(-8.81) \quad (8.83)$$

表 4-12　　2018—2035 年林业动植物保护支出预测　　单位：亿元

2018	2019	2020	2021	2022	2023	2024	2025	2026
13.38	14.75	16.11	17.48	18.84	20.21	21.57	22.94	24.31
2027	2028	2029	2030	2031	2032	2033	2034	2035
25.67	27.04	28.40	29.77	31.13	32.50	33.86	35.23	36.59

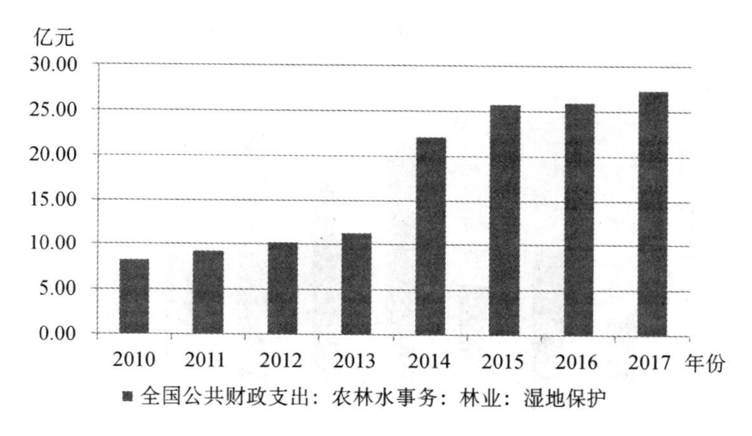

图 4-16　湿地保护支出

湿地保护支出变化分为两个阶段，2010—2013 年每年该项支出稳步增加，但总体数额较小。2014 年中央财政增加安排林业补助资金，支持启动退耕还湿、湿地生态效益补偿试点和湿地保护奖励等工作。受此影响，2014 年林业湿地保护资金大幅增加，因此，引入政策变量 D14，记 2010—2013 年 D14 =0，2014—2017 年 D14 =1。

预测得到结果如下（见表 4-13）：

表 4-13　　2018—2035 年林业湿地保护支出预测　　单位：亿元

2018	2019	2020	2021	2022	2023	2024	2025	2026
28.47	29.76	31.05	32.34	33.63	34.92	36.21	37.50	38.78
2027	2028	2029	2030	2031	2032	2033	2034	2035
40.07	41.36	42.65	43.94	45.23	46.52	47.81	49.10	50.39

$$Wetland_t = -2584.16 + 1.29 \times t + 10.41 \times policy$$

$$(-4.99)\ (5.00)\qquad (8.82)$$

为应对风沙危害和水土严重流失，中国在1978年11月作出了在西北、华北、东北建设三北防护林的重要举措，进入21世纪以来，北京、天津等地肆虐的沙尘暴受到高度重视，京津风沙源治理项目启动，造林是治理的主要措施之一。因此，本章将京津风沙源造林面积、三北及长江流域等重点防护林体系工程造林面积二者相加，发现加总之后的面积和防沙治沙支出走势一致，因此，用造林面积作为因变量进行预测（见图4－17、图4－18）。

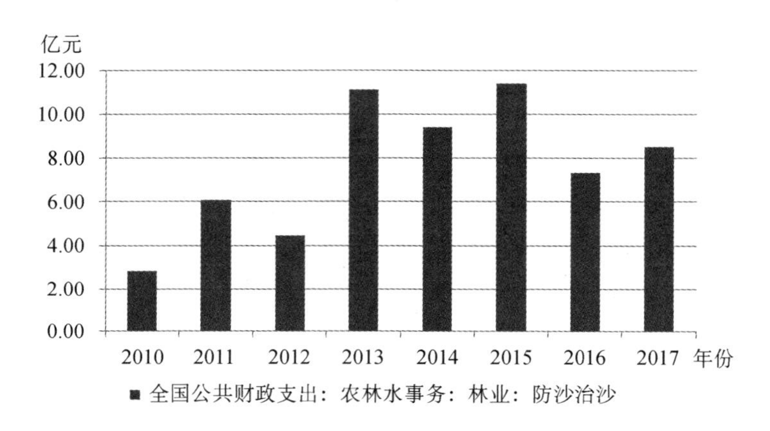

图4－17　防沙治沙支出

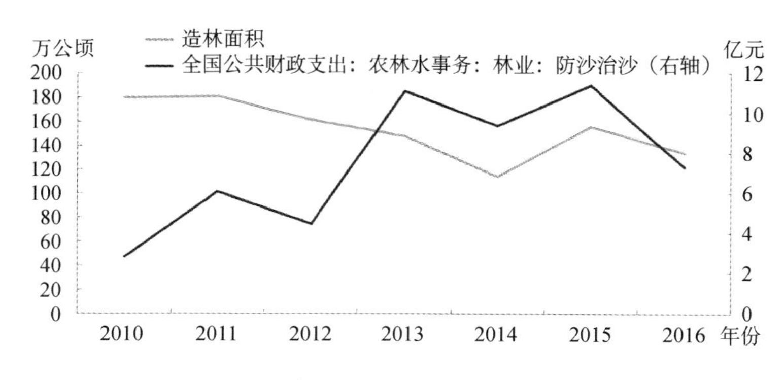

图4－18　造林面积与防沙治沙支出示意图

$$ControlDesert_t = 19.18 - 0.08 \times area$$

$$(2.46)\quad(-1.51)$$

2010—2016年平均造林面积为153.36万公顷，代入得到2017年该项支出预测值为7.52亿元，实际值8.52亿元，误差11.77%，尚在可以接受范围内。假设以后每年造林面积均为153.36万公顷，则可以得到每年林业防沙治沙支出为7.52亿元。

9. 小结

根据已经预测的各项支出情况，以及未来财政收支情况，对生态补偿支出进行分情景讨论（主要对财政收支总量增速、总的生态补偿资金增速进行分情景讨论），并进行阐述。

对上述各分项进行加总，得到总的生态补偿支出如表4-14所示。

表4-14　2018—2035年生态补偿支出以及财政收支、GDP预测　单位：亿元

年份	生态补偿支出总计	财政收入	财政支出	GDP
2018	2039.36	20635997.90	21625887.58	82461175.73
2019	2042.54	21695412.87	22678087.66	84346850.83
2020	2045.72	22777473.62	23749032.64	86198902.48
2021	2048.89	23880281.48	24836754.83	88015017.77
2022	2052.07	25001799.73	25939252.01	89794851.49
2023	2055.25	26139957.10	27054487.43	91537368.00
2024	2058.42	27292647.81	28180389.85	93240979.35
2025	2061.60	28457731.56	29314887.99	94905098.68
2026	2064.78	29633102.57	30455945.12	96530347.36
2027	2067.96	30816551.49	31601489.99	98113756.59
2028	2071.13	32005903.50	32749520.36	99657328.58
2029	2074.31	33199121.87	33898068.56	101159406.33
2030	2077.49	34394066.28	35045235.91	102621508.77
2031	2080.66	35588734.53	36189158.28	104041253.93
2032	2083.84	36781158.91	37328040.59	105420540.49
2033	2087.02	37969406.25	38460191.31	106759368.43
2034	2090.19	39151681.46	39583953.42	108057944.89
2035	2093.37	40326189.44	40697808.01	109315406.84

注：2018—2035年财政收支和GDP数据都根据2017年GDP指数进行了调整，具体方法是在上文中已测算得到结果原序列乘以2017年GDP指数。

从静态数据看，未来生态补偿支出占财政收支的比重将不断提高，投入力度不断加大，2035 年生态补偿支出的占比将会达到现在的 2.5 倍。

对于未来财政收支情况不变，但生态补偿支出分别变为预测水平的 1.1、1.2、0.9、0.8 倍的情况，测算结果如表 4-15 所示。

表 4-15　　2018—2035 年生态补偿支出分情景预测　　单位：亿元

年份	生态补偿支出总计	1.1 倍生态补偿支出	1.2 倍生态补偿支出	0.9 倍生态补偿支出	0.8 倍的生态补偿支出
2018	1225.56	1348.116	1470.672	1103.004	980.448
2019	1276.93	1404.623	1532.316	1149.237	1021.544
2020	1331.65	1464.815	1597.98	1198.485	1065.32
2021	1392.7	1531.97	1671.24	1253.43	1114.16
2022	1459.95	1605.945	1751.94	1313.955	1167.96
2023	1540.73	1694.803	1848.876	1386.657	1232.584
2024	1634.95	1798.445	1961.94	1471.455	1307.96
2025	1739.04	1912.944	2086.848	1565.136	1391.232
2026	1864.62	2051.082	2237.544	1678.158	1491.696
2027	2013.76	2215.136	2416.512	1812.384	1611.008
2028	2198.77	2418.647	2638.524	1978.893	1759.016
2029	2418.91	2660.801	2902.692	2177.019	1935.128
2030	2695.58	2965.138	3234.696	2426.022	2156.464
2031	3062.91	3369.201	3675.492	2756.619	2450.328
2032	3531.63	3884.793	4237.956	3178.467	2825.304
2033	4144.12	4558.532	4972.944	3729.708	3315.296
2034	4936.08	5429.688	5923.296	4442.472	3948.864
2035	5991.23	6590.353	7189.476	5392.107	4792.984

如果生态补偿支出数额不变，但财政收入有所变化，情况如表 4-16 所示。

表 4 – 16　财政收入变化时，2018—2035 年生态补偿支出分情景预测　单位：%

年份	原来生态补偿支出占财政收入的比重	1.1 倍情况	1.2 倍情况	0.9 倍情况	0.8 倍情况
2018	0.006　0.59	0.005　0.54	0.005　0.49	0.007　0.66	0.007　0.74
2019	0.006　0.59	0.005　0.54	0.005　0.49	0.007　0.65	0.007　0.74
2020	0.006　0.58	0.005　0.53	0.005　0.49	0.006　0.65	0.007　0.73
2021	0.006　0.58	0.005　0.53	0.005　0.49	0.006　0.65	0.007　0.73
2022	0.006　0.58	0.005　0.53	0.005　0.49	0.006　0.65	0.007　0.73
2023	0.006　0.59	0.005　0.54	0.005　0.49	0.007　0.65	0.007　0.74
2024	0.006　0.60	0.005　0.54	0.005　0.50	0.007　0.67	0.007　0.75
2025	0.006　0.61	0.006　0.56	0.005　0.51	0.007　0.68	0.008　0.76
2026	0.006　0.63	0.006　0.57	0.005　0.52	0.007　0.70	0.008　0.79
2027	0.007　0.65	0.006　0.59	0.005　0.54	0.007　0.73	0.008　0.82
2028	0.007　0.69	0.006　0.62	0.006　0.57	0.008　0.76	0.009　0.86
2029	0.007　0.73	0.007　0.66	0.006　0.61	0.008　0.81	0.009　0.91
2030	0.008　0.78	0.007　0.71	0.007　0.65	0.009　0.87	0.010　0.98
2031	0.009　0.86	0.008　0.78	0.007　0.72	0.010　0.96	0.011　1.08
2032	0.010　0.96	0.009　0.87	0.008　0.80	0.011　1.07	0.012　1.20
2033	0.011　1.09	0.010　0.99	0.009　0.91	0.012　1.21	0.014　1.36
2034	0.013　1.26	0.011　1.15	0.011　1.05	0.014　1.4	0.016　1.58
2035	0.015　1.49	0.014　1.35	0.012　1.24	0.017　1.65	0.019　1.86

以上各项生态补偿支出的预测有可能在未来实际情况中出现部分支出中途终止，但也会有其他项目支出增补，因此生态补偿总支出不会发生变化。

四、展望

本章从微观和宏观两个层面对生态补偿资金进行了测算，基本涵盖了目前微观层面生态补偿标准测算的经典方法、宏观层面生态补偿资金需求测算的方法。特别地，在测算宏观层面生态补偿资金需求时，将不同的财政收支情况以及经济发展情况考虑在内，应用了分情景讨论的方法。总体来说，本章是当前对生态资金需求测算最全面成果之一，不同研究者可以根据各自需要，参考本章，既可以满足对未来微观层面的预测需求，也可以满足对未来宏观层面生态补偿资金情况的预测需求。

（一）补偿标准更加具体化

目前我国生态补偿标准“一刀切”的现象仍然普遍，例如，退耕还林补偿只分为南方和北方两个标准，并没有将区域的自然环境、经济条件差异更细化地考虑进去。随着生态补偿制度的不断完善，补偿标准必将更加具体化，更好地调动各方积极性。

（二）补偿方式多样化

多样化的补偿方式既是实现高水平生态补偿的内在要求，也是补偿的供给和需求多样化的客观结果。生态补偿有政策补偿、资金补偿、实物补偿、智力补偿等多种形式。资金补偿是最直接、也是最常见的补贴方式，但资金补偿存在能否持久的问题；相比而言，智力补偿通过培训专门的技术人才和管理人才的方式，提高受补偿者生产技能、技术含量和管理水平，最终达到“造血”的目的，但现阶段智力补偿很少。因此，未来的补偿方式将会更加多样，更加长效。

（三）补偿手段市场化

随着市场经济的不断发展和生态补偿的更加深入，生态补偿活动将会更加市场化。一方面，会有更多的市场资金参与到生态补偿活动中来；另一方面，生态补偿资金的运作将会更大程度地遵循市场规律，切实提高资金使用效益。

附录表

附录表 1－1

Dependent Variable: lngovrevenue				
Variable	Coefficient	Std. Error	t－Statistic	Prob.
C	－5. 836757	1. 444393	－4. 040976	0. 0003
lngdp	1. 53654	0. 173979	8. 831777	0
D85	－0. 687163	0. 130998	－5. 245602	0
D94	－0. 511717	0. 180477	－2. 835359	0. 0078
R－squared	0. 883941	Mean dependent var		7. 42062
Adjusted R－squared	0. 87339	S. D. dependent var		0. 584069
S. E. of regression	0. 207825	Akaike info criterion		－0. 202436
Sum squared resid	1. 425309	Schwarz criterion		－0. 028283
loglikelihood	7. 745071	Hannan－Quinn criter.		－0. 141039
F－statistic	83. 77954	Durbin－Watson stat		0. 470608
Prob (F－statistic)	0			

附录表 1－2

Variable	Coefficient	Std. Error	t－Statistic	Prob.
C	0. 276451	0. 129042	2. 142337	0. 0396
lngovrevenue	0. 964244	0. 018566	51. 93555	0
D85	0. 019196	0. 020487	0. 936986	0. 3556
D94	0. 06937	0. 023332	2. 973206	0. 0055
R－squared	0. 995728	Mean dependent var	7. 486679	
Adjusted R－squared	0. 99534	S. D. dependent var		0. 595516
S. E. of regression	0. 040652	Akaike info criterion		－3. 465732
Sum squared resid	0. 054535	Schwarz criterion		－3. 291578
loglikelihood	68. 11603	Hannan－Quinn criter.		－3. 404334
F－statistic	2564. 163	Durbin－Watson stat		1. 111419
Prob (F－statistic)	0			

附录表 1-3

	lngdp	lngovexpend	lngovrevenue
$lngdp_{t-1}$	1. 687416	-0. 066997	0. 061221
	(0. 15846)	(0. 17348)	(0. 19608)
	[10. 6487]	[-0. 38619]	[0. 31223]
$lngdp_{t-2}$	-0. 687615	0. 204642	0. 011362
	(0. 16408)	(0. 17963)	(0. 20303)
	[-4. 19069]	[1. 13922]	[0. 05596]
$lngovexpend_{t-1}$	0. 083302	0. 728036	0. 104201
	(0. 19237)	(0. 21060)	(0. 23804)
	[0. 43303]	[3. 45688]	[0. 43776]
$lngovexpend_{t-2}$	0. 015612	-0. 252884	0. 052912
	(0. 17958)	(0. 19660)	(0. 22220)
	[0. 08694]	[-1. 28630]	[0. 23812]
$lngovrevenue_{t-1}$	-0. 236878	0. 625645	1. 113621
	(0. 20896)	(0. 22876)	(0. 25856)
	[-1. 13362]	[2. 73491]	[4. 30704]
$lngovrevenue_{t-2}$	0. 133816	-0. 208128	-0. 31619
	(0. 20298)	(0. 22222)	(0. 25116)
	[0. 65927]	[-0. 93660]	[-1. 25892]
C	0. 047507	-0. 400432	-0. 307153
	(0. 14589)	(0. 15971)	(0. 18052)
	[0. 32564]	[-2. 50717]	[-1. 70152]
R - squared	0. 996797	0. 996368	0. 995181
Adj. R - squared	0. 996110	0. 995590	0. 994149
Sum sq. resids	0. 037477	0. 044918	0. 057381
S. E. equation	0. 036585	0. 040053	0. 045269
F - statistic	1452. 196	1280. 204	963. 7630
loglikelihood	70. 02610	66. 85668	62. 57147
Akaike AIC	-3. 601491	-3. 420382	-3. 175513
Schwarz SC	-3. 290422	-3. 109312	-2. 864443
Mean dependent	9. 234082	7. 511469	7. 444567
S. D. dependent	0. 586611	0. 603113	0. 591800

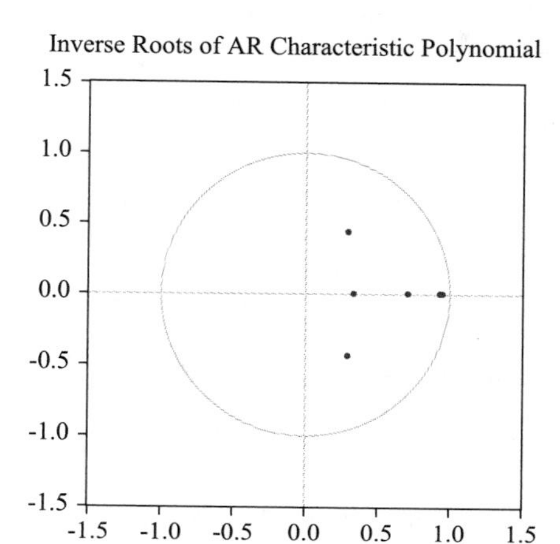

附录图 1－1　VAR 模型 AR 稳定性检验图

附录表 2－1

Variable	Coefficient	Std. Error	t－Statistic	Prob.
C	52. 74735	13. 76677	3. 831498	0. 0186
INV （－1）	0. 007859	0. 001155	6. 807109	0. 0024
R－squared	0. 920535	Mean dependent var		137. 7433
Adjusted R－squared	0. 900669	S. D. dependent var		45. 06077
S. E. of regression	14. 20172	Akaike info criterion		8. 405805
Sum squared resid	806. 7558	Schwarz criterion		8. 336392
loglikelihood	－23. 21742	Hannan－Quinn criter.		8. 127937
F－statistic	46. 33674	Durbin－Watson stat		2. 033803
Prob （F－statistic）	0. 002434			

附录表 2－2　Lninv 单位根检验表

		t－Statistic	Prob. *
Augmented Dickey－Fuller test statistic		－0. 276334	0. 9803
Test critical values：	1% level	－4. 886426	
	5% level	－3. 828975	
	10% level	－3. 362984	

附录表 2-3　　dlninv 单位根检验表

		t - Statistic	Prob. *
Augmented Dickey - Fuller test statistic		-3.10083	0.0537
Test critical values:	1% level	-4.12199	
	5% level	-3.14492	
	10% level	-2.713751	

$$dlninv_t = 0.28 - 0.41 dlninv_{t-6} + u_t - 0.98 u_{t-6}$$
$$(0.63)\quad(-0.19)\qquad(-8.03)$$

附录表 2-4　　lninv 的 ARIMA 预测表

Variable	Coefficient	Std. Error	t - Statistic	Prob.
C	0.277754	0.440403	0.63068	0.5625
AR (6)	-0.413813	2.182778	-0.189581	0.8589
MA (6)	-0.984446	0.122527	-8.034549	0.0013
R - squared	0.935433	Mean dependent var		0.262374
Adjusted R - squared	0.90315	S. D. dependent var		0.144877
S. E. of regression	0.045087	Akaike info criterion		-3.062928
Sum squared resid	0.008131	Schwarz criterion		-3.086109
loglikelihood	13.72025	Hannan - Quinn criter.		-3.349445
F - statistic	28.97574	Durbin - Watson stat		1.023595
Prob (F - statistic)	0.004169			
Inverted AR Roots	.75 -.43i	.75 +.43i	.00 +.86i	-.00 -.86i
	-.75 -.43i	-.75 +.43i		
Inverted MA Roots	1.00	.50 +.86i	.50 -.86i	-.50 +.86i
	-.50 -.86i	-1.00		

附录表 3-1　　中央天然林保护支出

Variable	Coefficient	Std. Error	t - Statistic	Prob.
C	-4895.174	642.2408	-7.622023	0.0001
t	2.4405	0.319205	7.64556	0.0001
R - squared	0.893056	Mean dependent var		15.11222
Adjusted R - squared	0.877778	S. D. dependent var		7.072455

续表

Variable	Coefficient	Std. Error	t – Statistic	Prob.
S. E. of regression	2. 47255	Akaike info criterion		4. 841507
Sum squared resid	42. 79454	Schwarz criterion		4. 885335
loglikelihood	– 19. 78678	Hannan – Quinn criter.		4. 746927
F – statistic	58. 45458	Durbin – Watson stat		1. 77334
Prob (F – statistic)	0. 000122			

附录表 3 – 2　　地方天然林保护支出

Variable	Coefficient	Std. Error	t – Statistic	Prob.
C	– 43076. 72	5393. 618	– 7. 986608	0. 0001
t	21. 4795	2. 680723	8. 012578	0. 0001
R – squared	0. 901687	Mean dependent var		140. 0367
Adjusted R – squared	0. 887643	S. D. dependent var		61. 94793
S. E. of regression	20. 76479	Akaike info criterion		9. 097524
Sum squared resid	3018. 235	Schwarz criterion		9. 141352
loglikelihood	– 38. 93886	Hannan – Quinn criter.		9. 002944
F – statistic	64. 20141	Durbin – Watson stat		1. 97359
Prob (F – statistic)	0. 00009			

附录表 4 – 1　　退耕还林支出

Variable	Coefficient	Std. Error	t – Statistic	Prob.
C	73. 58212	29. 13459	2. 525593	0. 0449
t	– 0. 033713	0. 01447	– 2. 32992	0. 0586
R – squared	0. 474998	Mean dependent var		5. 700903
Adjusted R – squared	0. 387498	S. D. dependent var		0. 11982
S. E. of regression	0. 093774	Akaike info criterion		– 1. 683544
Sum squared resid	0. 052761	Schwarz criterion		– 1. 663683
loglikelihood	8. 734175	Hannan – Quinn criter.		– 1. 817494
F – statistic	5. 428526	Durbin – Watson stat		1. 634435
Prob (F – statistic)	0. 058647			

附录表 5 - 1　　风沙荒漠支出

Variable	Coefficient	Std. Error	t - Statistic	Prob.
C	-2718.27	413.8518	-6.56822	0.0006
t	1.37	0.205538	6.665421	0.0006
R - squared	0.881018	Mean dependent var		40.225
Adjusted R - squared	0.861188	S. D. dependent var		3.575228
S. E. of regression	1.332041	Akaike info criterion		3.62362
Sum squared resid	10.646	Schwarz criterion		3.64348
loglikelihood	-12.49448	Hannan - Quinn criter.		3.489669
F - statistic	44.42784	Durbin - Watson stat		3.370054
Prob (F - statistic)	0.000552			

附录表 6 - 1　　森林生态效益补偿支出

Variable	Coefficient	Std. Error	t - Statistic	Prob.
C	-37044.07	5349.867	-6.924298	0.0004
t	18.49262	2.656997	6.95997	0.0004
R - squared	0.889789	Mean dependent var		190.815
Adjusted R - squared	0.871421	S. D. dependent var		48.02092
S. E. of regression	17.21931	Akaike info criterion		8.742258
Sum squared resid	1779.028	Schwarz criterion		8.762118
loglikelihood	-32.96903	Hannan - Quinn criter.		8.608307
F - statistic	48.44118	Durbin - Watson stat		1.243702
Prob (F - statistic)	0.000437			

附录表 7 - 1　　林业自然保护区支出

Variable	Coefficient	Std. Error	t - Statistic	Prob.
C	-4371.63	509.6286	-8.57807	0.0001
t	2.176905	0.253106	8.600774	0.0001
R - squared	0.924975	Mean dependent var		11.5675
Adjusted R - squared	0.912471	S. D. dependent var		5.544343
S. E. of regression	1.640312	Akaike info criterion		4.039968
Sum squared resid	16.14375	Schwarz criterion		4.059829
loglikelihood	-14.15987	Hannan - Quinn criter.		3.906018
F - statistic	73.97331	Durbin - Watson stat		2.284845
Prob (F - statistic)	0.000136			

附录表 8－1　林业动植物保护支出

Std. Error	t－Statistic	Prob.
311.2226	－8.808571	0.0001
0.154568	8.831844	0.0001
Mean dependent var		7.24125
S.D. dependent var		3.47007
Akaike info criterion		3.05362
Schwarz criterion		3.073481
Hannan－Quinn criter		2.91967
Durbin－Watson stat		0.709235

附录表 9－1　林业湿地保护支出

Variable	Coefficient	Std. Error	t－Statistic	Prob.
C	－2584.157	518.3331	－4.985514	0.0042
t	1.2895	0.257685	5.004176	0.0041
policy	10.4145	1.18086	8.819419	0.0003
R－squared	0.993425	Mean dependent var		17.45875
Adjusted R－squared	0.990795	S.D. dependent var		8.493306
S.E. of regression	0.814871	Akaike info criterion		2.708422
Sum squared resid	3.320072	Schwarz criterion		2.738213
loglikelihood	－7.833689	Hannan－Quinn criter.		2.507497
F－statistic	377.7279	Durbin－Watson stat		2.34915
Prob (F－statistic)	0.000004			

附录表 10－1　林业防沙治沙支出

Variable	Coefficient	Std. Error	t－Statistic	Prob.
C	19.18289	7.79456	2.461062	0.0572
area	－0.076068	0.050289	－1.512606	0.1908
R－squared	0.313939	Mean dependent var		7.517143
Adjusted R－squared	0.176726	S.D. dependent var		3.292288
S.E. of regression	2.987238	Akaike info criterion		5.261532
Sum squared resid	44.61796	Schwarz criterion		5.246078
loglikelihood	－16.41536	Hannan－Quinn criter.		5.07052
F－statistic	2.287978	Durbin－Watson stat		2.958032
Prob (F－statistic)	0.190789			

参考文献：

[1]《中华人民共和国环境保护法自 2015 年 1 月 1 日起施行》，中国政府网，［EB/OL］http：//www. gov. cn/xinwen/2014 - 04/25/content_2666328. htm，2014 - 04 - 25.

[2]《中共中央、国务院关于加快推进生态文明建设的意见》，中国政府网，［EB/OL］http：//www. gov. cn/xinwen/2015 - 05/05/content_2857363. htm，2015 - 05 - 05.

[3] 中共中央、国务院印发《生态文明体制改革总体方案》，中国政府网，［EB/OL］http：//www. gov. cn/guowuyuan/2015 - 09/21/content_2936327. htm，2015 - 09 - 21.

[4] 国务院办公厅印发《关于健全生态保护补偿机制的意见》，中国政府网，http：//www. gov. cn/xinwen/2016 - 05/13/content_5073164. htm，2016 - 05 - 13.

[5]《关于加快建立流域上下游横向生态保护补偿机制的指导意见》，财政部［EB/OL］，http：//jjs. mof. gov. cn/zhengwuxinxi/tongzhigonggao/201612/t20161227_2505642. html，2016 - 12 - 20.

[6]《中华人民共和国森林法——1984 年 9 月 20 日第六届全国人民代表大会常务委员会第七次会议通过》，内蒙古林业，1984（12）.

[7]《中华人民共和国森林法》，内蒙古林业，1998（06）：4—8.

[8] 梁宝君，石焱，袁卫国．我国森林生态效益补偿政策的回顾与思考［J］．中南林业科技大学学报（社会科学版），2014，8（05）：1—5.

[9]《中共中央国务院关于加快林业发展的决定》，广西林业，2004（02）：4—5.

[10] 财政部．财政部国家林业局关于印发《中央森林生态效益补偿基金管理办法》的通知．［EB/OL］http：//www. mof. gov. cn/zhengwuxinxi/zhengcefabu/2004zcfb/200805/t20080519_20884. htm，2004 - 10 - 21.

[11] 财政部．财政部国家林业局关于印发《中央财政森林生态效益补偿基金管理办法》的通知．［EB/OL］http：//www. mof. gov. cn/zhengwux-

inxi/caizhengwengao/caizhengbuwengao2007/caizhengbuwengao20075/200805/t20080519_ 26401. html, 2007 -3 -15.

[12] 中国林业网.《重点公益林区划界定办法》印发.[EB/OL] http: //www. forestry. gov. cn/portal/main/s/2429/content - 679408. html, 2014 -05 -26.

[13] 农业部.关于印发探索实行耕地轮作休耕制度试点方案的通知.[EB/OL] http: //jiuban. moa. gov. cn/zwllm/tzgg/tz/201606/t20160629 _ 5190955. htm, 2016 -06 -29.

[14] 吴萍.构建耕地轮作休耕生态补偿制度的思考[J].农村经济, 2017 (10): 112—117.

[15] 赵越, 刘桂环, 马国霞, 王金南.生态补偿: 迈向生态文明的"绿金之道"[J].中国财政, 2018 (02): 17—19.

[16] 洪尚群, 吴晓青, 段昌群, 陈国谦, 叶文虎.补偿途径和方式多样化是生态补偿基础和保障[J].环境科学与技术, 2001 (S2): 40—42.

[17] 刘向华, 马忠玉, 刘子刚.意愿调查法在环境经济评价中的应用探讨[J].生态经济, 2005 (04): 36—38.

[18] Macmillan Douglas C, Harley David Morrison Ruth Cost - effectiveness analysis of woodland ecosystem restoration Ecological Economics, 1998, 27 (3), 313 -324.

[19] 李晓光, 苗鸿, 郑华, 欧阳志云, 肖燚.机会成本法在确定生态补偿标准中的应用——以海南中部山区为例[J].生态学报, 2009, 29 (09): 4875—4883.

[20] John M. Antle, Bocar Diagana, Jetse J. Stoorvogel, el al. Minimum - data analysis of ecosystem service supply in semi - subsistence agricultural systems [J]. The Australian Journal of Agricultural and Resource Economics, 2010, 54 (4): 601 -617.

[21] William E Rees. 1992. Ecological Footprints and Appropriated Carrying Capacity: What Urban Economics Leaves Ou [J]. Environment and Urbanization, 4 (2): 121 -130.

[22] Mathis Wackernagel, William E Rees. Our Ecological Footprint: Reducing Human Impact on the Earth [M]. Gabtiola Is - land: New Society Publishers, 1996.

[23] 张志强，徐中民，程国栋．生态足迹的概念及计算模型 [J]. 生态经济，2000 (10): 8—10.

[24] 金书秦，王军霞，宋国君．生态足迹法研究述评 [J]. 环境与可持续发展，2009，34 (04): 26—29.

[25] 寇江泽．我国自然保护区占陆地面积近一成半 [N]. 人民日报，2018 - 04 - 18 (014).

[26] 燕守广，沈渭寿，邹长新，张慧．重要生态功能区生态补偿研究 [J]. 中国人口·资源与环境，2010，20 (S1): 1—4.

[27] 中华人民共和国国务院．中华人民共和国自然保护区条例．北京：中华人民共和国国务院，1994.

[28] 李文华．生态补偿的意义与研究进展——以林业为例 [A]. 中国生态学学会．中国生态学会 2006 学术年会论文荟萃 [C]. 中国生态学学会：中国生态学学会，2006: 9.

[29] 孔凡斌．退耕还林（草）工程生态补偿机制研究 [J]. 林业科学，2007 (01): 95—101.

[30] 朱震达，刘恕，杨有林．试论中国北方农牧交错地区沙漠化土地整治的可能性和现实性．地理科学，1984，4 (3): 197—206.

[31] 杨波，南志标，唐增．我国草地生态补偿对农牧户的影响 [J]. 草业科学，2015，32 (11): 1920—1927.

第五章

优化生态补偿转移支付制度

生态补偿是为了保护、维持、恢复和重建生态环境的各种功能而进行的各种避免、缓解生态环境负面影响的补偿活动。这种补偿活动需要政府的资金支持，但不完全等同于政府的资金支持。补偿的方式和手段有很多种，从形式上看，有资金形式、物质形式、智力形式、人力资源形式等；从补偿资金来源看，有政府、社会组织、企业、个人等。政府资金支持只是生态补偿的一个方面，是生态补偿不可缺少的部分，但并不是全部。

进行生态补偿需要一定的条件，这个条件就是有损失发生，补偿与损失具有对应性。生态补偿所对应的损失有两个层面：第一层面是生态损失，第二层面是生态利益相关人的损失。具体来说，生态损失是指生态系统遭受的破坏，如资源的过度开采、生态系统遭受污染、生物多样性的减弱、生态功能的衰退等等；生态利益相关人的损失是指由于生态系统遭到破坏而造成的部分人群的损失，或者是由于生态收益外溢而造成的部分人群的生态成本投入无法收回的损失。与损失相对应，生态补偿也有两个层次：一是直接恢复重建生态系统的补偿活动；二是对生态利益相关人进行的补偿。生态补偿不仅仅是政府行为，也可以是非政府组织的行为，也可以是个人行为。

一、生态补偿转移支付制度的内涵

转移支付是调整各级政府财力的一种制度，在很多国家的生态补偿实践中，转移支付是经常使用的补偿手段之一。

（一）基于生态补偿的财政转移支付制度

转移支付是一种政府转移财力的制度。其有广义和狭义之分，广义的转移支付包括对企业的转移支付、对个人的转移支付以及政府间的转移支付；狭义的转移支付仅仅指政府间的转移支付。我们所说的转移支付取其狭义界定，即转移支付是一种中央与地方政府以及地方政府间的财力转移制度。政府间的转移支付包括以下两种分类方法：一是按财力转移的方向分为横向转移支付和纵向转移支付；二是按财力是否规定用途分为一般性转移支付和专项转移支付。

横向转移支付是财力在地方政府间的转移，而纵向转移支付则是上下级政府间进行的财力转移。从目前情况看，各个国家政府使用纵向转移支付手段比较普遍，只有德国明确实施了横向转移支付。一般性转移支付所转移的资金并不规定用途，而是由接受方政府自行安排使用。专项转移支付会明确规定资金的使用用途，接受方政府不得随意改变资金的使用方向。实施一般性转移支付的目的一般是为了给地方政府提供额外的收入来源，弥补收支差额，增强其提供公共服务的能力，或者缩小地区间的贫富差距。而实施专项转移支付则是为了对地方政府提供的收益外溢的产品和劳务进行补偿，如生态环境保护与建设。

由于既存在地方政府间的生态补偿问题，又存在中央与地方政府间的生态补偿问题，因而生态补偿需要同时使用横向转移支付手段和纵向转移支付手段。与此同时，为生态补偿而进行的转移支付明显具有资金用途的规定性，因而大部分国家政府都是使用专项转移支付手段来进行生态补偿。

（二）转移支付手段在生态补偿中的应用

各个国家在生态补偿方面的转移支付普遍以“基金”形式体现，即成立明确规定用途（通常是保护环境、治理污染、生态恢复等生态补偿用途）的公共基金，各级政府从中获得财力支持。当地方政府间产生跨地区生态问题时，各个地方政府通常通过签署协议等方式建立某项“基金”，该基金主要来源于各个地方政府的财政拨款。当产生某些生态补偿问题形成全国性影响时，通常由中央政府发起建立一项“基金”，各个地方政府参与该基金计划，并可以从该基金中获得资金支持。由于这些基金在建立时就明确规定在何种情况下可以使用该项基金，也就是说明确了资金的使用方向，同时资金都来自于各级政府财政拨款，因此其实质是为了生态补偿而进行的政府间财力转移，可以说是一种专项转移支付。下面就介绍两项具有代表性的基金：

1. 澳大利亚的自然遗产保护信托基金

澳大利亚为了保护和改善独特而多样化的自然环境，20 世纪 90 年代起，联邦政府就制定了以生态系统为基础的地区性保护规划。1997 年，澳大利亚政府为了恢复和保护生态环境，设立了自然遗产保护信托基金会（Natural Heritage Trust），力图通过各方面的合作，达到三个目标：一是为自然环境保护的战略资本投资提供准则和运作机制；二是取得与既定的国家战略相一致的环境保护、自然资源管理和可持续农业发展的互补性成果；三是为社区、工业和各级政府之间的合作提供一个组织机构。信托基金通过对项目提供资金帮助，带动了其他资金的投入，促进了联邦和州两级政府及其自然资源管理、环境保护和可持续农业发展相关政策的协调和统一，在自然遗产、生物多样性、湿地保护等方面取得了显著成绩，特别是在以下两个方面作出了卓越贡献：一是国家土地保护。该工程以流域和区域为基础，实施政府规划的项目，扩大物业管理范围，向农民提供自然资源和经营管理技术，加强泄洪区管理，提高自然资源生产力，减免农民投资土地保护所得税。还实施了土地和水资源审核项目，进一步了解和评估全国土地和水资源恶化的程度、范围、原因，并从经济角度进行分析。二是国家河流保护。澳大利亚是地球上最平坦、最干燥、排水条件最差的大陆，而过度取水、污染物排放、河岸及湿地的消失，对河流生态系统构成了极大的压力。对此，政府采取了一系列措施：在社区开展消除资源恶化的恢复性活动以及教育和监控活动，包括水资源保护活动；解决流域、区域和规划主要致污因素或障碍，实现水质管理；开展全国河流的生物卫生评估，为决策提供依据。国家河流保护项目涵盖河流卫生监控、水资源监控、鱼类栖息地管理。针对最重要的农业区域之一墨累·达令盆地，信托基金会提供了1.63亿澳元，以改善主要河流的生态系统卫生状况，鼓励对土地在经济上和生态上的可持续使用，恢复河岸生态系统，提高水质。

2001年，澳大利亚政府将信托基金计划延长了5年，从2002年延长至2006年。紧接着，联邦预算又增加了3000万澳元用于推进该信托基金，将基金延长至2007年。基于该基金第一阶段的经验以及盐度与水质国家行动计划的确立，2002年信托基金的扩展框架带来了一个基本的转移，即在第二阶段中更加注重澳大利亚环境和自然资源的管理。

在广泛评定了盐度与水质国家行动计划和信托基金第二阶段的实施情况后，澳大利亚联邦政府批准了从2008—2009年度到2012—2013年度每年额外给予3950万澳元的资金，用于支持自然资源保护和生态修复。

2. 美国的滚动基金计划

在美国，由于环保法规的强化和公众环保意识的提高，对于水资源和水环境的保护也有了更新更高的要求，很多美国早期建成的污水处理厂和基础设施已经不能满足当前的需要而必须进行改建和扩建。同时，在很多人口快速增长的地方还需要建设新的污水处理厂和基础设施，而新的污水处理厂由于需要采用更高级的处理技术，人们对建设资金的需求也更高。此外，大部分在20世纪50—60年代建成的污水管线要么已经破损，要么设计能力偏低，都需要改造或更新。因此，美国各地要实施这类急需的环保项目，就必须依靠大量的资金和有效的资金运作机制。

美国从1987年开始实施清洁水法（Clean Water Act）。该法律授权联邦政府为各州设立一个滚动基金，来资助它们实施污水处理以及相关的环保项目。经过多年的努力，到目前为止，各州全都已经有了比较完善的滚动基金计划。这个基金计划相当于联邦政府与州政府间的转移支付计划。

在滚动基金中，资金来自联邦政府和州政府。这些资金作为低息或者无息贷款提供给那些重要的污水处理以及相关的环保项目。贷款的偿还期一般不超过20年，所偿还的贷款以及利息再次进入滚动基金，用于支持新的项目。从以下一些数据我们可以看出滚动基金在美国的水资源和环境保护中发挥的重要作用：自 1987 年以来，滚动基金已经向美国 9500 多个污水处理项目提供了贷款（累计贷款额度已经超过了 300 亿美元）；在过去的 5 年中，平均每年对各类项目的贷款为 32 亿美元，每年的偿还贷款加利息已达 10 亿美元。根据有关统计数据，联邦政府向滚动基金每投入 1 美元，就可以从各州的投入和基金的收入里产生 0.73 美元的收益，因此滚动基金计划是被美国环保局所认定的最成功的一项环保项目资助计划。联邦政府的投入在目前的全部 250 亿美元的基金中占 171 亿美元，各州的投入共占 36 亿美元，各州依靠滚动基金发行的债券达 88 亿美元。另外，统计数据还显示，1993 年的偿还贷款加利息仅为 5 亿美元。而到 2000 年，偿还贷款加利息已经接近 22 亿美元。仅仅对于污水处理厂这类项目的支持，自从 1988 年以来已经达到 289 亿美元，其中对于二级处理项目的资助为 132 亿美元，三级处理项目为 157 亿美元。这些不仅说明滚动基金的运作良好和收益显著，而且正是由于这些项目的完成，美国全国水环境状况才得到了根本的改善。

二、生态补偿转移支付制度的国内探索和实践

（一）我国生态补偿纵向转移支付实践情况

生态补偿政府模式的主要支出方式就是转移支付。一方面，中央政府通过专项转移支付将生态保护支出责任委托给地方政府，弥补地方政府的支出成本；另一方面，中央政府还承担实现基本公共服务均等化的职责，因此需要安排一般性转移支付保证生态保护地区的基本公共服务供给。同样，地方政府也具有这样的需求。近年来，我国在生态补偿纵向转移支付方面进行了一些积极探索，具体实践情况如下。

1. 我国生态补偿中的纵向转移支付基本情况

目前，我国生态补偿转移支付可分为一般性转移支付和专项转移支付，从政策目标设计来看这两类转移支付具有明显的区别。首先，我国虽

然没有建立专门的生态补偿转移支付，但在一般性转移支付中明确体现了生态补偿的因素，这类转移支付主要是为了解决经济发展和环境保护之间的矛盾问题（见表5－1）。

表5－1　　生态补偿中的中央对地方一般性转移支付

类型	弥补的类型
国家重点生态功能区转移支付	补偿生态保护的机会成本
资源枯竭型城市财力性转移支付	补偿生态环境恶化造成的机会成本
天然林保护工程减收补助	弥补生态保护的机会成本
退耕还林还草减收补助	弥补生态保护的机会成本

资料来源：根据《中国财政年鉴2017》整理。

如表5－1所示，目前我国具有生态补偿性质的一般性转移支付，最主要的就是中央对地方的重点生态功能区转移支付。近年来，该项制度不断得到修订和完善，补偿地区逐步扩大，对地方政府机会成本损失进行了一定比例的补偿。除此之外，中央政府还在资金分配上对一些影响比较大的生态保护项目和生态功能区因素进行了特殊考虑，进一步增加了中央对地方的转移支付，例如资源枯竭型城市财力性转移支付、天然林保护工程补助等等，这些补助也从一定程度上弥补了地方政府因某些生态保护政策造成的发展权限损失。除了中央对地方的生态补偿类转移支付，省一级政府也根据自己的实际情况进行一系列政策创新，建立了生态补偿转移支付（也可以称为生态转移支付），弥补地方政府（主要是县一级）因生态保护而造成的机会成本损失，实现区域公共服务均等化，例如广东省和浙江省（见表5－2）。

表5－2　　生态补偿中的中央到地方专项转移支付

类型	弥补的类型
天然林保护工程补助经费	解决林场职工生计问题
生态公益林补偿金	弥补国家（省）级公益林的保护和管理
退耕还林（草）工程补助经费	弥补退耕还林（草）的原有经济损失
退牧还草工程补助经费	弥补退耕还草的原有经济损失

续表

类型	弥补的类型
三北防护林补助经费	弥补项目的实际投入成本
京津风沙源治理补助经费	弥补项目的实际投入成本
南水北调工程补助经费	弥补项目的实际投入成本

资料来源：根据《中国财政年鉴2017》整理。

我国在纵向转移支付中还存在较多的生态补偿类专项转移支付。这类转移支付主要目标是：一方面弥补地方政府执行上级政府生态保护政策而支付的投入成本；另一方面弥补地方政府积极履行上级政府委托的环境责任而形成的支出。如表5-2所示，目前我国生态补偿纵向转移支付中，专项转移支付占很高的比例，例如，生态林保护项目、京津风沙源治理补助等。这些资金都以财政专门项目的形式进行管理，用于指定的具体保护或建设项目，补偿范围一般也有限，而且由于补偿标准为中央一级统一制定，常常存在补偿不足或者过度补偿的问题。

2. 全国重点生态功能区转移支付的效果分析

早在2008年《全国主体功能区规划》尚未出台的背景下，国家重点生态功能区转移支付就已先行试点，中央财政在均衡性转移支付项下设立了国家重点生态功能区转移支付。2010年12月，国家正式颁布《全国主体功能区规划》，对我国区域土地利用做了整体规划，允许一部分地区对土地进行开发和利用，而对一部分地区土地的利用和开发进了限制，其中根据限制程度的不同，生态功能区又被分为限制和禁止两类。这两类区域虽生态环境资源丰富，但经济发展相对落后，基本公共服务薄弱，为了保护这些区域的生态环境，当地的经济发展势必会受到影响，甚至会影响生态保护的积极性。为了解决生态保护与经济发展的矛盾，2011年7月，财政部制定并印发了《国家重点生态功能区转移支付办法》（财预〔2011〕428号）（见表5-3）。

重点生态功能区转移支付的政策目标是提高重点生态功能区所在地政府基本公共服务保障能力，促进社会经济的可持续发展。具体的补偿地区覆盖主体功能区划中的禁止和限制开发地区（具体到县一级单位），另外

表 5－3　　国家重点生态功能区转移支付分配公式

年份	文件名	分配公式
2009	《国家重点生态功能区转移支付（试点）办法》	某省（区、市）国家重点生态功能区转移支付应补助数 =（∑该省（区、市）纳入试点范围的市县政府标准财政支出 － 该省（区、市）纳入试点范围的市县政府标准财政收入）×（1 － 省（区、市）均衡性转移支付系数）＋纳入试点范围的市县政府生态环境保护特殊支出×补助系数
2010	《国家重点生态功能区转移支付办法》	某省（区、市）国家重点生态功能区转移支付应补助数 = ∑该省（区、市）纳入转移支付范围的市县政府标准财政收支缺口×补助系数＋纳入转移支付范围的市县政府生态环境保护特殊支出＋禁止开发区补助＋省级引导性补助
2012	《2012 年中央对地方国家重点生态功能区转移支付办法》	某省（区、市）国家重点生态功能区转移支付应补助数 =（∑该省（区、市）纳入试点范围的市县政府标准财政支出 － ∑该省（区、市）纳入试点范围的市县政府标准财政收入）×（1 － 该省（区、市）均衡性转移支付系数）＋纳入试点范围的市县政府生态环境保护特殊支出×补助系数

注：标准支出基于均衡性转移支付，标准收入根据实际收入并考虑所在省均衡性转移支付标准测算，生态环境保护特殊支出额为各类环境保护支出地方配套部分。

一些重要的保护区域也被纳入转移支付范围（比如三江源保护区中的一些县、国家自然保护区的一些县、海南旅游保护区中的一些县）。目前，补偿范围不断扩大，从 2008 年的 230 个县市，扩大 2012 年的 452 个县市，到了 2014 年再次扩大为 512 个县市。对于这些地区，凡是存在收支缺口的，中央财政适当提高均衡性转移支付系数，同时，考虑这些地区用于生态与环境保护方面的支出需求，加大补助力度。从性质上看，该项转移支付资金安排具有长期性、补偿性和财力性的特点。全国重点生态功能区转移支付由环境保护部和财政部主要负责，财政部负责资金的分配和监督，而环境保护部主要负责考核生态功能区的生态环境质量。

如表 5－3 所示，在实施机制上，国家重点生态功能区转移支付按县测算，下达到省，省级财政根据本地实际情况分配落实到相关市县。具体测算办法为：选取影响财政收支的客观因素，适当考虑人口规模、可居住面积、海拔、温度等成本差异系数，采用规范的公式化方式进行分配。享受转移支付的基层政府要将资金重点用于环境保护以及涉及民生的基本公共服务领域。

国家重点生态功能区转移支付主要由支付办法和考评办法两部分组成。支付办法主要是决定覆盖范围、分配标准以及资金使用监督，这部分政策由 2012 年规定。补偿资金额度主要是根据补偿市县财政收支差距为基础，通过综合衡量地理因素、气候因素以及人口因素等，最终核算出来。具体公式发生一定变化，见表 5－3。考评办法类似于欧洲和美国的 EI（环境指标体系），对补偿地区的生态指标进行监测，提供相应的基础资料以及增加政策的激励性。具体操作如下：中央政府对补偿地区的生态环境进行监测，并对生环境改善地区（同基准 2010 年比较）进行奖励，奖励比例根据生态环境改善程度确定（改善明显的为原来补偿资金额度的 1/10，改善较明显的为原来补偿资金额度的 1/20）；对生态环境恶化地区（同基准 2010 年比较）进行惩罚，惩罚比例根据生态环境恶化程度确定（恶化明显取消该年补偿资格，恶化不明显扣除当年的资金增长部分）。

2008 年中央财政安排的重点生态功能区转移支付资金达 60.5 亿元，2009 年为 120 亿元，2010 年达到 249 亿元，2017 年已经达到 627 亿元。随着国家主体功能区规划的实施，国家对重点生态功能区的转移支付规模将进一步加大。转移支付资金的使用方向主要是公共服务领域，同时鼓励生态环境保护，国家将通过奖惩机制，对重点生态功能区的保护及发展情况进行评估。该制度是财政手段进行区域生态补偿的重要探索，也是解决环境保护和经济发展矛盾的重要手段。

3. 我国森林补偿政策及其执行效果

目前，我国森林补偿主要通过政府补偿的形式开展，由国家和地方财政共同承担。森林补偿政策的主要对象是公益林补偿和天然保护林补偿两大类，主要是通过中央和地方森林生态效益补偿基金以及天然保护林工程实现，两者相辅相成，共同实现对具有生态效益公益森林的保护。其中，森林生态效益补偿主要是解决具有生态效益森林的具体建设投入，最终使政府资金实现对自然的补偿；而天然保护林作为该项政策的补充，主要是解决以林业为生计的林场职工生存问题，彻底解决公益林保护问题（见图5－1）。

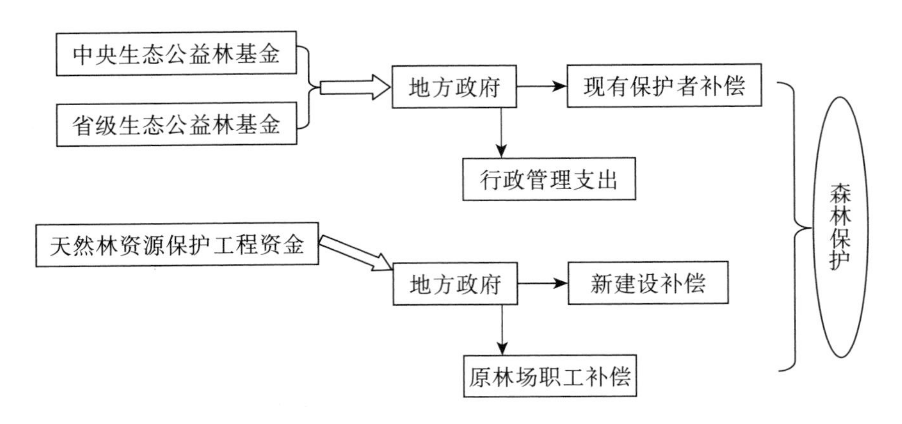

图5－1　我国森林保护建设财政补偿政策体系图

（1）森林生态效益补偿基金制度。森林生态效益补偿基金政策由中央和各省级政府分别制定。中央财政补偿基金作为森林生态公益林补偿基金的重要组成部分，重点用于国家级公益林的保护和管理。各省拟定所属省级生态林具体支付标准，重点用于省级公益林的保护和管理。

我国于1989年提出建立森林生态效益补偿基金制度，开启了森林生态补偿制度的探索，历经11年的研究后提出了三种建议方案：方案1为向受益的当事人收取一定的维护费；方案2为参照政府基金模式进行收取；方案3为直接采取预算管理模式。经多番讨论，2001年国务院决定采取第三种方案将其纳入财政预算，并于2001年正式开始试点。此次试点在全国11个省（区）开展，中央财政预算安排10亿元用作森林生态效益补助资金，对属于国家的生态林管理与保护费支出进行补偿，具体标准为5元/年·亩，范围大约2亿亩。三年试点后，2004年我国正式建立中央森林生态效益补偿基金制度。2001年至2004年，共计投入801亿元，纳入补偿的国家级公益林面积为13.9亿亩。中央森林生态效益补偿基金具体实施模式见表5－4。

表 5－4　　中央森林生态效益补偿基金实施内容

重点公益林范围	面积为15.78亿亩（其中非天保区8.46亿亩、天保区7.32亿亩），主要包括重要江河源头、江河两岸、森林和陆生野生动物类型的国家级自然保护区以及列入世界自然遗产名录的林地、重要湿地和水库、边境地区陆路水路接壤的国境线以内10公里的林地、荒漠化和水土流失严重地区以及沿海防护林基干林带、红树林和海峡西岸第一重山脊临海山林的林地等七大重要生态区域。
补偿标准	2004年对国有、集体以及个人所有的国家级公益林补偿标准为每年每亩5元。 2010年起对国有的国家级公益林补偿标准为每年每亩5元，对属集体和个人所有的国家级公益林补偿标准提高到每年每亩10元。 2013年起对国有的国家级公益林补偿标准为每年每亩5元，对集体和个人所有的国家级公益林补偿标准提高到每年每亩15元。
补助资金使用	补偿标准分为管护补助支出和公共管护支出。 1. 国有的国家级国有林管护补助支出，用于国有林场、苗圃、自然保护区、森工企业等国有单位管护国家级公益林的劳务补助等支出。 2. 集体和个人所有的国家级公益林管护补助支出，用于集体和个人管护国家公益林的经济补偿。 3. 公共管护支出由省级财政部门列支，用于地方各级林业主管部门开展国家级公益林监测、管护情况检查验收、森林火灾预防和扑救、林业有害生物防治、监测等。

中央森林补偿金政策的实施具有巨大的示范和激励作用，各省级政府也不断推出所属地区的森林补偿金制度，加大了政府对生态林保护的支持力度，实现了生态环境改善的目标。根据国家林业局的统计，全国31个省级单位除了4个以外，各省都已经建立了自己的省级公益林补偿制度，截至2014年各省支出资金总额超过130亿元。各省的执行时间以及标准不同，根据各省的实际情况进行设计和安排。各省具体情况见表5－5。

从表5－5可以看出，各省公益林标准有高有低，北京、浙江、广东等沿海发达地区补偿标准较高、补偿效果较好，而生态林数量更多的西部地区，如贵州、陕西、宁夏等省份补偿标准较低，甚至不能与国家公益林补偿标准持平。

表 5-5　　各省森林生态效益补偿基金实施情况

省份	执行年份	原始标准（元/亩）	2014 标准（元/亩）	预算资金（万元）	与中央标准比较
北京	2001	21	40	51200	高
天津	2009	10	15	8325	持平
山西	2004	5	10	16660	持平
内蒙古	2007	大于3	大于3	4000	低
辽宁	2008	3.5	5	3045	低
吉林	2007	10	10	3050	低
黑龙江	2005	3.5	3.5	2000	低
江苏	2002	8	25	8640	高
浙江	2001	15	27	81609	高
安徽	2003	5	15	9000	持平
福建	2001	7	17（20）	6636	高
江西	2008	8.5	17.5	32527	高
山东	2007	5	15	32500	持平
河南	2007	5	15	5529	持平
湖北	2008	5	15	7500	持平
湖南	2007	5	15	1800	持平
广东	2003	13	22	136126	高
广西	2007	5	15	13620	持平
海南	2006	5	20	20300	高
重庆	2011	10	15	22500	持平
四川	2012	10	15	5265	持平
贵州	2009	5	5	7500	低
云南	2009	5	15	3000	持平
陕西	2009	5	5	1400	低
甘肃	2004	5	10	1200	低
宁夏	2008	4.5	4.5	300	低
新疆	2005	5	5	8000	低

注：以上数据根据国家林业局有关统计数据整理。

（2）天然林保护工程。天然林保护工程是对森林生态公益林补偿机制的补充，经过 20 世纪 90 年代末期两年试点后，于 2000 年正式推行，主要是向天然林管护者、造林者以及林场职工提供资金补偿。天然林保护工程具体内容包括：一是重新区划和分类天然林；二是坚决停伐生态公益林，大幅度调减一般生态公益林采伐量；三是保护森林资源以及进行营造林；四是有计划分流安置富余人员；五是国家通过基本建设投资和财政专项资金对一至四项所述事项进行补助。值得一提的是，森林生态效益补偿基金主要是保护具有生态效益的森林，而天然林资源保护工程主要解决天然林的新建、以伐木为生的林场职工的生计问题，彻底解决天然林保护的问题。

目前，天然林资源保护工程一期（2000—2010 年）已经实施完毕，国家根据实施情况于 2011 年开始对补偿政策进行调整，实施天然林资源保护工程二期，一期和二期政策分别见表 5 - 6。从表 5 - 6 可以看出，天保工程与公益林的补助方向不同，但两者整合在一起能够更加全面的对森林资源进行保护，天保工程补偿对象集中在对新天然林建设投入以及对林业经济发展限制的补偿。这就是说，投入补偿是中央政府将天然林建设事权委托给地方政府，由地方政府具体执行的一种资金补偿；林业经济发展限制补偿更多的是对相关人员安置投入的补偿，并不完全等同于机会成本补偿。因此，该政策主要是由中央财政出资、地方政府出力来共同完成。

表 5 - 6　　天然林资源保护工程与二期政策

	一期	二期
投入资金	总投入资金 962 亿元，其中：中央补贴80%，地方配套20%。	总投入资金 2440.2 亿元，其中：中央投入 2195.2 亿元，地方投入 245 亿元（取消地方配套资金）。
实施范围	工程一期涉及长江上游、黄河上中游地区和东北、内蒙古等重点国有林区共 17 个省（区、市）。	二期实施范围在一期原有范围基础上，增加了丹江口库区的 11 个县（区、市），其中湖北 7 个、河南 4 个。
生态修复方面补助	1. 关于公益林建设 人工造林标准：长江上游地区 200 元/亩（中央预算内 160 元/亩）。 黄河上中游地区为 300 元/亩（中央预算内 240 元/亩）。	1. 关于公益林建设 人工造林标准：长江上游、黄河上中游均为 300 元/亩。 封山育林标准：中央预算内标准 70 元/亩。 飞播造林标准：中央预算内标准 120 元/亩。 2. 关于森林经营

续表

	一期	二期
生态修复方面补助	封山育林标准：70元/亩（中央投入56元/亩）。 飞播造林标准：工程一期单位投入标准是50元/亩（中央预算内40元）。 2. 关于森林管护 工程一期的森林管护补助标准为1.75元/亩·年（中央财政1.4元/亩·年）。	中幼林抚育标准：中央按120元/亩的标准安排补助。 后备资源培育标准：任务4890万亩，中央预算内，人工造林300元/亩，森林改造培育200元/亩。 3. 关于森林管护 国有林标准：中央财政按照5元/亩·年的标准安排森林管护补助费，与国有国家公益林生态补偿标准一致。 集体所有的国家公益林标准：中央财政安排森林生态效益补偿基金10元/亩·年，标准与非天保工程区一致。 集体所有的地方公益林标准：由地方财政安排补偿基金，中央财政按照3元/亩·年的标准补助。 集体林中的商品林标准：由林农依法自主经营，中央不再安排管护补助费。
改善民生方面	1. 关于职工社会保险 中央财政按在职职工缴纳基本养老金的标准给予补助。 2. 关于扩大就业 公益林建设和森林管护等原有岗位。	1. 关于职工社会保险 中央继续对这些单位承担的保险费给予补助，以2008年各省（区、市）职工社会平均工资的80%为缴费基数。 2. 关于工程区国有林区职工住房建设 按照政府补助以每户50平方米为标准核定，改造投入为中央补助1.5万元（300元/平方米），省级人民政府补助1万元（200元/平方米），企业补助2万元（400元/平方米），职工个人承担1万元（200元/平方米）。 3. 关于扩大就业 原有的公益林建设和森林管护等原有岗位，再通过增加中幼林抚育、后备资源培育等新任务增加岗位。

续表

	一期	二期
社会性支出	补助标准：工程一期的教育补助 1.2 万元/人·年； 长江上游和黄河上中游的卫生补助 6000 元/人·年，东北内蒙古等重点林区的卫生补助 2500 元/人·年。 公检法司经费：补助标准 1.5 万元/人·年进行安排。	教育补助：提高到 3 万元/人·年。 长江上游和黄河上中游、东北内蒙古等重点林区的卫生补助，分别提高到 1.5 万元/人·年和 1 万元/人·年。 政府补助：政企合一的政府机关事业单位 3 万元/人·年。公检法司经费：1.5 万元/人·年进行安排。 消防、环卫、社区管理等事业单位补助标准：中央财政按照 2008 年底人数和各省（年社平工资的 80% 测算了补助资金，中央财政补助的前提是移交地方政府管理）。

资料来源：根据国家林业局《解读天然林资源保护工程二期政策》整理。

根据表 5 -6 对比，天保工程二期相对于一期进行了大幅度调整。第一，减少地方的配套资金，一些经济欠发达地区甚至取消配套要求，解决了地方财政困难的问题；第二，补偿标准提高，而且政策设计更加科学，考虑到造林的各阶段差异，设置不同阶段补偿标准；三是扩大补偿范围，由国有林拓展到集体林，并对地方公益林也进行一些补助（地方公益林补助 3 元/亩）减轻地方财政压力；四是补偿内容更加全面，二期工程中对以伐木为生的林农生计问题加大了补偿力度，比如社会保险投入的补助，设置新的岗位吸纳原有的林业工人，不单单只是考虑实际的造林资金投入。

（3）森林补偿政策效果评价。我国森林补偿政策大范围开始施行是从 2007 年之后，因此通过对第七次和第八次森林资源普查的数据分析，可以得到一个整体的补偿效果评价。其中，第七次森林资源普查为 2004—2005 年的森林覆盖率，第八次森林资源普查为 2009—2013 年的森林覆盖率。如表 5 -7 所示，通过两次森林资源普查数据比较发现，全国森林覆盖率有 1.27 个百分点的增加。分省份情况来看，31 个省、市、自治区，除了河北略有下降、福建等四省保持不变外，其余省份森林覆盖率均有不同程度提高，特别是湖南、安徽等省有 10 个百分点以上的提高。从上述数据可以看出，森林补偿政策是有效的，能够对森林资源保护、建设起到一定的激励作用。

表 5－7　　各省份森林覆盖率变化

省份	第八次覆盖率	第七次覆盖率	变化百分点	省份	第八次覆盖率	第七次覆盖率	变化百分点
福建	63.10%	63.10%	0.00%	安徽	37.60%	26.06%	11.54%
江西	63.10%	58.32%	4.78%	四川	37.30%	34.31%	2.99%
浙江	61%	57.41%	3.59%	山东	22.80%	16.72%	6.08%
广西	60.50%	52.71%	7.79%	河南	22.68%	20.16%	2.52%
海南	60.20%	51.98%	8.22%	河北	20.80%	22.29%	－1.49%
湖南	57.13%	44.76%	12.37%	江苏	20.64%	10.48%	10.16%
广东	57%	49.44%	7.56%	内蒙古	20%	20.00%	0.00%
云南	52.93%	47.50%	5.43%	山西	18.03%	14.12%	3.91%
黑龙江	45.20%	42.39%	2.81%	天津	16.65%	8.24%	8.41%
吉林	43.50%	38.93%	4.57%	甘肃	13.42%	10.42%	3.00%
贵州	41.50%	31.61%	9.89%	上海	12.58%	9.41%	3.17%
陕西	41.42%	37.26%	4.16%	西藏	11.91%	11.91%	0.00%
湖北	38.40%	31.14%	7.26%	宁夏	11.89%	9.84%	2.05%
辽宁	38%	35.13%	2.87%	青海	5.20%	4.57%	0.63%
重庆	39%	34.85%	4.15%	新疆	4.02%	4.02%	0.00%
北京	37.60%	31.72%	5.88%	全国	21.63%	20.36%	1.27%

注：以上数据根据各省份森林资源清查数据整理而得。

4. 退耕还林（还草）政策

(1) 退耕还林（还草）政策基本情况。我国人口众多，解决吃饭问题是关系国计民生的重大问题。因此，国家一直鼓励农户开垦新地、增粮增产。这一政策导向导致我国长期对耕地资源进行过度开发、滥垦滥伐，对森林资源、耕地资源造成了十分严重的破坏。一方面，生态系统遭到破坏，土地沙化、水土流失等情况十分严重，并引起大量次生灾害；另一方面，土地肥力下降，贫瘠度增加，对农户的生计也造成了不良影响。因此，国家提出了退耕还林计划，主要目的：第一是保护生态环境的可持续；第二是保证土地肥力，确保粮食产量的稳定。

1999年，我国首先在四川、陕西、甘肃3省试点退耕还林，拉开我国退耕还林（还草）的序幕。2002年1月10日，国务院正式宣布在全国实施退耕还林工程。针对原有补助期（即第一轮补助期），国务院随后又颁布了一系列补充文件。这些文件的颁布与实施，也是退耕还林政策自我完善的过程，对项目的原则、补贴金额与标准做了明确规定，使我国退耕还林制度更加健全。

根据2002—2007年五年的执行情况，国家对退耕还林政策执行情况进行了总结，决定延续该项补偿政策，并对相应的补偿范围、补偿标准进行调整。随着经济社会条件的变化，退耕还林面临着一些新的变化。2014年，国务院通过了《新一轮退耕还林还草总体方案》，并做了大幅度的调整，具体见表5-8。

表5-8　　退耕还林还草工程补偿标准

补助标准（2003年后）	长江流域及南方地区，每亩退耕地每年补助粮食（原粮）150公斤；黄河流域及北方地区，每亩退耕地每年补助粮食（原粮）100公斤。每亩退耕地每年补助现金20元。粮食和现金补助年限，还草补助按2年计算；还经济林补助按5年计算；还生态林补助暂按8年计算。补助粮食（原粮）的价款按每公斤1.4元折价计算。补助粮食（原粮）的价款和现金由中央财政承担；退耕还林、宜林荒山荒地造林的种苗和造林补助款按每亩50元标准，由国家提供。
补助标准（2007年后）	原有退耕还林补助政策（2003年确定的）结束后，继续实施一个周期，即还生态林再补8年、还经济林再补5年、还草再补2年。标准为长江流域及南方地区每亩退耕地每年补助现金105元，黄河流域及北方地区每亩退耕地每年补助现金70元（从粮食补助资金中拿出一半对退耕农户进行直接补助）。 从粮食补助资金中拿出另一半作为巩固退耕还林成果专项资金，主要用于西部地区、京津风沙源治理区和享受西部政策的中部地区退耕农户的基本口粮田建设、农村能源建设、生态移民等方面，并对特殊困难地区倾斜。 每亩退耕地每年20元生活补助费，继续直接补助到户，并与管护任务挂钩。

续表

补助标准（2014年后）	退耕还林每亩补助1500元，其中，财政部通过专项资金安排现金补助1200元、国家发展和改革委员会通过中央预算内投资安排种苗造林费300元；退耕还草每亩补助800元，其中，财政部通过专项资金安排现金补助680元、国家发展改革委通过中央预算内投资安排种苗种草费120元。中央安排的退耕还林补助资金分三次下达给省级人民政府，每亩第一年800元（其中，种苗造林费300元）、第三年300元、第五年400元；退耕还草补助资金分两次下达，每亩第一年500元（其中，种苗种草费120元）、第三年300元。同时，《总体方案》还明确，地方各级人民政府有关政策宣传、检查验收等工作所需经费，主要由省级财政承担，中央财政给予适当补助。

（2）退耕还林（还草）政策效果评价。对该项政策的效果评价可以从生态环境改善情况、补偿比率以及农民增收效果等方面进行评价。

生态环境效益。从2002年退耕还林工程实施以来，已经取得了明显的生态效果，长江、黄河两岸水土流失明显减少，河流中泥沙量大幅度下降。工程财政投入资金量与生态效益改善具有比较强的正相关性，证明补偿资金的投入发挥了较好的作用。但是，目前改善效果有逐渐减弱的趋势。退耕还林（还草）工程具体生态效益情况见表5-9。

表5-9　截至2014年年底长江、黄河中上游地区退耕还草工程生态效益

生态类型	生态量	价值量（亿元）
涵养水源	307.31亿立方米/年	3680.28
固土	4.47亿吨/年	941.76
保肥	1524.32万吨/年	
固碳	3448.54万吨/年	1560.21
释氧	8175.71万吨/年	
林木积累营养物质	79.42万吨/年	143.36
提供空气负离子	6620.86×1022个/年	1919.77
吸收污染物	248.33万吨/年	
滞尘	3.22亿吨/年	
防风固沙	1.79亿吨/年	381.25

资料来源：《退耕还林工程生态效益监测国家报告2014》。

补偿比率。从目前的补偿标准来看，补偿标准较为单一，只是简单的考虑到几类区别，大部分地区即使退耕还林难度不同、地质构造差异明显，但仍然享用同一个粮食补偿标准，导致有的地区补偿效率较低，补偿的激励性不够，甚至影响到农户的生存问题。

除此以外，现金补偿标准过低，只是限于基本生活开支，并没有考虑到造林的管理维护成本，以及农户经营性损失，从而使补偿的激励效果大打折扣。

农民增收效果。根据2013年国家林业局数据显示，样本户人均获得的补助额约为431元，占农村居民纯收入4521元的9.5%，与2013年相比又增加了1.45个百分点。可见退耕还林工程补助收入，已经成为该地区农户收入的比较重要组成部分。特别是，在西部一些经济欠发达地区，比如云南、贵州地区补助资金占农民纯收入的比重高达20%以上，这些地区退耕还林补助的多少严重影响他们的生活水平。根据国家林业局的监测数据显示，该工程对农民增收具有较好的促进作用。具体数据见表5-10。

表5-10 退耕还林工程对样本县退耕农民的收入影响

年份	1999	2003	2007	2010	2013
支出金额（万元）	15432	230414	343281	450234	627041
对农村居民人均收入贡献率（%）	14.46	12.19	11.29	11.98	11.95
对县最高户纯收入贡献率（%）	7.66	6.32	5.63	6.18	6.34
对县最低户纯收入贡献率（%）	36.19	26.32	24.29	26.09	26.56

资料来源：《国家林业重点生态工程社会经济效益监测报告2014》。

（二）我国生态补偿横向转移支付制度探索

1. 省内生态补偿横向转移支付的实践探索

省内生态补偿横向转移支付的实践大体分为三种类型（见表5-11）。

一是江河下游地区对上游地区森林生态效益补偿。以2005年城市工业用水和生活用水量为依据，综合考虑生态区位及其对流域的贡献大小和经济发展水平，以“三年一定”确定各设区市承担补偿资金额。一是以提高上游水源涵养能力、保护森林为主的横向转移支付专项补偿。福建省自

表 5-11　　我国省内生态补偿横向转移支付的实践案例

地区	起始年份	补偿主体	受偿对象	补偿依据	补偿形式	资金用途
福建省	2007	江河下游市政府	江河上游市、县政府	对流域的贡献大小和经济发展水平	省财政主导的下游对上游横向转移支付	专项用于生态公益林管护
河南省	2010	流域下游市政府	上游市政府	跨界河流交界断面水质考核结果	优奖劣罚；省财政主导的下游对上游横向转移支付	专项用于流域环境污染治理
江苏省	2008 2014(扣罚→双向奖罚)	流域下游市、县政府	上游市、县政府	跨界河流交界断面水质考核结果	优奖劣罚；省财政主导的下游对上游横向转移支付	专项用于流域环境污染治理
四川省	2011 2016(扣罚→双向奖罚)	岷江、沱江和嘉陵江流域下游市、县政府	“三江”流域上游市、县政府	跨界河流交界断面水质考核结果	优奖劣罚；省财政主导的下游对上游横向转移支付	专项用于流域环境污染治理
江西省	2016	中央政府：省政府；流域下游市政府	流域上游县(市、区)政府	以水质考核为主，兼顾森林生态保护、水资源管理因素	中央对省、省对下的纵向转移支付与下游对上游的横向转移支付结合	由受偿政府统筹安排，主要用于生态保护、环境污染治理和民生工程

2007 年起实度。补偿资金由上游设区市政府负责在辖区内筹措，并通过年终结算上解省级财政。省级财政根据重点公益林面积和统一补偿标准计算下游有关市、县（区）补偿金。

二是以治理流域水环境污染、优奖劣罚形成的横向转移支付专项补偿。如河南、江苏、四川，三省的具体做法虽略有不同，但基本都是根据考核断面水质情况实行优奖劣罚来形成流域下游市、县政府对上游的横向转移支付。但值得注意的是，江苏、四川最开始实施的是单向扣罚办法，即由断面水质指标值超过控制目标的上游地区给予下游地区补偿资金，这名义上为“补偿”实际是一种“赔偿”的制度。在实施过程中，江苏、四川听取了社会各方意见，分别于 2014 年、2016 年将原来的单向扣罚改为双向补赔，即当水质达标时，由下游地区对上游地区予以补偿；当水质超标时，由上游地区对下游地区予以赔偿。

三是纵、横转移支付相结合的综合型转移支付生态补偿。江西省从2016年起实施境内全流域生态补偿，涉及100个县（市、区）。采取整合国家重点生态功能区转移支付资金和省级专项资金，省级财政新设全省流域生态补偿专项预算资金，地方政府共同出资，社会、市场上筹集资金等方式，筹集流域生态补偿资金，视财力情况逐年增加。在资金分配上，采用因素法结合补偿系数对流域生态补偿资金进行两次分配。对水质改善较好、生态保护贡献大、节约用水多的县（市、区）加大补偿力度。对发生重大（含）以上级别环境污染事故或生态破坏事件的县（市、区），扣除当年补偿资金的30%—50%。

2. 跨省界生态补偿横向转移支付的实践探索

跨省界生态补偿横向转移支付的实践大体分为两种类型（见表5-12）。

一是水源地与受水区之间以协商谈判为基础建立的横向转移支付。比如北京与河北的案例。河北省承德、张家口是北京市重要生态屏障和水源地。从2006年起，北京每年安排2000万元帮助河北省承德、张家口两地治理密云水库、官厅水库上游地区的水环境。

表5-12　我国跨省界生态补偿横向转移支付的实践案例

地区	起始年份	补偿主体	受偿对象	补偿依据	补偿形式	资金用途
北京—河北	2006	北京市政府	河北张家口、承德的有关各县政府	根据水源地经济条件和环境保护成本协商确定	北京市政府每年将2000万元生态补偿基金直接拨付到张家口、承德有关各县	专款专用，主要用于滦平县和丰宁县的水资源保护项目
浙江—安徽	2011	中央政府 浙江省政府	安徽省政府	跨省界断面水质监测考核结果	双向补赔：水质达标，由下游浙江补偿上游安徽1亿元，不达标则安徽付给浙江1亿元	专项用于新安江流域产业结构调整和环境综合治理

续表

地区	起始年份	补偿主体	受偿对象	补偿依据	补偿形式	资金用途
广东—广西	2016	中央政府 广东省政府	广西省政府	跨省界断面水质监测考核结果	广东拨付广西3亿元作为2015—2017年水环境补偿资金；中央财政依据考核结果给予广西奖励资金	专项用于九洲江流域水污染治理
广东—福建	2016	中央政府 广东省政府	福建省政府	跨省界断面水质监测考核结果	广东拨付福建2亿元作为2016—2017年水环境补偿资金；双向补赔；中央财政依据考核结果给予福建奖励资金	专项用于汀江—韩江流域水污染治理
广东—江西	2016	中央政府 广东省政府	江西省政府	跨省界断面水质监测考核结果	广东省和江西省每年各出资1亿元共设水环境横向补偿资金；中央财政依据考核结果给予江西奖励资金	专项用于东江源头水污染防治和生态环境保护与建设工作

二是流域上下游省份之间在中央政府牵头下实施的横向转移支付。比如浙江与安徽、广东与广西、广东与福建、广东与江西的案例。（1）新安江流域水环境补偿是全国跨省大江大河流域水环境补偿的首个试点。主要做法是中央牵头，中央财政及安徽、浙江两省共同设立新安江流域水环境补偿基金。补偿协议期限暂定三年。补偿额度为每年5亿元，由中央财政出资3亿元，安徽、浙江两省分别出资1亿元。以两省交界处水域为考核标准，上游安徽提供水质优于基本标准的，由下游浙江补偿安徽1亿元，劣于基本标准的，由安徽补偿浙江1亿元。若水质达到基本标准，则双方互不补偿。（2）九洲江、韩江分别是粤西、粤东地区的主要饮用水源。2016年3月21日，广东与广西、福建分别签署九洲江流域、汀江—韩江

流域水环境生态补偿协议。广东拨付广西3亿元，作为2015—2017年九洲江流域水环境补偿，拨付福建2亿元作为2016—2017年汀江—韩江流域水环境补偿。中央财政将依据考核目标完成情况确定奖励资金，拨付给流域上游省份。广东与福建商定在汀江—韩江流域实行“双向补赔”，即以双方确定的水质监测数据作为考核依据，当上游来水水质稳定达标或改善时，由下游拨付资金补偿上游；反之，若上游水质恶化，则由上游赔偿下游。水质监测采用双指标考核，即同时考核污染物浓度和水质达标率。广东与广西九洲江流域水环境补偿的做法与此类似。唯一不同的是双方未约定水质不达标则由下游广西赔偿。（3）2016年10月19日，江西、广东两省签署了《东江流域上下游横向生态补偿协议》。江西省和广东省共同设立东江流域水环境横向补偿资金，每年各出资1亿元。两省依据考核目标完成情况拨付资金。中央财政依据考核目标完成情况确定奖励资金拨付给东江源头省份江西。

3. 国内相关实践探索的成就与不足

近年来，我国省内及省际生态补偿横向转移支付的实践探索，在一定程度上解决了生态服务辖区间效益外溢而导致的低效率供给问题，并在确定流域补偿资金、水质标准、资金分配方法及建立横向生态补偿机制等方面积累了一些经验。很多地方的实践表明：用生态基金（或共建补偿专项资金）模式来运作横向转移支付生态补偿，有助于多渠道筹集资金且便于操作。另外，在解决横向利益协调问题方面，由于横向转移支付建立在谈判协商的基础上，比纵向转移支付更具灵活性。

但当前实践中还存在一些不足之处。一是涉及范围较小。生态补偿横向转移支付的实践主要发生在流域范围内，还有西部地区、主体功能区中的禁止和限制开发区都存在地区间生态经济利益严重不平衡的问题，但这些地区的横向生态补偿实践尚未开展。二是补偿未完全遵循权责利对等原则。补偿与赔偿是“一枚硬币的两面”，应当一体化设计，补偿是前提，赔偿是约束条件。但在实践中出现了两种问题，一种是只赔无补，例如江苏、四川省在初期“只扣罚无补偿”，这只能算作一种赔偿制度，并非真正意义上的生态补偿。另一种是只约定补偿而无赔偿约束，对补偿方有失公平，例如，广东—广西、广东—江西的流域水环境补偿。显然，要提高补偿效果，建立补偿机制时应当包含考核评价、监督、问责等规定。三是缺少法律法规保障，难以产生长期、稳定的预期。目前各地的生态补偿横向转移支付实践都是以办法、通知的形式进行的，法律基础薄弱，补偿的定价机制主要采用的是行政主导手段，缺乏定量的科学依据，这些都可能影响补偿机制的长期性和稳定性，例如汀江—韩江流域、九洲江流域、新安江流域的补偿期限只定了两三年，到期是否延续未做任何规定。

（三）我国生态补偿转移支付制度存在的主要问题

1. 生态补偿转移支付责权界定不够明晰

（1）生态产品责任主体难以界定。由于生态环境产品具有典型的正外部性和价值隐性，外溢的生态收益很难转化为确定的经济收益，从而使生态补偿的供给和受偿主体难以确定。在全国生态功能区划中，根据“受益者付费”的原则进行生态补偿，确定生态产品供给和受益的责任主体至关重要。以流域问题为例，为实现全流域生态保护，上游地区需要涵养水源、减少排污、建设生态工程、限制某些产业发展，这增加了直接经济成本，并会丧失一些间接发展机会，上、下游区域间密切的生态关联显而易见，但如何界定上游的“生态义务”和下游的“补偿责任”却很困难。因为流域的整体性被行政区域分割，生态补偿从“一地之责”变成“多地联动”，使各项显性、隐性的成本收益核算更加困难。

（2）中央与地方环境保护事权划分不清晰。当前我国环境保护事权以地方承担和管理为主。但环境保护通常与地方经济发展存在一定的冲突，让地方政府自己的“左手”管好自己的“右手”，显然是不现实的。这也就导致现实中问题重重，资源利用上的“竭泽而渔”，环境污染的日趋严重，生态退化日愈加剧，都与地方政府行为及其行政意愿有关。近年来，中央设立了多项环保专项资金，希望以此来督促地方政府重视并加强这方面的责任，但实际效果却很不理想。事实上，在大工业大社会化生产的时代，环境资源的整体性和区域间外溢性越来越强。大气污染治理不用说是跨区域外溢的，而《中华人民共和国大气污染防治法》却规定：“地方各级人民政府对本辖区的大气环境质量负责，制定规划，采取措施，使本辖区的大气环境质量达到规定的标准。”这种事权的属地化划分明显是“鸵鸟政策”，因为一个地方政府即使下大力气管好了辖区生产消费活动不至于污染当地大气，但却不能阻止周边地区大气污染物漂移过来，根本无法对本辖区的大气环境质量负责。以地方为主承担环境事权导致环境保护管理的分割化和碎片化，“铁路警察，各管一段”，不利于从根源上、整体上加强环境保护和污染治理，严重地影响了环保支出的绩效。

（3）地方政府也缺乏足够的积极性投入生态建设。在我国目前以流转税为主体的税收体制下，地方政府税收主要来源于工业企业的流转税和企业所得税，特别是短期内利高税大的重工业项目，而恰恰是这些项目对地区环境的压力最大。在唯 GDP 至上的发展观和政绩考核机制下，地方政府很难自觉承担起生态保护职责。

2. 现有政策难以解决经济发展与生态环保的矛盾

经过各国的理论与实践证明，经济发展与生态保护在一定阶段存在负相关性。经济发展会伴随着生态破坏，生态保护会导致当地经济发展滞后。因此，在欧洲以及拉丁美洲很多国家都建了生态转移支付，目的是解决环保与经济发展的矛盾，提高生态保护区域的公共服务水平。但是我国目前政策在这方面的考量不足。特别是在能够更好地解决地区均衡发展的难题上，一般性转移支付并没有发挥出效果。

第一，虽然我国一般性转移支付比例逐年提高，从 2004 年的 53.30% 增加为 2014 年的 58.20%，但均衡性转移支付（进行因素法分配以及具有较强的公共服务均等化性质）占一般性转移支付的比例为 39.7%，占转移支付总量仅为 23.1%，因此其能用于解决经济发展与环境保护矛盾的补偿资金有限。

第二，不仅资金总量有限，而且在分配过程中特别是均衡性转移支付对生态环保因素考量不够。目前，我国虽然加大了生态因素在资金分配中的影响，并且从 2011 年起结合主体功能区划，专门开设了国家重点生态功能区转移支付，对生态保护地区进行资金补偿，但根据上节的分析不难看出，政策效果不佳，没有真正提高生态保护地区的财政实力和补偿当地经济发展限制的机会成本损失。

3. 生态补偿转移支付资金分配方面存在问题

（1）生态补偿转移支付标准偏低。按照主体功能区规划，限制、禁止开发区域主要承载生态服务功能，这不仅意味着原有产业如林业、农业、矿产资源开发等收入减少，还需要承担产业结构调整、改变传统生产生活方式等带来的各种投入，综合成本非常高，但目前设定的生态补偿标准往往脱离实际、数量偏低。例如，退耕还林补偿中，国家统一规定宜林荒山荒地造林种苗补助费为每亩 100 元，而在西北等自然环境恶劣、造林条件差的地区，造林成本高达每亩 600 多元，导致生态公益林投入与产出倒挂现象。在内蒙古退牧还草的“三牧”工程建设中，有调研表明，约 33%的牧户获得的补贴资金不足 500 元，其中 16.46% 的牧户没有获得资金补贴①。

（2）生态补偿转移支付测算方法不合理。《2012 年中央对地方国家重点生态功能区转移支付办法》确定的生态补偿转移支付标准测算公式表明，生态功能区转移支付具有改善民生和生态保护双重目标特性，试图兼顾生态环境保护与公共服务供给之间的平衡。其中，国家重点生态功能区所属县标准财政收支缺口因子反映改善民生目标，为分配公式的核心，而禁止开发区域补助、引导性补助、生态文明示范工程试点工作经费补助等因子则是对生态保护的体现。但由于公式中测算财政收入是各省从本省地方税及共享税中取得的税收及非税收入，而生态功能区多处于欠发达地区，本身地方税及共享税收入就不多，以此为基础测算应补助额很难达到弥补地区经济差距的初衷。另外，测算公式缺乏对生态补偿内涵的系统考虑，导致该项资金并没有向财力较弱和生态环境较差的生态功能区倾斜，反而与财力水平、生态环境质量正相关，不利于生态保护建设目标的实现。

（3）专项转移支付中生态补偿项目设置不合理。我国中央对地方的专

① 叶晗. 内蒙古牧区草原生态补偿机制研究［J］. 中国农业科学院 2014 年调研报告.

项转移支付中并没有明确的生态补偿支出，其中可以被看作是生态补偿的支出，基本上是“退耕还林”、“天然林保护”这类具有重要战略意义的生态保护项目。这些中央对地方的转移支付，主要是中央政府事权委托给地方政府的一种资金补偿。经过多年的实践，相关专项转移支付产生了一定的生态效益，但设计中仍然存在一些问题：一方面，这类专项资金常常需要地方配套，而进行这些生态项目的地区大多经济发展水平不佳，配套资金会对地方财政产生巨大压力，导致项目推行力度不足，甚至地方挪用部分公共服务资金，来保证项目资金到位。另一方面，补偿标准设置不合理。首先，补偿标准更新过慢，没有建立起与物价指数和人力成本联动的机制。目前，大部分项目的补偿标准都是5年，甚至更长的时间才进行一次调整，补偿标准远远落后于物价上涨以及人力成本上涨的速度，严重影响了补偿的激励效果。其次，补偿标准分类过于粗放，难以体现出地区差异性。比如，我国退耕还林工程中，只分为南北两个标准，没有充分考虑不同省份和区域间实际差异，造成过度补偿以及补偿不足的问题，使补偿效果大打折扣。最后，补偿内涵不足。这些项目的补偿标准仅仅考虑了维护的成本以及基本的物质投入成本，而没有考虑到原有的经济收益，常常导致补偿资金低于被补偿人预期，补偿的激励效果被大大弱化。

4. 生态补偿转移支付体系不健全

（1）纵向转移支付制度生态功能不足。一是税收返还制度加剧生态功能区财力困难。目前，我国有相当规模的税收返还，其主要与地方收入正相关，即经济发达地区返还多，欠发达地区返还相对较少。而我国经济欠发达地区与重点生态功能区高度重合，导致现行税收返还制度反而加剧了不同功能区之间生态权与发展权的竞争与冲突，造成对生态功能区域事实上的“逆向调节”。若不能满足生态功能区基本公共服务和社会经济发展需求，无法要求其耗费有限的财力资源来提供生态服务。

二是一般性转移支付未考虑生态补偿因素。一般性转移支付的计算方式为因素法，即通过考察特定关键因素确定一般性转移支付额。我国现行一般性转移支付额的测算，所关注因素主要是以平衡财力为主的均衡性转移支付，以及义务教育、社会保障、民族地区转移支付等地方政府传统支出项目，缺乏对生态环境因素的考量，从而抑制了地方政府加强生态环境建设的积极性。

三是生态转移支付结构不合理。专项转移支付是为实现某种特定经济政策目标或专项任务而由上级财政提供的专项补助，主要用于专业性、行业性强的发展项目。对于主体功能区中的生态功能区域，因其主要提供区域性生态公共品，更宜采取一般性转移支付，由地方自行统筹安排资金。然而现实情况却是生态专项转移支付远高于一般性转移支付，导致生态转移支付结构明显不合理。

四是生态专项转移支付项目繁多、管理混乱。目前，我国有相当规模的生态补偿资金通过专项转移支付渠道分配，如天然林保护工程补助经费、退耕还林工程财政专项资金和生物多样性保护专项资金等，项目过多过细。以节能环保为例，大致可分为三大类：一类是生态恢复保护，有天然林保护专项、森林生态培育与保护专项、草原生态补偿专项、水上治理专项；二类是资源能源节能，有新能源汽车专项、循环经济专项、节能工程专项等；三类是减排治污，有农村环境连片整治、城镇污水处理管网、清洁生产、减排等专项。每个专项下达时还要设立很多不同的具体项目，项目过多过细，又分属不同职能部门管理，各职能部门各自为政，造成中央相关部门资金分配权力过大、管理多头、资金使用效率低等问题。

五是生态转移支付资金使用存在问题。尽管一直强调要将生态补偿资金用于“环境保护，以及涉及民生的基本公共服务领域”，将生态目标排在首位。但由于未对生态、民生双重目标的政策边界做出清晰界定，加之发展观念和考评机制等因素影响，生态资金在实际使用过程中往往呈现“重民生、轻环保”倾向。

（2）横向生态转移支付制度缺失。生态环境项目由于具有很强的外部性特征，往往需要跨区域联合建设，特别是一些投资金额巨大、建设周期较长的流域生态治理项目，不仅需要中央政府积极投入，也需要相关辖区政府根据“受益者付费”原则明确各自权责，承担相应职能。作为生态产品提供者的限制和禁止开发区，若其生态环保行为对优化和重点开发区具有明显的收益外溢性，则应由后者通过横向生态转移支付等形式进行经济补偿。但由于我国地方政府间生态权责划分不清晰，又缺乏有效的协商平台，加之唯 GDP 至上的政绩考核机制的影响，导致生态建设观念薄弱，并未建立起系统规范的横向生态转移支付制度。

三、生态补偿转移支付制度的国际经验和启示

（一）欧盟四国生态转移支付基本情况

1. 葡萄牙生态转移支付方案

葡萄牙大陆分为 18 个大区（由 308 个市组成）和 2 个自治区，并包括亚速尔群岛和马德拉群岛两个海外领域。2007 年，葡萄牙将生态转移支付整合到中央对地方的转移支付中，用来弥补地方政府拥有纳入自然保护区以及自然 2000 保护点（欧盟 Notura 2000）而造成的损失，因为这些地区土地利用将会受到限制。

地方财政法（LFL）规定了中央对地方（市级）转移支付的一般性原则和标准，生态转移支付的引入主要是通过对其修订并获得议会批准来实现。葡萄牙因此成为欧盟成员国第一个将自然 2000 站点和其他国家保护区作为因素指标，纳入从中央对地方的公共收入再分配过程中，这在欧洲生物多样性政策落实过程中具有里程碑意义。为了促进地方的可持续发展，地方财政法新修订了第六款，其明确规定："市级财政制度应有助于促进经济发展、环境保护和社会福利。"这个总体目标被多种机制支持，包括在财政资金的分配机制中将更多考虑到各个市级政府拥有的自然 2000 站点以及国家级生态保护区的数量与大小。

在修订法案中，"保护区面积"和"保护区面积占该辖区总面积的比例"都作为最为重要的生态标准包含其中。它们在一些财政资金的分配中占据重要位置，例如葡萄牙普通市政基金（FGM，它大约占财政平衡基金的 50%），而决定 FGM 分配的重要因素就包含上述的两项生态指标。普通市政基金（FGM）的具体分配情况如下：第一，FGM 资金的 5% 平均分配到各市；第二，FGM 资金的 65% 按照人口密度函数（权衡人口较少市的

利益）和在旅馆以及营地过夜人口平均数进行资金分配；第三，FGM 资金余下的 30% 按照市政府辖区总面积以及纳入保护区的比重（自然 2000 保护站点或国家保护区）两项指标分配资金。具体规定如下：（1）如果城市辖区自然 2000 保护点及国家级生态保护区的面积小于 70%，FGM 资金的 25% 按照辖区面积的比重进行分配，并根据海拔水平进行加权，FGM 资金剩余的 5% 按照保护区域所占比重进行分配。（2）如果城市辖区自然 2000 保护点以及国家级生态保护区的面积大于 70%，FGM 资金的 20% 按照辖区面积的比重进行分配，并根据海拔水平进行加权，FGM 资金剩余的 10% 按照保护区域所占比重进行分配。

这类财政转移支付资金并没有采取专款专用的原则，而是属于一般性转移支付，获得转移支付的政府可以自由支配资金的用途。虽然财政转移支付对各个市级政府的影响不尽相同，但是政府财政转移支付是葡萄牙市级政府重要的收入来源。2008 年，财政转移支付占市级政府预算的比重从里斯本 25% 到布拉加 97%。财政转移支付占市级政府收入的比例平均为 60% 左右，这表明市级政府对中央财政转移支付具有显著的依赖。因此，任何地方财政法案中分配标准的重大变化，都会关系到城市发展策略。

评估最近实施生态转移支付方案，需要考虑许多因素。2007 年的修订涉及地方财政法案（LFL）的各种基金和分配标准（例如人口标准权重的变化），这些变化对中央到市级政府的转移支付分配机制产生了非常大的影响。为了重新评估新地方财政法案（LFL）的影响，需要将 2008 年和 2009 年实际的转移支付额度与采用旧标准估算的转移支付额度进行比较，通过比较可以识别哪些市级政府在新法案下获利、哪些受到损失。2008 年，在新法案下葡萄牙有 43% 的城市获益，其中加亚新城是获益最高的城市，增益比例约 2.8%。相比之下，马林堡承担了最大损失，损益比例约为 10.3%。2009 年情况有轻微的变化，在新的标准下，所有城市中有 45% 获益，并且受益和受损城市的差距更为显著，其中加洛里什是获益最高的城市，增益比例约 5.3%。相比之下，奥比多斯承担了最大损失，损益比例约为 22.8%。

八个市级政府样本数据研究显示，其中四个城市保护区域的面积占比小于70%，另外四个城市保护区域的面积占比大于70%。在2008年，相对于旧地方财政法案标准下计算出的转移支付额度与实际获得的转移支付额度差异不是很显著，只有维拉什普损失5.9%，而其他城市波动幅度在-1%与1%之间。在保护区域的面积占比大于70%的城市中，只有一个在新标准下获益。这表明，葡萄牙虽然在转移支付中引入了生态指标，但仍然无法抵消其他因素的影响。例如，普通市政基金（FGM）分配中人口指标权重越来越重要，这就造成里斯本虽然保护区域占比为0%，但获得更多收益的情况。当然引入新标准对那些保护区域面积较大的城市有更高的激励效果，Santos等研究者表明，如果新的地方财政法案没有增加生态标准，保护面积大于70%的城市将会受到更大的损失。

为了更详细地分析地方财政法案引入生态因素的影响，对比保护区比重大于70%城市的样本情况，包括它们在地方转移支付总额中所占的比重以及它们在地方财政收入中所占的比重。可以发现，2008年和2009年分析结果十分相似，两年数据的变动在1%—2%之间。2009年这些城市通过生态转移支付获得财政资金比例约占财政转移支付总额的15%到28%之间，占各市财政总收入的10%到26%之间。其中，2009年布拉加由于生态因素获得的财政资金占其总财政转移支付的27%和总财政收入的26%。

总之，葡萄牙生态转移支付通过分配因素的变化逐步向生态保护区面积占比较大的地区倾斜，以达到激励当地进行生态保护，并实现公共服务均等化。但是，由于生态因素比重过低，难以抵消其他因素的影响，因此实际结果并没有达到原先设计的效果。所以，生态转移支付是否能够达到弥补各个市级政府机会成本损失的效果还有待考察。当然，这个机制推行不久，因此对生态保护区管理、生物多样性保护和生态系统服务提供的直接或间接效益还难以做出全面的评价。

2. 法国小规模生态转移支付系统

在法国，私人土地被纳入自然2000保护点后，政府除了给土地所有者提供税收优惠等激励措施外，转移支付也会对其进行倾斜。法国现有的转移支付系统——一般运行拨款（DGF）建立于1979年，为了更好地反映市级政府对保护区的建立和管理成本，政府在2006年对其进行了调整（见表5－13）。

表5－13　法国DGF系统一般性转移支付的资金分配因素表

因素	内容
因素一	基本标准以市级辖区居民数量为依据，不多于人均128欧元的标准。
因素二	根据土地表面积的情况而采用不同的补偿标准。普通地区每公顷补偿3.22欧元，山区每公顷补偿5.37欧元，海外领地每公顷获得普通地区三倍的补偿金。
因素三	旨在补偿市级政府某些收入来源的减少或损失（例如职业税）。
因素四	补充分配，力求保证一般性转移支付金额的稳定。
因素五	位于在国家公园或自然海洋公园的城市获得生态因素分配资金，这类似于生态转移支付（EFT）。

自2003年以来，地方财政均等化的原则被加入到宪法中，其具体表述见法国宪法第七十二条第二款之规定："地方政府在法律规定的条件范围可按照自己的意愿进行资源的分配，政府应该建立均等化机制促进地方政府的平等发展。"因此，一般运行拨款（DGF）被认为是各地方政府在支出方面的重要均等化机制。在2011年，法国一般运行拨款（DGF）主要有以下特点：（1）一般性转移支付占转移支付总量比重大于85%；（2）注重均等化分配机制的建立。

在法国，财政资金的均等化分配是基于互助原则，其试图弥补农村和城市地区之间，以及财政能力低于全国平均水平的城市之间的差距。随着2006年国家公园、自然海岸公园和地区公园等法案的通过实施，一般运行拨款（DGF）中的部分资金分配主要依据该城市是否处于这些公园的核心区域。该方案主要基于生态互助的理念，这意味着这些处于保护区的城市将获得因土地限制使用造成的机会成本损失补偿。

2010年，法国生态转移支付（ETF）分配到市级政府资金总量为310万欧元。2011年，政府决定将位于天然海洋公园的岛屿城市也纳入这一制度中。虽然法国财政转移支付制度考虑到各个城市社会经济发展的不平等，生态转移支付占比依然不足。据估计，2008年3月法国境内有36783个城市，其中25000个城市居民少于700人，只有150个城市因生态因素获得转移支付资金。因此，在2011年，虽然法国一般运行拨款（DGF）

共分配13.6亿欧元资金，其中只有0.02%的资金考虑到生态因素（即城市部分处于国家公园或海洋公园核心区域）。

目前，法国政府正在讨论是否将法国生态转移支付EFT方案拓展到其他保护区或生态敏感区，并且考虑将生物多样性标准引入现有分配标准中。法国一般运行拨款（DGF）是一个缩小城市不平衡差距的主要工具。由于保护区（PA）对社会普遍有益，财政转移支付制度中考虑生态因素与一般运行拨款（DGF）的基本理念相一致，因此扩大目前生态转移支付（EFT）的规模与范围有利于激励地方政府的保护行为，也有利于促进不同区域间生态互助理念的推行。然而，由于目前生态转移支付资金数目过小，占一般转移支付比例太低，因此效果并不稳定。

3. 德国生态转移支付分配指标的选择

德国是联邦制国家，包括16个州，联邦、州与地方政府之间财政资金的分配由宪法规定。德国在中央和州政府之间有一套财政转移支付体系，除柏林、汉堡和不来梅之外的13个州建立了州与市一级的均等化转移支付体系。财政转移支付有资源配置和再分配的目标，后者是德国政府正努力追求的方向。在各州之间和各市级政府之间实现财政均等化目标，需要使不同财政能力的政府之间的差距能够缩小，因此在以上两套财政系统中，公共财政收入按照各地区财政能力以及财政需求的差异进行分配，包括自有财源的税收收入和共享税转移支付，如增值税收入。

财政支出应以人口指标为基础，通过抽象的函数进行测算。德国各州政府以及市级政府的具体财政需求测算还需要其他的指标，例如人口密度、学生数和区域，其中一些被作为附加权重引入计算公式用于修正居民人数，并最终修正财政需求。大约20年前，德国一些地区提出将生态指标引入到各级财政转移支付制度中，但由于多种因素影响，选择适当的指标测算自然保护活动以及相应成本一直没有达成共识。除柏林、不来梅和汉堡外，自然保护区域的大小显然与德国各地区环保支出相关。

从环保主义者的角度来看，指标应能反映出环保活动的有效性。这可能会需要非常复杂的指标，因为它需要反映出多种环保政策目标，比如在德国包括保护某些栖息地和景观（通过自然2000保护点和其他国家保护区），减少生境破碎化（通过网格大小的指标测量），防止土壤污染和富营养化，保护河体和大海以及保护濒危物种。从机构的角度来看，生态指标应该能够符合财政转移支付的法律规定，并且可以通过立法机关的批准。例如联邦一级转移支付体系，宪法中明确规定指标的选取必须是抽象的，并且不能受各州政府的影响。

在此背景下，德国生态转移支付（EFT）的建立主要集中在联邦对地方政府资金分配的指标确定上，比如分配指标究竟是以生态保护区面积还是其所占辖区面积比重作为标准，以及确定不同保护区类型的权重系数大小。最近，生态转移支付（EFT）建议修改联邦财政均等化体系，希望能够逐步尝试采取以地区为基础，并结合定性指标（如生态环境破碎化指数）的方法分配财政资金。就总体而言，所有建议采取的都是比较保守的方式，通过生态标准分配的财政资金占总转移支付的比重较小。

4. 波兰关于建立生态转移支付的讨论

在波兰，欧盟栖息地和鸟类保护指令的实施在地方决策者和社区中产生了很大的争议，自然2000保护点的选址以及监控规则都是由环境保护部委托的有关专家制定，地方政府的意见几乎不被采纳和体现。在自然2000计划实施的各阶段以及保护区管理政策的完善中，政府缺少与公众以及利益相关者的磋商。波兰总统与市长协会所管辖的行政区包含自然2000保护点，他们已经提出正式投诉。他们的不满主要包含以下内容：制定保护点边界的时间过短，采用单纯的科学标准选择保护区（仅仅考虑边际经济和社会效益），以及自然2000保护点资金保障不到位。目前，2479个行政区中有1300个包含各种形式的保护区，例如，国家公园、景观公园或自然2000保护点，其中315个行政区土地总面积的50%以上属于保护区的范围。在实践中，这些保护区的土地利用被严格限制，从而给这些地方造成了巨大的潜在影响，特别是严重限制了经济发展。到目前为止，因为土地使用的限制，地方政府或私人土地所有人遭受了巨大损失，但政府并没有建立任何融资机制对这些地区提供补偿。不仅如此，地方政府还被要求履行各种生态保护的责任。

自然2000的资金分配采取自上而下的方式进行，资金常常被分配到州一级政府，并没有落实到市一级政府。此外，根据最高监察院的监督结果，基金管理似乎也不能令人满意，大部分资金被挪作他用，并没有用于自然2000保护点的维护和管理，而且这些资金还不包括各种机构组织的投资（例如当地政府、非政府组织、国家公园和全国环境保护以及水资源管理基金）。因此，多数地方议会反对将自然2000保护点的运作方式推广到全国。在这种背景下，波兰提出了一个自下而上的生态转移支付方案，农村地区协会（主要代表保护区所在的农村地方政府的利益）起草了被称为生态补贴法案的生态财政转移支付机制，该法案提出对处于生态保护区并且失去发展机会的行政区提供一定的资金补偿，这些补偿资金通过一般性转移支付的方式获取，地方政府能够自由支配转移资金的用途。补偿额度由财政部根据规定的算法计算确定。据测算，为了实现以上目标，国家需提供2亿欧元的资金预算。

5. 欧盟生态转移支付的设计特点

根据葡萄牙、法国、德国和波兰生态转移支付方案的实施情况，我们可以总结出欧盟生态转移支付（EFT）制度的设计主要有以下区别和特点：

（1）各国生态转移支付（EFT）方案的主要区别是采取不同成本或是收益标准确定补偿额度。一类成本是补偿管理成本，例如政府在自然生态保护中的实际支出；另一类成本是补偿机会成本，例如保护区因为经济发展的限制而导致的税收减少。虽然葡萄牙生态转移支付（EFT）方案中并没有对机会成本进行专门估计，但是补偿发展机会成本这一原则已经被引入到方案设计中。在波兰的设计方案中，也加入了对上述成本补偿的考量。另外，生态保护区的外部性也为生态转移支付（EFT）的建立提供了理论支持。生态保护方面的公共支出数据比较容易通过官方统计机构获得，这些数据统计口径比较一致，也有利于不同地区机会成本或外溢效应的比较。保护区机会成本或者溢出效益可能是政治谈判中的有力筹码，尽管它会面临测算方法的质疑与挑战。

生态转移支付资金分配指标包括以下两类：一类是定量指标，如保护区的面积或在自然保护措施的资金投入；另一类是定性指标，如保护区质量、景观连接度、管理措施执行情况或生态系统提供的服务。定量指标通常比较容易衡量也更加透明，然而它们可能并不能充分反映出政策的生态保护效果。解决这个问题的方法之一是引入保护区种类权重，即对不同类别保护区赋予不同权重，一般限制越严格的区域权重值越高。这一模式已经在巴西各州实行，德国最近也提出相应的方案修订建议。另一种模式是直接引入保护区质量指标，反映生态保护效果，但是这会对监控水平提出较高的要求，并且会显著增加执行生态转移支付的交易成本。

定量和定性指标可以结合使用，这可以更好地体现生态转移支付接受地区在生态保护活动方面的差异。一般在进行方案设计时，需要考虑以下几点：一是指标对生态情况反映的精度；二是降低所需要利用数据的难度和复杂度；三是考虑宪法等法律条款的限制。例如，德国宪法要求指标具有抽象性、通用性，不能够受到转移支付接受地区的影响。因此，在欧洲采取“自然2000保护点”面积占辖区面积的比重是一个能被广泛接纳和采用的指标。栖息地指令指定的特别保护地区和鸟类指令指定的保护地区也符合欧洲生态保护标准，并且基本上超越地方和区域政策制定者的影响，也可以作为通用指标。此外，栖息地指令第十七条要求每六年报告该指令的进展情况，地方政府收集的数据将会写入国家报告中，这也可用于设计基于“自然2000保护点”的质量指标（见表5－14）。

表5－14　2014年法国、德国、波兰和葡萄牙“自然2000保护点”数量和覆盖面积比重

国家	国土面积（平方公里）	“自然2000保护点”面积（平方公里）	陆地保护点数量（个）	“自然2000保护点”（陆地面积）（平方公里）	陆地保护点占国土面积比例（%）
法国	632834	110700	1735	68958	10.9
德国	357168	80753	5248	55244	15.5
波兰	312679	68459	982	61210	19.6
葡萄牙	92212	21628	143	19217	20.8

资料来源：根据EC 2014 and Eurostat 2014有关数据整理。

（2）各国生态转移支付（EFT）覆盖的范围不同。比如，受益地方政府的数量显然取决于生态指标的选择。在法国，只有那些处于国家公园或自然海岸公园核心领域的地方政府才能接受到生态转移支付。在葡萄牙，“自然2000保护点”和其他国家保护区都属于补偿范围，因此接受这种补偿的城市数量相对较多。

在全国范围实行以前，必须进行试点。在试点阶段，指标应该尽量精简，覆盖范围也不可过大，应该在不断对试运行的效果进行测评，并对指标政策进行调整。当然，随着越来越多的地方政府获得生态转移支付的资格，生物多样性保护观点的影响也会扩大。由于“自然2000保护点”覆盖了欧盟国家的比例很高，这也为欧盟地区建立全国生态转移支付（EFT）提供了一项很好的指标（见表5－16）。

资金的来源或类型是生态转移支付的另一个重要标准。像德国方案那样的生态转移支付属于一般性转移支付，只是把生态指标加入到分配因素（例如居民人数、土地面积或地形条件）中去。当然，也可以像葡萄牙那样从预算中单独拿出一部分固定资金用作生态补偿，然后采用一定的生态指标进行分配。葡萄牙模式会减少其他方面的预算。由于每年可供分配的预算资金是固定的（除非经济增长加快，税收收入增加），所以这两种方式都会对地方政府产生一定影响，使有的地区获益，而有的地区遭受损失。如果生态转移支付（EFT）能够获得其他渠道的来源（例如，通过提高税收的方式），在这样的情况下，所有的地区都会受益，但生态保护的成本将会完全转嫁给纳税人。

由于生态转移支付作为额外的财政预算是为了满足生态保护需求，特别是“自然2000保护点”的建立和维护，因此生态转移支付能否被接受的关键是所需财政资金的总量大小。迄今为止，欧盟所有正在实施或提出的生态转移支付方案，其资金占总转移支付的比重非常小。但是葡萄牙和法国的经验表明，生态转移支付对这些接受地区的影响却是十分巨大的，特别是对农村地区。因为以下三个原因，转移支付额度无论是通过管理成本还是机会成本测算，其能否真正弥补这些地区的成本并不确定：

第一，管理和机会成本在不同地区并不相同。因此，即使两个地区可能拥有相同的保护区面积，生态转移支付也可能只够弥补一个地区的成本，却低于另一个地区的成本。

第二，如果生态转移支付预算不能随着生态保护区增加而增加，每增加一个新的接受地区，其他地区的补偿额度就会受到负面影响。例如，如果新的保护区被指定在某个市级政府内，那么这个政府将会获得更多的生态转移支付资金，但是由于资金总量是固定的（并没有建立随着税收或经济增长的相应增长机制），因此其他政府的转移支付额度将会变小。

第三，如果转移支付资金分配由生态指标和其他指标共同决定，例如德国所提出的方案，那么某个市级政府在其他指标上的变化也会影响到生态转移支付额度的变化，这就可能导致对管理或机会成本补偿不足或过度补偿的情况。尽管如此，根据政策模拟情况显示，在德国，那些生态保护区占辖区面积的比重高于全国平均水平的州或市级政府，都能获得更多的生态转移支付资金。

（3）各国生态转移支付的类型不同。一般认为，专项转移支付（定向用于生态保护）更有利于实现生态保护目标，但是一般性转移支付却给予地方政府更自由的支出决定权，这两种模式的选择取决于补偿成本的类型。如果只是用于弥补生态保护区的管理成本，显然采用专项转移支付的模式更加合乎逻辑。鉴于融资的迫切性，例如，对于自然2000保护点的管理，从环保的立场来看，专项转移支付的模式是最好的选择。然而，如果生态转移支付（EFT）还要补偿地方政府因生态保护而产生的机会成本损失时，转移支付的用途不应当仅限于生态保护的目的。如果土地利用没有因为生态保护而受到限制，当地政府通过开发利用土地获得相应的税收，这些税收收入同样可以由地方政府自由决定用途。另外，由于欧盟国家宪法规则对转移支付设定的限制，所有正在实施的计划或正在讨论的方案都没有将资金的用途限制在生态保护方面。表5-15对欧盟生态转移支付的设计特点进行了归纳和梳理。

表5-15　　欧盟国家生态转移支付设计特点

项目	特征	葡萄牙	法国	德国	波兰
状态		施行	施行	方案设计	方案设计
日期		2007年	2007年	1996年起	2012年起
行政区数量		308市	36783市	16州，11220市	2479市镇

续表

项目	特征	葡萄牙	法国	德国	波兰
补偿标准	管理成本			√	√
	机会成本	√	√		√
	溢出效应	√	√	√	
指标	数量指标	保护区面积	辖区保护区比重	辖区保护区比重	未定
	质量指标			不同保护区权重	
范围	小		处于保护区核心区域		未定
	大	拥有任何种类保护区		拥有任何种类保护区	未定
资金来源	固定预算				未定
	现有转移支付一定比例	在现有分配指标中加入	在现有分配指标中加入	在现有分配指标中加入	未定
资金比重	低	√	√	√	√
	高				
转移支付类型	一般性	√	√	√	√
	专项				

（二）巴西生态补偿转移支付制度实践情况

纵观全世界，巴西属于生物多样性以及森林资源都极其丰富的国家，其领域所在的热带雨林为世界上面积最大。20 世纪 90 年代以前，巴西政府并未完全意识到生态资源会产生如此巨大的生态效益和社会效益，因此巴西的生态资源，特别是森林资源的利用并没有被政府加以限制，这就使当地许多森林遭到过度砍伐，进而造成生态系统的退化，严重影响了居民生存与发展。正因为如此，巴西政府加强了对生态环境的保护，相继颁布了一系列严格的法律，例如《环境法》《亚马逊地区生态保护法》等，加强对生态环境的保护。但是地方政府在进行生态保护的同时，经济发展却受到严重影响，特别是河流上游地区以及拥有较多自然生态保护区的地方政府，经济增速的下降最终对这些保护区政府的财政收入产生了负面影响。为此，这些地方政府向上一级政府不断施压。为化解上述矛盾，1990

年后，巴西从上至下在全国范围设立了生态补偿转移支付体系，该体系的建立主要考虑公共服务均等化以及生态环境保护两种因素。其中，1990年巴拉那州首先提出了生态补偿转移支付制度的概念，并在相关法律法规中明确提出转移支付公式中必须加入生态因素。1992 年，巴拉那州率先实践，建立并实施生态补偿财政转移支付制度。之后 1996—2007 年，米纳斯吉拉斯等 10 个州陆续立法，相继建立了生态补偿财政转移支付制度。

1. 巴西生态补偿财政转移支付资金的分配方法

在介绍巴西生态补偿财政转移支付制度时，先对巴西财税体制进行简单介绍。巴西联邦由 27 个州组成，州政府的税收立法权和管理权具有相对独立性（这一点与我国财税体制相区别）。根据巴西财政数据，各州政府收入的主要来源是工业产品税（等价于我国的增值税），一般会达到税收收入的90%左右。巴西在宪法中明确提出：各州政府必须按照一定标准将 1/4 的工业产品税收返还给各个市级政府。其中，税收返还的 3/4 是按照各个市级政府创造的增值额进行分配，余下的 1/4（约为总税收的 6.75%）可以由各州立法机关决定按何种因素分配（一般是按照人口规模以及医疗支出）。

1992 年，Parana 州第一个将生态标准引入到工业产品税（ICMS－E）的再分配过程中，主要是奖励辖区内具有生物多样性保护区和流域水质保护区的市级政府，之后 8 个州也仿效其推行类似的政策。具体生态补偿转移支付资金分配方案见表 5－16。

表 5－16　　巴西 ICMS－E 方案

资金来源	各州工业产品税固定比例（一般低于 6.75%）
受益地区	拥有规定保护单位的市级政府
计算公式	市级政府获得的补偿额度＝州政府一定比例工业产品税×该市补偿系数。 具体公式如下： 1. $CI_i = MEF_i / SEF$， CI_i 是市级政府补偿系数，MCF_i 为市级政府生态因素大小，SEF_i 为州下辖区生态因素之和，i 是市级政府数量（$i = 1, \cdots, n$）。 2. $MEF_i = CU_i / M_i$，

续表

计算公式	CU_i 表示市级政府 i 区域内保护单位的总面积，M_i 为该市辖区面积总和。 3. $CU_i = \sum_{i=1}^{n} AE_n \times PW_n$， AE_n 为辖区内各类保护区的面积大小，PW_n 为相应类型保护区的权重，具体权重如表 5－17。 4. $SEF = \sum_{i=1}^{n} MEF_i$， SEF 为该州所有市级政府生态因素之和。

表 5－17　　各种保护区权重大小

保护区类型	权重大小	保护区类型	权重大小
生态研究区	1.0	本土种群集中区域	0.5
生物多样性保护区	1.0	生态利益区	0.1
森林公园	0.9	生态旅游区	0.1
私人自然遗产保护区	0.8	林地缓冲区	0.1
政府所属森林	0.7		

资料来源：Grieg－Gran（2000）。

2. 巴西各州生态补偿转移支付资金分配情况

巴西各州根据自身情况对各州进行生态补偿转移支付，资金分配比例略有不同，但都符合小于等于工业产品税收 6.75% 的要求，其中保护单位成为各州最主要选取的分配因素指标，具体分配情况见表 5－18。

表 5－18　　巴西各州生态补偿资金分配情况

州名称	施行时间	分配比例（%）	因素比例（%）	因素选择
巴拉那	1991 年	5	2.5	保护单位
			2.5	流域保护区
圣保罗	1993 年	0.5	0.5	保护单位
朗多尼亚	1996 年	5	5	保护单位
阿马帕	1996 年	1.4	1.4	保护单位

续表

州名称	施行时间	分配比例（%）	因素比例（%）	因素选择
南里奥格兰德	1998 年	7	7	保护单位
南马托格罗索	2001 年	5	5	保护单位
里约热内卢	2007 年	2.5	1.1	保护单位
			0.8	水源保护
			0.6	固废管理

3. 巴西生态转移支付实施效果分析

巴西生态补偿转移支付制度推行之后，产生了比较积极的影响，主要表现在以下两个方面：

（1）各州对生态保护的积极性得到加强，生态保护区域不断扩大。这一结果可以从最早实施生态补偿转移支付的巴拉那州和米纳斯吉拉斯州的数据得到证明。具体实施效果见表 5－19 和表 5－20。

表 5－19　　巴拉那州生态补偿转移支付实施前后对比　　单位：公顷

	1991 年前	增加面积	2000 年面积	变化率（%）
联邦保护区	289528	50846	340248	18
州保护区	39859	13804	53663	35
地市保护区	1429	2740	4169	192
私人保护区	306693	931755	1238448	295
总和	637563	1052752	1690315	165

数据来源：Ring（2008）。

从 1991 年到 2000 年 9 年间，巴拉那州各类生态环境保护区面积大约增加了 100 万公顷，增长率为 165%；同样 1995—2000 年 5 年间，米纳斯吉拉斯州区域内生态保护区面积增加了 100 万公顷，增长率为 62%。按层级来说，不论是州级还是市级生态保护区，其面积都出现了较大幅度的增长，特别是市级生态保护区增长比率达到 236%。这两州具有极高比例的私人保护区，特别是米纳斯吉拉斯州，截至 2000 年，其辖区内私人保护区面积超过了 120 万公顷，增长率达到 295%。从这两州的实践情况看，生态补偿转移支付为地方政府实施生态保护、提高环境质量提供了足够的激励，同时也为相应项目的开展提供了充足的资金。各地市政府在获得生态补偿转移支付资金后，一方面加强对公有林地的保护，另一方面通过提供财政补贴以及提供技术设备等方式鼓励市场力量（包括非政府组织、企业和个人）进行植树造林。

表 5－20　米纳斯吉拉斯州生态转移支付实施前后对比　单位：公顷

	1991 年前面积（公顷）	增加面积（公顷）	2000 年面积（公顷）	变化率（%）
联邦保护区	268147	0	268147	0
州保护区	295151	196436	491587	67
地市保护区	3851	9076	12927	236
私人保护区	1043827	799702	1843529	76
总和	1610976	1005214	2616190	62

数据来源：Ring（2008）。

（2）地方政府的财力得到补偿提高，弥补了因环境保护造成的机会成本。通过分析各州转移支付数据不难发现，通过生态补偿财政转移支付制度，各州政府向市政府转移了数量相当可观的财政资金。以圣保罗州为例，1994 年到 1996 年间，实施生态补偿财政转移支付后，通过生态补偿财政转移支付制度，州政府支付的财政资金达到 702.4 亿巴西里尔，年均超过 23 亿巴西里尔。因此，市政府每拥有 1 公顷生态保护区，每月将会产生 2.45 巴西里尔的财政收入。有关学者对巴拉那州地市财政收支情况进行研究，最后发现地市财政总收入中生态补偿财政转移支付资金占据很大比重，一定程度上缓解了那些生态保护区较多地市的财政困难。以巴拉那州的圣乔治帕特罗西尼奥市为例，其行政区域内生态保护区达到 52%，生态财政转移支付资金占本市财政总收入的比例从 1998 年的 17.6% 上升到 2000 年的 71%。

（三）印度尼西亚生态补偿转移支付制度实践情况

近几十年来，印度尼西亚地方政府承担更多的事权，管理自然资源和环境的权力被转移到地区一级。目前，印度尼西亚通过拨款和收益分享两个渠道进行转移支付，即拨款包括一般目的基金（DAU）和特殊目的基金（DAK）。其中，特殊目的基金用于各部门特定的项目，收益分享（DBH）主要来源于税收和自然资源收益。

在分权改革以前，印度尼西亚主要通过以项目为基础的条件转移支付确保省级和地方的环境保护支出，主要体现为20世纪70年代开始的造林和保护补助金，按照返青面积、受保护面积和工作人员数量为标准进行计算。分权改革后，印度尼西亚建立了两个生态转移支付工具，环境保护基金和造林基金（Reforestation Fund）。环境保护基金坚持改革以前的做法，主要是特殊目的拨款，即通过返青、再造林、土地保护等条件拨款的方式。造林基金遵循收益分享制度安排，资金来源于林业公司的付款，中央和地方政府分别分享60%和40%的份额。该基金的目的是促进地方政府间对于林业共享收入更有效的分配，收入用于造林、森林恢复和与森林保护相关的公共职能。

（四）国外生态补偿转移支付制度的经验和启示

1. 政府补偿模式能够实现生态保护目标

西方研究者认为，生态补偿通过市场机制才能完成，政府补偿并不能够较好地实现生态保护的目标。但是，根据以上欧盟和巴西等国生态补偿实施情况看，它们的政府部门在这一过程中发挥了举足轻重的作用，并且这些国家政府补偿产生了非常良好的效果。比如，美国政府通过CRP项目，使大量耕地得到保护，土质以及土壤肥力都得到不同程度的恢复，而且耕户的收入也得到一定提高，实现了生态保护以及生活改善的多重目标。欧洲通过施行生态转移支付，使大量稀有物种得到了保护，生态质量也得到很大改善。因此，这些国外的实践经验告诉我们，政府补偿可以发挥很好的作用，政府应该成为生态补偿的重要执行主体。

2. 财政资金是生态保障的重要来源

从实际情况来看，不论是工业发达的国家还是工业化进程中国家，各国财政在生态补偿中都发挥着重要的作用。例如，美国、澳大利亚、英国、瑞典等经合组织国家，经济发达，财政实力雄厚，政府对生态建设和生态修复给予大量投入，并建立了生态环境税收体系，调整生态补偿中各主体间的利益关系。而巴西、哥斯达黎加等非经合组织成员国也积极开展生态建设和保护工作。从这些国家的生态补偿工作开展情况来看，不论是通过政府购买、财政生态补偿项目、建立生态补偿转移支付制度，还是税式支出政策，政府都是支付主体，因此政府的财政实力是进行生态补偿的资金基础，财政实力的高低，决定于经济发展水平和财政体制，所以财政的生态补偿类型应该有所选择，不能大包大揽。财政资金要注重对重点领域的生态类型进行补偿，特别是具有较大范围外部性的生态环境资源。

3. 补偿项目必须引入合理的生态评价指标

根据上文的分析不难发现，这些政府实施生态补偿政策的国家之所以能够取得较好的效果，主要是建立了一系列科学合理的环境质量评价标准。比如，美国休耕计划的项目批准，必须按照环境质量评估指标的评估优先度，这样能够保证项目实施的效率，让有限的政府补偿资金能够发挥出最大的效用。同样，在欧洲以及巴西等建立生态补偿转移支付的国家，补偿资金的分配也主要参考生态指标，特别是对补偿资金使用效果的评价，生态指标作为重要的参考标准，这些都增强了对生态保护的激励作用。因此，未来我国要保证财政生态补偿资金分配的合理性以及资金使用的有效性，也必须建立一套符合本国的生态指标体系以及评价标准。

四、构建完善的生态补偿转移支付制度基础和体系框架

环境事权划分是建立健全环境投融资体系的重要前提和基础，环境事权与支出责任相适应是各级政府有效履行其环保职责的内在要求。构建完善的生态补偿转移支付体系，首先要健全和完善生态补偿转移支付制度基础，即明确划分政府间的环境事权与支出责任，包括政府与市场、政府间环境事权的划分；其次要在环保事权和支出责任得以科学、清晰界定的基础上，建立健全合理的、与之相匹配的公共财政环保投入制度，构建完善的环保支出保障机制。

(一) 我国政府间环境事权划分现状及其存在的主要问题

1. 环境保护事项的分类

基于环境保护法律法规、三定方案以及调研了解，本章对环境保护事项进行系统梳理和列举，并根据环境保护事项的性质差异，将其划分为环境保护事务、污染防治与生态保护、环境科技三大类别（见表5-21）。环境保护事务指各级环境保护主管部门与环境保护相关部门承担的环境保护事务类职责，属于日常工作范围，有稳定的部门预算为其提供支出保障；污染防治与生态保护主要是指项目层次，随环境保护主要矛盾和重点工作转变而调整投资方向；除环境专项资金一段时期内提供相对稳定的资金支持以外，项目资金规模通常较大，易受多种因素影响，具有一定的波动性；环境科技是一类比较特殊的环保事项，有别于环境保护事务、污染防治与生态保护，其产出具有比较大的不确定性、风险性、外部性，对提高环境保护效果和资金使用效率具有显著作用，比较适合由中央政府提供资金保障。

表5-21　　环境保护事权分类

第一级分类	第二级分类
1. 环境保护事务	(1) 环境保护法律、法规、政策、标准、规划制定
	(2) 环境影响评价
	(3) 污染物总量控制
	(4) 排污许可证管理
	(5) 清洁生产
	(6) 生态补偿
	(7) 环境宣教
	(8) 环境信息发布
	(9) 突发环境事件应急
	(10) 涉外环境保护事务
	(11) 生态环境监测
	(12) 环境监察
	(13) 执法检查

续表

第一级分类	第二级分类
2. 污染防治与生态保护	（1）大气污染防治
	（2）水污染防治
	（3）土壤污染防治
	（4）农村环境综合整治
	（5）固废污染防治
	（6）自然生态保护
	（7）跨区域和跨流域环境保护
3. 环境科技	（1）基础研究
	（2）示范工程
	（3）促进环保产业发展

2. 我国政府间环境事权划分现状

当前，《中华人民共和国环境保护法》（以下简称《环保法》）、《中华人民共和国清洁生产促进法》（以下简称《清洁生产法》）、《中华人民共和国环境影响评价法》（以下简称《环评法》）、《中华人民共和国固体废物污染环境防治法》（以下简称《固废污染防治法》）、《中华人民共和国放射性污染防治法》（以下简称《放射性防治法》）、《中华人民共和国海洋环境保护法》（以下简称《海洋保护法》）、《中华人民共和国水污染防治法》（以下简称《水污染防治法》）、《中华人民共和国大气污染防治法》（以下简称《大气污染防治法》）、《国务院办公厅关于加强环境监管执法的通知》（国办发〔2014〕56 号）、《突发环境事件应急管理办法》（环境保护部令 2015 第 34 号）、《排污许可证管理暂行规定》（环水体〔2016〕186 号）、《环境监测管理办法》（国家环境保护总局令 2007 第 39 号）、《环境保护部三定实施方案以及承担环境保护责任的其他部门三定实施方案》（以下简称《三定方案》）等法律法规、部门规章以及相关文件，对中央与地方环保事权划分作出规定，具体将中央与地方政府的环保事权划分为四类，即中央事权、地方事权、中央和地方分级承担事权、中央和地方共享事权（见表 5－22）。其中，中央和地方分级承担事权是指对于某个环境保护事项，中央和地方分别承担的事权范围具有明确边界，职责划分相对清晰，两者存在衔接之处，但无重叠交叉。中央和地方共享事权是指对于某个环境保护事项，中央和地方共同承担事权，没有明确分工，存在重叠交叉，容易产生推诿现象。中央事权、地方事权、中央和地方分级承担事权、中央和地方共享事权具体划分情况如下：

表 5－22　现行法律法规等赋予中央和地方政府的环保事权

中央事权	包括：环境科技（科学研究、促进环保产业发展）；环境监察；涉外环境保护事务。
地方事权	包括：农村环境综合整治；固废污染防治（生活废弃物分类处置与回收利用、危险废物集中处置设施及场所建设、放射性固体废物处置）；水污染防治（海洋环境保护、城镇污水集中处理设施及配套管网、饮用水源地保护、合理施用化肥农药）；大气污染防治（发展城市煤气、天然气、液化气和其他清洁能源）；环境执法；突发环境事件应急处置。
中央和地方分级承担事权	包括：环境规划、政策、标准制定；环境影响评价；污染物总量控制；排污许可管理；清洁生产；生态补偿；环境宣教；环境信息发布；生态环境监测；跨区域和流域环境保护。
中央和地方共享事权	包括：推广清洁能源生产和使用；生态保护，包括具有代表性的各种类型的自然生态系统区域，珍稀、濒危的野生动植物自然分布区域，重要的水源涵养区域，具有重大科学文化价值的地质构造、著名溶洞和化石分布区、冰川、火山、温泉等自然遗迹，以及人文遗迹、古树名木；风景名胜区水体、重要渔业水体和其他具有特殊经济文化价值水体的保护。

3. 现行政府间环境事权划分中存在的主要问题

在我国现行环境保护和污染治理等工作中，政府与市场职能界限不明确，中央与地方政府间环境事权划分不清晰，尚未形成分类分级的事权与支出责任划分明细目录。这也就为形成财政环保预算投入理论框架体系构成了障碍和制约，同时又往往与转移支付制度的不完善交织在一起，使得政府财政资金尤其是中央财政资金投入滞后，而基层财政环保投入责任也因多种原因落实不到位，环保事权相互推诿的现象在较大范围内存在。随着经济发展带来的环境问题越来越多、越来越严重，政府间环境事权划分不清，事权与支出责任不相适应的问题日益突出，主要体现在以下四个方面：

（1）政府间环境保护事权划分不明确。表现在：一些具有全国性和跨区域外溢、应当由中央政府负责的环境保护事务，例如跨省流域环境治理、国家级自然保护区管理、历史遗留污染物处理、国际环境公约履约、核废料处置设施建设、国家环境管理能力建设等，目前仍然缺乏有力有效的中央财政资金支持或投入保障，如果不及时弥补这些市场和地方政府不可能或难以发挥作用的空缺，国家"五位一体"的经济发展战略和生态文明建设将会面临巨大的环境风险。同时，一些应当由地方政府负责、具有地方公共物品属性的环境保护事务，例如地方管辖的环境治理、城市环境基础设施建设、地方环境管理能力建设等，都需要地方财政安排。但是，由于环境保护事权划分不清，导致环境保护支出责任不明确，地方政府向中央政府推脱责任的现象也比较普遍。

（2）政府间环境保护事权与支出责任不匹配。首先，环境污染防治具有明显的外部性，其效益和影响往往是在跨流域、跨区域发生，而具体的工程实施载体又是位于确定的行政辖区范围内，如果缺乏有效的生态环境补偿机制，就容易造成上下游生态环境保护事权与支出责任不匹配。其次，中央、地方财税利益分配体制与中央、地方政府环境事权分配体制反差较大，如国有大中型企业税收主要上交中央，但其治污包袱留给所在地方，许多历史遗留环境问题、企业破产后的污染治理问题都要事发多年后由当地政府承担，这使贫困地区、经济欠发达地区的财力很难承担环境治污投入。

（3）以地方政府治理和属地原则为主的环境事权承担模式不适应跨区域、跨流域环境保护和污染治理的需要。《中华人民共和国环境保护法》第十六条规定："地方各级人民政府，应当对本辖区的环境质量负责，采取措施改善环境质量。"这条规定实际上明确了我国当前环境管理体系奉行的是属地管理原则。环境管理一旦奉行属地原则，在涉及跨界污染时，就难以避免地方保护主义对环境管理的干预，以及对流域环境治理的消极。由于地方政府只需对当地环境质量负责，而无须关注其他地方的环境质量，尤其当存在通过转移污染的外部成本可获得本地经济发展优势时，地方政府更有动机采取地方保护主义行为。在这种行为的庇护下，"三同时”、环境影响评价、限期治理等一系列环境政策法规的执行程度都会大大削弱。例如，流域水环境作为一种公共资源，具有生态系统的完整性和环境系统关联机制，不会因行政区的划分而改变其自然规律。流域内水资源的任何一部分受到污染，都可能破坏整个流域循环系统，从而呈现跨区域污染的特征。流域跨界水污染问题正是我国环境管理长期以来奉行属地原则的产物，由于上游污染企业排放污染物污染了下游水体，下游地方政府又无权管理上游排污企业、无法要求其减少污染或者对污染实施补偿，同时上游的政府也没有动力去控制排污企业。由于跨界环境效益和影响的难以分割性，再加上“搭便车”现象的存在，许多地方政府不愿意建设污染处理设施或即使建成后运行也不足，从而导致污染治理投入不足。

（4）地方政府特别是基层政府环境责任和财税支撑条件不匹配。根据分级负责原则，目前我国环境事权绝大部分都划归为地方承担。分税制财政体制改革以来，一个非常普遍的现象是：从中央到地方，财权和财力是层层上收，而事权却是层层下放，导致基层政府的财政运行越来越捉襟见肘。同时下级政府经常要面对来自上级政府的财政管制，主要表现为“上级政府点菜，下级政府买单”，支出政策在上，资金供应在下，上级政府制定统一支出政策，直接影响着下级支出规模和支出方向，影响着下级政府的预算平衡和环保投入能力。

在这种环境事权与支出责任划分不清晰、不对称的情况下，比较突出的后果主要表现在以下两个方面：一是容易强化地方各级政府保护主义倾向，因现行体制中事权与财权不匹配，造成中央与地方利益的不协调，地方政府更多的是追求本地区利益的最大化，因此在执行环境政策和预算资金分配时，地方政府在发展经济和环境保护的选择偏好上总是倾向于前者，而将环保或治污责任推卸给中央或留给后任。一般情况下，为了保护地方税源和各行政部门的利益，地方政府往往对财税贡献大户的高污染、高耗能企业和项目网开一面予以保护，对于大面积的跨区域或跨流域的污染问题，地方政府总认为这是上级政府的事，即便管住了本地企业不排污，也管不住其他地区企业不排污，因此采取的是一种与其管不如不管的态度。二是中央财政转移支付也并不能有效解决目前地方环保投入不足问题。从目前中央与地方的财税关系来看，财税收入上出现向中央财政集中的趋势，地方财税收入不稳定，许多基层财政相当困难，这就使中央不得不承担起高昂的转移支付责任和成本。由于中央和地方事权和财力不匹配的根源问题没有解决，加之中央转移支付制度本身尚缺乏明确的法律规范，使得中央转移支付的支出结构不合理现象难以得到有效解决，从而也就更难以解决地方政府环保投入的缺位问题了。

（二）典型 OECD 国家环保事权划分情况

1. 美国政府间环境事权划分情况

美国环境保护管理体制是随着 20 世纪中期以来国家对环境问题的逐步重视和政策倾斜，而相应建立起来的。根据联邦环境保护法，联邦政府授权联邦环保局制定环境保护法规以及行政执法的权力。联邦环保局的职责是通过有效地执法和实施各项环境保护计划，不断提高环境质量，保护公众健康和创造舒适优美的环境。州政府也设有环境保护部门，并且也有相应的在环保领域的立法和执法权，但州政府及其环境保护部门在立法和执法过程中所占的地位，总的来说，仍无法与联邦环保局的地位相提并论。

美国联邦环保局管理机制是按处理的介质划分的，下设空气、水、固体废物、农药等办公室，这一体制与美国的现行环境法律体制相吻合。美国环保局的设立及内部机构设置都有明显的法律依据，下设 14 个部门，包括：综合性部门、保障部门和与处理的介质相对应的潮热防治机构，这些机构的职责针对性较强，是环保局实现环境保护目标的核心机构。作为联邦政府部门之一，环保局总部位于华盛顿，在全国设有 10 个区，关于区的划分基本以州的行政区划为依据，每个区都有权在本区区域内根据实际情况制定政策和标准。设立环境保护局之初，它的组织结构被设计成将所有污染控制规范制定权都集中在一个联邦机构内，包括：调查、建立标准、监测、执行和政策制定。这种综合型的管理模式并没有真正实施。环保局有负责政策制定的局长和一位协助局长事务的副局长，还有一个具有一定独立性的行政审判办公室。现在联邦环境保护局在全国有 10 个地区办公室，很多办公人员都具有环境知识和工业技术。

区域办公室局长在辖区内执行环保局的区域规划和其他指定的职责。区域办公室局长作为辖区内环保局首要代表，与联邦、州、跨州和地方四个层面的机构、行业、科研院所、其他公立和私立组织联系。区域办公室局长的职责包括：①在辖区内完成国家规划目标，这些目标由环保局局长、副局长、助理局长、副局长、总部行政办公室的主任设定；②制定、提出和执行批准的区域项目；根据总部提供的导则，对辖区开展全面资源管理员；③在辖区实施有效的执法和守法项目；④将总部相关部门制定的技术项目转化成区域操作的项目，并确保此类项目有效实施；⑤对州提议的环境标准和执行方案行使审批权；⑥对区域项目进行全面和专项评价，包括环保局内部和州的活动。

区域办公室的工作可以概括为四个方面：一是管理美国环保局对各州的拨款及拨款项目；二是监管州的环保项目，确保其符合联邦的相关法律法规及标准；三是为解决州、区域和跨界环境问题提供技术指导、评估意见和对策建议；四是代表美国环保局，协调处理与州及当地政府和公众的关系。

美国各州都设有州一级的环境质量委员会和环境保护局，州级环境保护管理机构在美国环境保护中发挥着重要作用。总之，各州环境保护机构一方面是联邦环境保护执行各项法律法规、环境标准、环境保护计划的具体实施者和监督者；另一方面也享有一定的自主权，在州范围内以保护人类健康维护环境安全为目标开展环境执法和环境研究。这两方面的职能都来自法律的直接规定：大部分涉及环境保护的联邦法律都规定，州环保机构经联邦环保局审查合格，即应被授予执行和实施环境保护法律的权力；同时，州环保法规明确把环境行政管理权授予了州环保机构和某些其他行政机关。但是，州级环境保护局并不受联邦环保局的领导和管理，也不是附属关系，各州环保局各自保持独立，依照本州法律履行职责，只依据联邦法律，在部分事项上与联邦环保局合作，完成任务。

联邦环保局对州环保局主要起监督作用，若证实州环保局不能胜任工作，联邦环保局可以替代承担事权。美国国会在制定环保法时考虑由州政府负起重要责任。以资源保护回收法为例，如果一个州的计划中所采用的方法和标准同环保局一致，该州就会获得特许地位。每个特许地位是由环保局给予而且每年都必须由环保局进行重新审批。如果环保局在审批过程中发现这个州在有害废物管理中的某些方法和标准已经不能和环保局的方法及标准的变更保持一致的话，这个州的特许地位就有可能被撤销。失去了特许地位意味着美国环保局将取代州的有害废物全权管理。即使没有撤销该州的特许地位，美国环保局也可以越过州政府行使权力。

2. 德国政府间环境事权划分情况

环境保护是州政府和地方政府的主要责任和支出范围。德国也是重要的联邦制国家，其行政管理层次共设有：联邦政府、州政府、地方政府。德国各级政府的事权范围由《基本法》明确规定，联邦政府负责：国防、外交、社会保障、造币和货币管理、海关和边防、联邦交通和邮电、铁路和航空、水运、高速公路和远程公路、重大科研计划、资助基础研究和开发研究、跨地区资源开发、国有企业的支出和农业政策以及联邦一级的行政事务、财政管理等。州政府负责：州一级的行政事务和财政管理、教育、警察、文化事业、医疗卫生、健康与体育事业、社会救济、住房、治安和司法管理、环境保护、科学研究、周内公路、地区经济结构和农业结构的改善、海岸保护等。地方政府负责当地的行政事务管理、基础设施建设、社会救济、地方性治安保护、公共交通和乡镇公路建设以及城市发展建设规划、当地城镇煤水电等公用事业、公共福利、文化设施、能源的供给、垃圾和污水处理、普通文化教育事业、成人继续教育及卫生、社会援助、社区服务等。

德国的环境保护实行地方自治。德国的环保行政管理实行地方自治。德国地方政府的层级包括县（包括非县属市）和镇（包括乡镇和城镇），地方政府遵循自治原则，县、镇级地方政府要完成大部分的环境保护工作。首先，地方政府在制定地方各类发展规划时，都把环境因素作为必要考量因素。其次，地方政府承担与环境保护有关的法律强制性职责。要对本辖区环境保护和生态治理中的具体事务进行直接管理，包括空气污染控制、水体污染控制、污水处理和废物处置等工作。最后，地方政府要与其他地方进行横向联合，以解决一镇一县解决不了的环境问题，或通过联合来降低环境保护工作的成本，提高环境保护工作的效率。例如，几个临近的乡往往会联合起来共建一个垃圾处理厂，共同聘请相关公司进行管理，有效降低地方垃圾处理成本。如果出现了靠地方联合解决不了的问题，地方政府要申请州政府提供帮助，但上级政府只起辅助作用，主要工作仍旧要靠地方政府承担完成。

环境保护事权强化严格执法，设立了环保警察。为了加强环保执行，德国设立了环保警察，环保警察除通常的警察职能外，还有对所有污染环境、破坏生态的行为和事件进行现场执法的职责。警察承担环保现场执法工作，充分发挥了警察分布范围广、行动迅速、有威慑力等特点，极大地增强了环保现场执法的力度，保证了执法的严肃性和制止环境违法事件的及时性。

国际之间、州际之间环境保护事权受到重视。德国从20世纪70年代开始建立环境监测网络，对水域（包括地下水）、空气、土壤、高速路、特种多样性进行监测、分析、评估，为环境政策的制定提供依据并处理遗留的环境问题，国际之间、州际之间均进行严格监督。对于超标排放的工厂或单位，政府责令其纠正，否则就收回排污许可证和生产许可证，令其停业整顿并予以重罚。当然，在这个过程中离不开社会方方面面的共识和合作。政府、公众、企业、社会团体、甚至在不同国家的政府间，都要形成共识并相互配合。

环境保护工作协调方面的事权受到重视。联邦德国环境保护事务由联邦政府内政部负责，专门处理环境保护计划和协调环境保护工作。其中包括：法律、经济和国际之间的环保事务。此外，还负责水管理、废物管理、大气保洁和噪声防护方面的工作。由于环境保护的任务涉及其他职能部门，所以，还设有专门协调环境问题的部门，即联邦政府环境问题协调委员会，由联邦总理府、联邦财政部、内政部、粮食农林部、经济部等部门的部长级成员组成。而且，在联邦与各州之间也有各种协调机构，其中，有联邦与各州的环境部长组成的环境部长会议，还有一个由环保事务管理部门的领导人组成的委员会。

3. 日本政府间环境事权划分情况

环境保护事权以地方为主。根据《地方自治法》第二条第十款的有关规定，中央政府承担的“国家的事务”具体包括以下内容：（1）司法；（2）刑罚以及国家的惩戒；（3）国家的运输、通信；（4）邮政；（5）国立教育及研究设施；（6）国立医院及疗养设施；（7）国家的航空、气象及水路设施；（8）国立博物馆及图书馆。根据地方自治法，环境保护是地方政府的主要事权，国家主要负责保护地球环境，防止公害，保护和整治自然环境，以及其他环境保护。计划、起草和推进与环境保护有关的基本政策；防止公害的管制措施；自然环境优越地区的环境保护；抑制废弃物的排出和适当的处理、清扫；从环境保护的观点出发，与以下事务及事业有关的标准、指针、方针、计划等的制定以及管制：抑制温室效应气体的排出。

环境保护事权最初围绕公害进行划分。1971 年 7 月，日本正式成立了国家环境厅。环境厅的主要权限职责是防治公害和自然保护。在防治公害方面，制定基本政策、方针、计划和各项标准，组织协调公害防治的管理工作。为加强控制公害的工作，日本以在环境厅下设的附属机构“国立公害研究所”为中心，加强中央各部门、大学和地方的合作，建立起防治公害科研合作体制。中央部门主要研究各种大气和水质污染问题，大学加强基础理论研究，地方科研机构则侧重于地方性公害研究。随着环境厅的设立，日本各地方政府也设立了相应的环境保护机构，到 1971 年底，已有 46 个地方政府设立了环境局，日本各地方政府在中央的指导下，根据国家公害对策和环境标准，制定了比国家标准更为严格的地方标准，并与区域内的主要企业签订了《防止公害协议》。在地方政府严格管理下，区域内各主要企业也依据有关法律、法令建立了公害防治部门，并配备了专职人员从事环境保护工作。这样，日本已形成从中央到地方较为完善的环境保护体制。

中央政府的环境保护事权逐渐得到强化。日本政府设立环境厅后，2002 年初又将环境厅升格为环境省，其行政职能也有所强化。升格后的环境省行政职能突出两点：一是从环境管理的角度出发，通过强化与相关政府部门调整、联合，开展综合性的环境管理；二是在防止全球变暖等环境事务方面，加强国际上的协调行动。

（三）政府间环境事权划分的基本原则

环境事权与支出责任主体（即事权承担主体）及责任范围的界定总体上应遵循“环境公共物品效益最大化”原则、“污染者付费（PPP）”、“使用者付费（UPP）”和“受益者分担”等原则。但鉴于环境保护和污染防治涉及面非常广，牵涉利益复杂，特别是在涉及跨流域、跨界污染治理、水源保护等多方共同责任的领域（即共担的事权）时，需要研究出更为具体、更为明确和科学的制度、机制和技术方法来界定环境责任承担主体（单位）及其职责范围。

一是环境公共物品效益最大化原则。环境公共物品效益最大化要求以现有的社会环境资源，通过最优配置和使用，生产出最多的环境产品，并使环境产品在使用中达到最大效益。为了使环境公共物品效益最大化，必须分散环境产品的公共性，建立明确的环境产权，提高各类环境保护主体的积极性；必须对环境资源的自然垄断进行严格的管理和控制，防止其以牺牲环境的代价来寻求局部的、短期的私人利润。

二是污染者付费（PPP）原则。污染者付费原则（PPP）就是“谁污染谁付费”的原则，包括污染控制与预防措施的费用、通过排污收费征收的费用以及采用其他一些相应的环境经济政策所发生的费用，都应由污染者来负担。污染者付费原则主要解决的是环境产品的负外部性、公共性和环境资源无市场性等问题。通过对污染者收费，把环境污染的所有外部性成本内部化，以达到使环境污染的私人成本等于社会成本，减小以至消除厂商因污染带来的超额收益的目的。通过环境污染外部性的内部化可以将环境资源的公共性分割为不同的环境保护主体所有，把环境保护的利益与害处、权利与义务完全与各主体挂钩，使环境保护的利益外溢性减小。同时，污染者付费原则也表明，任何对环境资源的耗费都需要付出相应的费用，环境产品的价格并不低于其他市场商品，它在一定程度上可以减小环境产品价格的扭曲，解决环境资源无市场性问题。OECD 环境委员会于

1972 年提出了关于治理环境污染的污染者负担原则，已逐渐演变成为各国环境管理的一项基本政策。欧盟规定，任何对污染负有责任的自然人和法人，必须支付清除或削减此种污染的费用；日本规定，污染者不仅要承担治理费用，而且还要承担环境恢复费用和被害者的救济费用；荷兰在环境管理中实施“经济罪法”，政府有权关闭对环境造成污染的企业，追究违法者的法律责任。为保证污染者负担原则的有效实施，西方国家政府还鼓励公众积极参与环境监督。英国政府规定，所有人有权对环境质量进行监督，有权对污染者提起诉讼，有权向造成损害的人或企业提出损害赔偿，而且这种诉讼行为不受任何发给的排污许可证的影响。

三是使用者付费（UPP）原则。使用者付费原则（UPP）就是“谁使用谁付费”原则，是指对某些已发生、已经没办法查究污染者或者查究成本太高的环境问题的治理，发生的相关费用应由该环境产品的使用者来承担。使用者付费原则主要解决的是环境资源的公共性、环境产品的正外部性、无市场性和环境资源的信息稀缺性等问题。通过对环境产品的所有使用者收费，把生产环境产品的一切社会成本分割给各受益者来承担，这样就可以克服部分使用者“搭便车”行为的产生，从而减弱或消除环境产品的正外部性。为了减少费用，环境产品的使用者就有积极性去监督环境污染者的行为并收集相应的环境资源信息，把他们公开出来，从而减小了环境资源信息的稀缺性和不对称性。

四是投资者受益原则。投资者受益原则就是“谁投资谁受益”原则，是指由专门从事环境保护的环境保护主体从事环境保护，其效率和效益要比一般的环境问题产生者从事环境保护高。这样，可以把环境问题的解决任务交由这些专门的环境保护主体来进行，收益也自然归其所有。环境公共物品效益最大化要求以现有的社会环境资源，通过最优配置和使用，生产出最多的环境产品，这种环境资源最优配置必然导致由专门从事环境保护的主体来从事环境保护，同时获取其收益。可见，投资者受益原则是污染者付费原则、使用者付费原则和环境公共物品效益最大化原则存在的基础。

五是受益者分担原则。受益者分担原则是指环境受益者同样也需要为环境质量的改善支付一定的费用，尤其对于一些环境质量改善项目，可能并不存在确切的污染主体，这时候就应更多地考虑由环境项目的受益者来支付。此外，为了保证或提高环境质量，污染者可能需要被迫或自觉放弃发展的机会，增加预防性投入和治理支出。他们的这种约束性和自觉性行为，对当地和受益地区的人们和受益的地方政府都将产生良好的生态和健康效果，为了鼓励污染者的有益行为，受益者通过付费方式来承担部分环境成本对激励污染者的有益行为有很好的效果。这个过程中，政府可以充当政策制定者、收入征集者、收入支配或为环境付费这样一个角色。

六是环境外溢性范围与行政管辖范围相适应原则。由于很多环境污染物可以通过空气、水和迁徙物种发生长距离的移动，污染的制造者通过这种移动不仅会对当地，也会对移动的地点造成环境负效应。所以要在源头加强监控，要通过更高一级行政机构的干预实现污染者造成的外部负效应在不同行政区域中得到协调解决。下游地方有责任向上游地方政府提供环境和生态补偿类的横向转移支付；上级政府充当协调人和组织者，以利于上下游行政单位通过平等协商达成协议。

环境外溢性范围与行政管辖范围相适应原则同时还内含着管理成本效率原则，即凡是地方管理效率更高的，应将事权下划或委托地方执行，凡是由更高一级政府组织实施更具整体效益的事项和项目，就应上划更高层级的政府。如辖区环境综合治理、污染场地的无害化处理等项目，根据管理效率原则将其划为地方事权，相应对地方政府的补助中央应通过专项转移支付予以解决，同时地方政府要负起相应的环境失职责任。

（四）明确界定政府与市场的环境职责范围

1. 政府的环境保护职责

政府是环境保护技术手段、法律手段、行政手段、宣传教育手段和经济手段的主要参与者，政府应按照社会公共物品效益最大化原则，首先行使规制、管理和监督职能，建立合理的市场竞争和约束机制，使企业把污染治理事权转嫁给消费者的可能影响减至最小。在我国社会主义市场经济体制转轨和完善过程中，政府的其中一个重要职责就是对建立市场经济进行规制和监督。因此，与市场经济国家的政府相比，中国更应加强政府在环境保护中的规制与监督作用，如统筹制定环境法律法规、编制中长期环境规划和重大区域和流域环境保护规划，进行污染治理和生态变化监督管理，组织开展环境科学研究、环境标准制定、环境监测建设、环境信息发布以及环境宣传教育等。政府还应当承担一些公益性很强的环境基础设施建设、跨地区的污染综合治理，同时履行国际环境公约和协定。那些营利性、以市场为导向的环境保护产品或技术，其开发和经营事权应全部留归企业；那些不能直接营利而又具有治理环境优势的环保投资的企业或个人，政府应制定合理的政策和规则，使投资者向污染者和使用者收费，帮助其实现投资收益。

在政府范畴内，还应明确各级政府的环境事权划分及其投资范围和责任，公共需要的层次性是各级政府环境事权划分的基本依据。按受益范围，公共需要可分为全国性公共需要和地方性公共需要。全国性公共需要的受益范围覆盖全国，凡本国的公民或居民都可以无差别地享用它所带来的利益，因而应由中央来提供。地方性公共需要受益范围局限于本地区以内，适于由地方来提供。按受益范围区分公共需要的层次性，不仅符合公平原则，同时也符合效率原则。因为受益地区最熟悉本地区情况，掌握充分的信息，也最关心本地区公共服务和公共工程的质量和成本。从效率原则出发，跨地区的特大型工程属于全国性公共需要。例如，三峡工程建成后，它的输电范围遍及北京、上海、广州等广大地区，后续效益将泽及子孙万代；京九铁路工程南北贯通八个省、市、区，如果这类工程由地方举办或由沿路的省、市、区联合举办，将会矛盾重重，难以确保工程质量和工程进度，也会提高工程成本。相反，一个地区性的水库由中央提供，就不一定能做到因地制宜，符合地方需要。

例如，城市生活污水不同于工业污水，工业污水的排放主体一般比较明确，按照“谁污染谁治理”的原则，工业污水应当以排放企业治理为主。但城市生活污水主要来自居民生活，不能要求居民自己去处理，因此属于政府（地方政府）的职责，也是公共财政应该保障的重点。

在安排公共需要特别是地方性公共需要的布局时，为了提高效率，还要考虑公共需要或公共物品本身的特性，如“外溢性”就是一个必须关注的问题。外溢性是指公共设施的效益扩展到辖区以外，或者对相邻地区产生负效应，即造成损失，水环境保护在上下游以及周边地区的利益外溢是最典型的例子。显然，全国性公共需要不存在国内的利益外溢，只有地区性公共需要才存在利益外溢问题。从财政上解决利益外溢的主要措施就是由主受益地区举办、中央给以补助。因此，规范的分级预算体制对环境保护事权的划分应该以法律形式具体化，力求分工明确，依法办事。

2. 企业的环境保护责任

在市场经济条件下，企业是生产经营活动的主体，也是环境污染物的主要产生者。企业首先要根据市场规则进行经济活动，在严格遵守国家环境法规和政策的前提下获取经济利润。企业应承担包括环境污染风险在内的投资经营风险，不能把治理环境污染的责任转嫁给社会公众，应按照污染者付费原则，直接削减产生的污染或补偿有关环境损失。为了降低削减污染的全社会成本，可以允许企业通过企业内部处理、委托专业化公司处理、排污权交易、交纳排污费等不同方式实现环境污染外部成本内部化。但是，无论采取哪种方式或手段，企业都需要为削减污染而付费。此外，按照投资者受益原则，有些企业可以直接对那些可营利的、以市场为导向的环境保护产品或技术开发进行投资，也可以通过向污染者和使用者收费，实现其对某个环境产品投资的收益。

3. 社会公众的环境保护责任

在市场经济中，社会公众应当是法律手段和宣传教育手段的主要参与者，社会公众既是环境污染的产生者，往往又是环境污染的受害者。作为前者，公众应当首先按照污染者付费原则，交纳环境污染费用，这样可以促使其自觉遵守环境法规以减少污染行为。同时要按照使用者付费原则，在可操作实施的情况下有偿使用或购买环境公共用品或设施服务，如居民支付生活污水处理费和垃圾处理费。作为环境污染的受害者，公众应该从自身利益出发，积极参与对环境污染者的监督，成为监督企业遵守环境法规的重要力量，以克服市场环境资源信息的稀缺性，防止或减少环境问题的进一步产生（见表 5 - 23、表 5 - 24）。

表 5－23　环境保护和污染防治多元主体责任

环境保护和治污领域	责任主体	费用负担模式	融资渠道
工业污染防治	污染企业	污染者负担	自有资金、排污费、商业融资渠道、政府扶持（特别是针对中小企业）
城市生活污染：生活污水、垃圾	地方政府、居民	受益者负担、政府补贴	使用者付费，地方财政、中央财政补贴，商业融资渠道、民间或海外资本直接投资、国际援助和贷款等
机动车污染	机动车所有者、地方政府	污染者（机动车所有者和制造商）负担、地方政府补贴	污染者付费，政府补助
生态建设与保护、自然保护区	政府、社会	政府负担、受益者负担	财政、商业融资渠道、民间或海外资本直接投资、国际援助和贷款等
农业面源污染及农村环境保护	政府	化肥使用者负担、政府补贴	化肥使用者付费、财政、商业融资渠道等
流域/区域环境治理	政府、企业	政府和污染责任方负担	财政、排污费、受益者收费、商业融资渠道、民间或海外资本直接投资、国际援助和贷款等
国际环境履约	政府、相关责任方、国际组织	政府和相关责任方负担	财政、国际资金机制
环境管理能力建设	各级政府	政府负担	财政预算支出

表 5－24　政府、企业、社会环保事权划分

环境保护主体	事权划分所遵循的原则	主要事权	主要手段
政府	环境公共物品效用最大化原则	制定法律法规、编制环境规划；环境保护监督管理；组织科学研究、标准制定、环境监测、信息发布以及宣传教育；履行国际环境公约；生态环境保护和建设；承担重大环境基础设施建设，跨地区的污染综合治理工程；城镇生活污水处理；支持环境无害工艺、科技及设备的研究、开发与推广，特别是负责环保共性技术、基础技术的研发等	行政手段、宣传教育手段、经济手段

续表

环境保护主体	事权划分所遵循的原则	主要事权	主要手段
企业	污染者付费原则、投资者受益原则	治理企业环境污染，实现浓度和总量达标排放；不自行治理污染时，缴纳排污费；清洁生产；环境无害工艺、科技及设备的研究、开发与推广；生产环境达标产品；环境保护技术设备和产品的研发、环境保护咨询服务等	技术手段、经济手段、法律手段
社会公众	污染者付费原则、使用者付费原则	缴纳环境污染费用、污水处理费；有偿使用或购买环境公共用品或设施服务；消费环境达标产品；监督企业污染行为等	法律手段、经济手段、宣教手段

需要说明的是，根据环境外溢性、污染者付费、使用者付费等多项原则，可简要列举我国政府、企业、社会、公众等多元主体环境事权的配置项目，具体见表5－23和表5－24。当然这些事权的列举还不可能穷尽到所有的环境事项，但该表的目的在于反映出基本的逻辑路线，其他相关更细的环境事务可依此逻辑在相关责任主体之间探索合理划分和科学配置的机制。政府与市场之间的环境保护职责划分要从理论上阐释清楚，从政策上界定明确，还需要在社会主义市场经济体制改革过程中不断完善，特别是要根据市场经济体制改革和环境形势的变化，加强环境经济计量分析，重点研究当前和未来可能出现的一些新生的环境事权和边界容易在有关责任主体间“漂移”的事权，以及目前政策尚未明晰化界定的一些共担事权、交叉性事权和混合型事权。

（五）合理划分政府间的环境事权与支出责任

1. 中央与地方政府间环境事权划分方案

不同级次政府的环境事权范围应当与环境问题的影响范围（外溢性范围）相适应，影响范围限于特定行政管辖区的环境问题，属于地方性环境服务，应该由地方政府负责筹资和组织提供或实施；如果环境影响范围是跨行政区的，甚至是全国范围的，就是全国性公共物品，应由中央政府负责。中央政府的环境事权主要是解决具有跨行政区、跨流域、具有明显外部性特征的国家环境事务。推进基本公共服务均等化是贯彻落实科学发展观、完善社会主义市场经济体制的需要，是实现社会公平公正的需要。政府间环境事权划分基本原则还应体现基本环境公共服务均等化原则，即要扩大环境公共财政覆盖面，让全体社会成员和地区共享环境公共财政制度的安排，要因地制宜地确定不同发展程度区域的环境事权财权划分，使之能够有效匹配，使地方政府和财政有能力和动力提供基本的环境公共产品和服务。

研究环境保护政府间事权划分方案，界定中央与地方及地方各级政府在环境保护方面的责任范围，重点在于厘清跨行政区域生态保护、跨流域水污染防治、跨省界环境质量改善事权，界定各级政府在不同区域层次水污染防治中的职责。具体来说，根据公共财政的原则和要求，中央政府的环保事权应主要包括：（1）全国性的统一规划和政策制定的战略性工作，如统一制定环境法律法规、编制中长期环境规划和重大区域和流域环境保护规划，统一进行环境污染治理和生态变化监督管理。（2）对全社会污染减排监测、执法，对全国环境保护的评估、规划、宏观调控和指导监督，加强区域、流域环保工作的协调和监督，查处突出的环境违法问题。（3）负责具有全国性公共物品性质的环境保护事务等全局性工作，例如跨省流域（大江、大河）环境治理、国家级自然保护区管理、历史遗留污染物的处理处置，以及大气污染、温室效应的监测和应对。（4）主要负责一些外溢性很广、公益性很强的环境基础设施的建设投资，跨地区、跨流域的污染综合治理，特别是加强对重点流域、大气和土壤面源污染防治的投入。（5）国际环境公约履约、核废料处置设施建设、国家环境管理能力建设。（6）全国性环境保护标准制定、环境监测建设等基础性工作。（7）组织开展全国性环境科学研究、环境信息发布以及环境宣传教育。（8）平衡地区间环保投入能力，完善纳入环境因素考量的一般性转移支付制度，实施环保专项财政转移支付等。

地方政府负责具有地方公共物品性质的环境保护事务，具体包括：（1）辖区环境规划、地区性环保标准的制定和实施；（2）辖区内的环境污染治理，如垃圾、固体废物无害化处理，区域性大气环境的保护和改善；（3）辖区内环境基础设施建设，如污水处理厂投资、建设、营运；（4）地方环境管理能力建设，包括环境执法、监测、监督等；（5）辖区所属单位的环保宣教、科研等。

在中央与地方共担环境事权上，可采取中央补助地方环保支出方式来实现，具体的共担比例可根据具体环境项目的地区外溢性程度和地方财政能力而定。中央财政在资金安排上，应更多地通过因素法将预算资金分配到对地方的一般性转移支付甚至均衡性转移支付，并纳入地方预算体系。以自然保护区生态补偿标准体系为例，中央在向其安排转移支付时，应根据各自然保护区主要保护对象的不同，需要测算和评估的相关因素包括保护区内居民基本生活保障，以及对维护保护区正常生态功能的基本建设、人员工资、基本运行费用、必须生态建设投入等生态保护投入和管护能力建设需求，保护区野生动物引起人身伤害和经济损失等因素；全面评价周边地区各类建设项目对自然保护区生态环境破坏或功能区划调整、范围调整带来的生态损失，及其对自然保护区生态效益的利用情况，收集与充实相关数据、信息，建立自然保护区生态补偿标准的测算方法与技术体系。并以这些客观的因素测算结果来下达补助资金和转移支付资金。

当然，上述这些环保事权只是一个粗线条和原则性的划分，具体还应因地制宜根据当地所处的流域、区位、环境效益外溢性特征进行分类界定，同时还应进一步在省以下地方政府各层级之间合理划分和配置。应该充分地认识到，中央政府与地方政府的环境保护事权划分是一个非常错综复杂的、由粗到细的、不断调整的动态过程，需要纳入国家财政体制整体改革中进行通盘、综合性部署，也需要在国家整个行政体制改革中进行协调配套。

2. 中央、地方、区域环保机构职责划分

各级环境行政部门和管理机构是政府环保事权的执行主体，也是企业和社会环保责任的监管主体。在政府间环境事权合理划分的基础上，也需要科学合理配置不同级次环保机构的环境管理职能和职责。总体来说，中央、区域、地方环境管理机构应分别从宏观、中观、微观三个层次来落实环境事权和行使环境资源管理职能。其中，中央环境管理机构的主要职能是制定中长期战略规划、环境立法、环境政策和标准的制定，把握的是国家整体生态发展和环境保护的大方向，中央环境管理具有长期性、稳定性、宏观性的特点。区域环境管理机构的主要职能是传达宏观环境管理的政策，评估本区域的生态状况和环境问题，选择与之匹配的政策条款和管理方法。主要包括环境经济政策、环境技术政策、环境贸易政策、环境社会政策的选择和管理。区域环境管理政策对于中央环境管理政策而言是分政策，它必须遵循中央环境保护政策的指导。地方环境管理机构的主要职能是在国家环境管理的宏观调控下，传达区域环境管理政策，实施具体的环境管理，接受管理对象的反馈信息，对具体的环境问题、生态现象进行直接管理。地方环境管理的对象是特定的主体，具有直接性、灵活性、适用性的特点。应根据环境资源类别的不同对环境资源进行分类，由中央、省（自治区、直辖市）、市、县（市）分别代表国家进行产权管理，行使出资人的责、权、利，改变我国环境资源的产权不确定的现象。

（六）横向部门间合理配置环保职能

随着社会经济的发展，环境问题的复杂性、综合性和区域性特点越来越突出。为了适应环境保护的这一特点和发展趋势，20 世纪 70 年代，特别是 20 世纪末以来，许多国家的环境管理体制都经历了由分散管理到相对集中管理的职能整合过程，整合的目标是尽量将类似的管理职能整合到一个行政主管机构，实行环境综合管理，加强环境政策的协调性、系统性，提高环境管理效率。

从横向部门间环境职能配置的角度看，国外环境保护大部门制改革大致有两种整合方式：第一种是跨领域整合，主要以英国、法国、澳大利亚等国为代表，结合本国环境问题的驱动力特点，将有关经济社会领域的管理事务纳入环境“超级部”；第二种方式是国外普遍采取的环境领域内部职能整合，从资源可持续利用和源头控制的角度，将自然资源管理（部分或全部）、生态保护和污染防治等统一管理，例如意大利的环境、国土与海洋部，印度的环境与森林部。借鉴国外环境大部门制改革的经验，我国横向部门间环境职能配置应注意以下四个方面：

1. 职能整合应以统一决策权为首要目标，以管理资源调配权为保障

受环境问题复杂性和突出的外部性特点影响，环境保护几乎涉及所有经济领域，与全社会每个人、每个企业的行为和利益密切相关，需要政府、企业、社区和个人的集体行动。大部门制改革并不意味着环保部门包揽所有环境事务。在国外环境管理体制调整中，无论大多数国家采取的“大部门制”，还是美国和日本等个别国家采取的分部门环境管理体制，有一个共同点，就是环境决策权统一在一个部门，并且都有相应的法律和财政机制做保障。例如，德国联邦环境、自然保护和核安全部，虽然整合了内政部的水资源司、核辐射安全，农业部的自然保护和林业，卫生部的医疗辐射防护、食品安全等内阁部有关环境保护职能，但是从各部门的环保预算分配看，也依然有经济技术部与农业、食品和消费者保护部和交通、建筑和城市事务部等十个部门共同参与环境保护。德国联邦环境、自然保护和核安全部主要负责综合环境政策的制定、立法和环保预算建议、常规和基础性的综合管理工作。

同时，分部门管理不等于多头决策管理，而是建立在统一决策、集中协调基础上，分散的主要是执行权，而不是决策权。例如，美国的环境决策权、部门协调和部门预算批复权在总统和议会，美国环保局、农业部森林局和自然资源保护局、内务部的渔业和野生动物服务局、复垦局、国家公园服务局、地质监测局、国防部的工程兵团、商务部的国家大气和海洋管理局等多个部门在联邦法律框架下履行环境保护职能，通过法律赋予的权利管理资源分配权，如提供技术服务和资金支持等方式来激励和引导州政府合作和执行联邦环境政策，并对执行效果进行监督。

2. 平衡综合与专门化管理的关系，在同一体制内实行决策和执行适度分离

生态系统的整体性客观上要求采取综合系统的管理方式，但因组成生态系统的各环境要素具有相对独立性，又需要遵循各自的内在规律。环境管理的这种综合性与专业性复合的特点，要求环境管理体制设计时，要处理好专门化管理与综合管理的关系，合理界定大部门制改革的职能边界。在 20 世纪 70 年代以来开始的英国大部门制改革过程中，一些超级大部的权力过于集中、管理幅度过大，超越了大臣个人的管理能力，直接影响了部门决策的制定和执行效力。为解决这一问题，英国开始设置执行机构。到20世纪末，主要发达国家政府部门改革已普遍在“大部门制”内实行决策、执行职能适度分离。

从国际经验可以看出，政府的内阁部门主要是那些需要进行综合协调管理、综合决策的部门，而专业化强的部门多作为综合部门下的执行机构。这些独立机构既有专门为政府决策提供服务的研究机构，也有单纯管理机构。例如，英国环境局、巴西水资源局、瑞典环保局、瑞典海洋和水管局、挪威气候和污染局、澳大利亚墨累—达令流域管理局等都是本国环境主管部门具有管理和决策支持双重职能的执行机构。这些执行机构承接了部分由原内阁机构行使的管制职能，负责政策执行和向地方、企业、社会提供服务，而政策制定由内阁部负责。

执行机构在预先同意的责任框架下，对既定政策执行结果负责，享有财务和人事方面的自主权和灵活性。这种将统一环境政策制定和推动的权利赋予环境“大部”，然后通过各种专业化的执行机构和与社会团体、地方政府合作来实施环境政策的体制设计既有利于宏观综合决策，又可以避免中央本级管理队伍大幅膨胀、貌合神离的弊端，有助于行政组织内部的机构专业化和合理分权，也为进一步推行大部门制体制改革创造了条件。实践证明，设置专业化执行局的体制安排是平衡专业化管理与综合管理的有效方式。

3. 适应环境问题的跨界性，不断强化区域环境管理职能

为解决水污染、酸雨污染、海洋环境污染、生物多样性保护等跨区域和跨流域环境问题，许多国家环保部门建立了强有力的区域派出机构，人员编制属于国家环保机构。例如，美国环保局最早于1971年就成立了10个派出机构——区域办事处，以更好地理解和处理区域问题；澳大利亚的环境行政主管机构在重点区域，如墨累—达令流域、大堡礁设置区域执行机构；日本环境省于2005年设置了7个地方环境事务所，负责区域的环境监察管理，督促地方政府执行国家环境政策，并根据当地情况灵活机动地开展细致的施政；法国根据1964年水法建立了6个流域管理机构——

流域委员会及其执行机构水管局，水管局隶属法国环境部，形成了以流域分区为核心的区域环境管理体系，近些年又设立了三类大区、跨大区或跨省机构、4个省级跨部门机构等区域服务机构。

4. 强化公共服务职能，提高环保部对地方执行国家环境政策的影响力

无论是联邦制国家还是实行地方分权的单一制国家的环境行政主管部门，其执行机构部门预算中都有很大部分用于组织地方和企业实施国家环境政策，同时在其日常的工作职责中也有为企业、社区、地方等合作伙伴提供公共服务的要求。例如，帮助合作伙伴克服信息、技术和制度等方面的障碍，为社区、企业提供测量、统计排放量的工具、软件等技术指导，各种减排技术、管理方法的资讯及培训，协助并激励企业制定和实施环保计划等。

国外的这种环境管理方式体现了中央和地方的合作治理理念，而不是单纯的监督与被监督、管理与被管理的“对立”关系。监督管理者既要告诉企业和地方不能做什么，更要告诉他们能做什么、如何做，这就要求环境行政主管部门主动推出有效可行、有经费支持的环保行动计划或项目，吸引地方或企业参与，并通过提供各种技术服务和培训加强地方、企业的环保能力，形成环境治理的良性循环。

（七）构建完善的环保支出保障机制

1. 赋予地方政府适度的财权和财力

政府间环境事权与支出责任明确划分之后，接下来就需要按照事权与财权相适应的原则合理划分政府间的财权，使各级政府的环保支出责任与其财权和财力相匹配，这既是为了确保落实环境事权与支出责任，也是为了最大限度地激励地方政府加强生态文明建设和筹集收入的积极性。下一阶段，中央应按照事权与财权相匹配的原则适度向地方政府下放部分财权，使地方政府享有必要的税收政策制定权和税种选择权。同时，中央要按照事与钱相一致的原则，在保持中央和地方收入格局大体稳定的前提下，尽快调整中央与地方政府之间的收入划分办法，培育地方税主体税种，健全和完善地方税体系。

为尽快培植地方税主体税种，当下最为可行并且有效的对策就是在进一步深化资源税和环境保护税等税制改革的同时，加快推进房地产税制度改革。可考虑在尽快争取立法机关审批通过后，住房保有环节的房地产税可率先在北上广深等房价上升压力大的城市实施。这样既有利于抑制一线城市的房价和房地产泡沫，也有利于打造地方税主体税种，构建地方税体系，又可为中央与地方的收入划分创造条件，进而推动央地财政关系改革的实施。

2. 扩大排污收费范围、提高收费标准，足额征收环保税

在建制镇有条件的农村，将生活污水收费标准原则上每吨调整至不低于0.85元。已经达到最低收费标准但尚未补偿成本并合理盈利的，应当结合污染防治形势等进一步提高污水处理收费标准。扩大农村生活垃圾收费范围，根据各地经济状况及居民承受能力适当提高收费标准，生活垃圾处理收费不低于3元/户·月。已经安装自来水的地区，可采取与供水价格合并计收的方式，有条件的市县可采取“用水消费量折算系数法”征收垃圾处理费。对养殖小区的散养户根据养殖规模征收一定的污染处置费，收费标准由各地区根据农村居民生活水平、养殖业盈利水平、养殖户承受能力等因素自行制定。

对直接向环境排放污染物的单位和个体工商户足额征收环境税。2016年12月25日，全国人民代表大会常务委员会表决通过《中华人民共和国环境保护税法》（以下简称《环保税法》），按照“税负平移”原则将现行排污费改为环保税。环保税将于2018年1月1日起开征。当前的环保税计税依据是按照现行排污费计费办法来设置的。（1）环保税税目：大的分类包括大气污染物、水污染物、固体废物和噪声四类。只对《环保税法》规定的污染物征税，只对每一排放口的前3项大气污染物、前5项第一类水污染物（主要是重金属）、前3项其他类水污染物征税；同时各省份根据本地区污染物减排的特殊需要，可以增加应税污染物项目数。（2）计算方法与收费标准：对大气污染物、水污染物，沿用了现行污染物当量值表，并按照现行方法即以排放量折合的污染当量数作为计税依据。大气污染物税额为每污染当量1.2元；水污染物税额为每污染当量1.4元；固体废物按不同各类，税额为每吨 5 元—1000 元；噪声按超标分贝数，税额为每月 350 元—11200 元。(3) 鼓励地方政府按照各自情况上调收取标准，在现行排污收费标准规定的下限基础上，增设上限，即不超过最低标准的十倍。足额征收环保税，可以在一定程度上激励排污单位减少污染排放，减少政府提供环境公共产品和兜底解决环境问题的压力。

3. 中央和地方共同加大对执行自身环保事权的支出力度

根据“事权与支出责任对等”的原则，谁承担事权谁同时承担支出责任。基于本研究提出的当前阶段环保事权划分建议，同时提出与其相对应的财政支出保障机制。

建议中央财政继续加大环保资金投入，逐年增加大气污染防治专项资金、水污染防治专项资金、土壤污染防治专项资金、农村环保专项资金的规模，保障跨区域和跨流域环境保护、跨省生态补偿、环境科技等领域的财政投入。确保财政环保支出占总财政支出的比例不低于 1%。

地方政府应牢固树立起对本行政区域环境质量负责的观念，充分利用自身能够调控的各类资源，科学制定环境保护规划，加大环境保护投入力度，做实监督管理工作，保障执行自身环保事权的财政投入规模，确保当地环境质量逐渐得到改善。

4. 优化中央和地方环保支出保障方式

对于可以采用 PPP 和环境污染第三方治理方式实施的环保事项，建议各级地方政府加强政策引导，完善依效付费机制，鼓励机制和模式创新，引导金融机构和社会资本环保投入，拓宽政府事权范围内环境服务供给渠道。推行“互联网 +”模式，建立污水、垃圾数字化运维管理服务平台，提高运维管理效率。鼓励城乡统筹、整县推进、区域连片、厂网一体、供排水一体等方式，在畜禽养殖污染治理、工业园区环境综合整治等领域探索开展 PPP + 第三方治理模式，扩大社会资本建设运营规模，实现规模化经营。在农村生活垃圾治理方面鼓励推选就地资源化处置模式，降低污染治理成本。在确保社会资本合理收益的前提下，鼓励社会资本在项目实施中通过治理模式创新与技术研发创新，降低污染治理成本，提高社会资本的积极性。

（八）配套保障制度：尽快设立严格的生态标准技术体系，积极推行绿色 GDP 考核体系

应尽快设立严格的生态标准技术体系，并通过立法形式，明确规定生态补偿的权责关系。同时，积极推广绿色 GDP 理念，并将生态环境指标纳入地方政府工作绩效考核体系中。建立完善的绿色 GDP 考核体系，需要综合考虑多方面因素：一是既要有全国性指标，也要结合地方实际，制定不同的地区标准。例如，对于空气质量、饮用水标准等指标，应当以保证居民的身体健康不会受到环境污染侵害为准则，制定全国统一标准；对于森林保有率、土壤流失率等指标，应根据不同地区的实际情况，制定相应的地区性标准。二是既要有数据标准，也要参考居民的满意度。生态补偿是为了避免人类短期的逐利行为危害经济社会的长远发展，因此除了易于管控的数据指标外，应定期对地方居民生态环境的满意程度进行走访调查，并将结果纳入指标考核体系中。由于地区经济发展水平不同可能导致不同地区居民对于环境的要求不同，因此将环境满意度的调查结果纳入考核体系，体现了“以人为本”的原则。三是既要有静态标准，也应设立动态标准。静态标准可用于不同地区之间的横向比较，而动态标准则是通过同一地区历史数据的比较，分析其改进或退步的程度。我国不同地区的生态环境基础显著不同，仅与其他省、市的横向比较不足以说明地方政府的生态环境工作绩效，而通过与历史数据的对比，则能更客观地评价地方政府生态补偿效果。四是既要考虑近期影响，也要注重规避远期危害。如煤炭资源的开发过程会给水体、空气等带来不利影响，也会造成地表塌陷等严重危害。一些影响的出现可能滞后于煤炭开采，一些危害的发生具有突然性且难以预期。因此，绿色 GDP 考核体系不仅应包括生态环境的近期补偿指标，还应包括为规避远期危害而进行的评测与补偿。

五、完善生态补偿转移支付制度的具体思路和政策建议

改革重点是：调整和完善生态补偿纵向转移支付制度，加快建立生态

补偿横向转移支付制度，建立纵横交错的生态补偿转移支付体系，更好推动生态环境和社会经济的可持续发展。

（一）调整和完善生态补偿纵向转移支付制度

现行生态补偿纵向转移支付制度存在的问题主要有：转移支付结构不合理；一般性转移支付未考虑生态补偿因素；生态补偿转移支付标准偏低；生态补偿转移支付测算方法不合理；专项转移支付中生态补偿项目设置不合理；生态专项转移支付项目繁多、管理混乱。

1. 优化生态补偿转移支付结构

一是进一步缩减税收返还比重。渐进取消均衡性转移支付与所得税增量挂钩的方式，确保均衡性转移支付增幅高于转移支付的总体增幅，使以后每年税收返还只维持现有基数，不再随着税收增长而增长，将其逐步纳入均衡性转移支付，为生态补偿提供更多资金支持。二是优化生态专项转移支付项目。对过多过细的生态建设项目进行跨部门、跨行业整合，适度缩减专项转移支付规模，扩大一般性转移支付比重，赋予地方更多因地制宜的权利，从而建立更为系统有效的生态转移支付制度。同时，充分考虑生态环保行业的公益性和外部性特征，合理保留必要的专项转移支付项目。三是加强生态资金使用管理。在生态补偿机制中明确规定资金在民生和环保双重目标间的配比和去向，并调整考核激励机制，通过“以奖代补”等方式将转移支付力度与生态环境改善直接挂钩，突出生态目标的优先主导地位。另外，为更好保障生态保护直接参与者的利益，应更多采取直接补偿的方式，并加强资金监督管理，确保如移民搬迁、退耕还草、公益林建设等事项补偿真正落实到相关区域农牧民手中，进一步激发其生态建设积极性，从而保证生态资金使用的政策效果。

2. 强化一般性转移支付的生态功能

可考虑在一般性转移支付测算中，加入地理区位、地形地貌、植被覆盖度、生态地位等环境因素作为生态功能指标，并赋予较高权重，同时重点考虑地区人口密度和社会经济发展相对指数（现代化指数）等财政均等化因素。通过生态全因素测算，提高转移支付系数，加大对贫困地区和生态保护重点地区的财政支持力度。

3. 科学制定生态补偿标准测算方法

以生态环境保护者的机会成本来确定补偿标准的机会成本法，在各国生态建设实践中的可行性和认可度都较高，可作为目前我国主导的生态补偿测算方法。生态补偿标准可以生态保护者的直接投入与机会成本之和作为基准指标。直接投入包括保护和修复生态环境而投入的人力、物力和财力，以及为纠正生态污染行为而承担的损失，如需要关停的工厂、矿山等；而发展机会成本则是因实施生态保护而放弃经济发展所损失的财政收入和增加的财政支出，包括因产业转型而损失的行业税收、闲置劳动力成本和发展新产业所需的设备和技术投入、人员培训费用等等。同时，针对生态建设不同情况，也需结合其他补偿标准测算方法，如利益相关方博弈法和受偿意愿法。利益相关方博弈是以核算为基础，通过各方协商确定补偿标准，其在横向生态补偿中往往更为行之有效。例如，新安江流域水环境治理，浙江、安徽两省各出 1 亿元治理资金，就是两省协商谈判的结果。而在一些政府主导的大型生态补偿项目中，国外经验通常是补偿标准测算结合生态提供者受偿意愿来设定补偿标准，以便更好地调动直接参与者的积极性，也更有利于生态保护项目的实施。如对内蒙古自治区退牧还草工程中农牧民的受偿意愿进行调研，经测算牧户退牧还草工程的平均受偿意愿为 137.15 元/亩年①，可以此作为相关生态补偿标准制定的参考。

4. 合理确定生态补偿转移支付系数

生态转移支付是以改善民生和生态保护为政策目标。国家重点生态功能区本身财力较弱而生态任务艰巨，因此应通过科学的转移支付机制设计，提升重点生态功能区民生改善水平和生态环境建设能力。一方面，调整以“标准财政收支缺口”为核心的资金分配方式。在标准财政支出测算中，除一般性公共服务支出外，可考虑增加生态保护支出因子，体现重点生态功能区以生态建设为首要目标的特性；标准财政收入测算中，调整按

① 叶晗．内蒙古牧区草原生态补偿机制研究［J］．中国农业科学院 2014 年调研报告．

地区自身财政收入为基数的测算方式，逐步转变“基数+增长”理念，引入零基预算方法。另外，将测算公式中的财政供养人口调整为生态功能区全体居民，以避免生态转移支付向财政供养人口比重较高、财力较强地区倾斜及由此导致的逆向调节问题。另一方面，突出重点生态功能区的类型化生态功能。结合主体功能区规划，按照水源涵养型、水土保持型、防风固沙型、生物多样性维护型等不同生态类型，在生态补偿标准测算中，考虑各功能区既有条件、禁限程度、目标任务难度等因素，进一步细化补偿标准，制定类型化补偿方式。

（二）加快建立生态补偿横向转移支付制度

如何处理好经济发展与环境保护之间的关系，一直是我国发展中的主轴问题，特别是对生态脆弱、有特殊生态功能且经济落后的“三位一体”地区来说，其经济生态利益冲突尤为突出。能否有效解决这一问题，不仅关系当地人的利益，更与相关地区乃至全国的生态安全密切相关。如何使这些地区愿意提供并且有能力提供良好的生态环境和服务，需要中央政府及地方省级政府的支持，更需要受益地区政府以横向转移支付等形式对其进行补偿。基于此，党的十八届三中全会明确要求“推动地区间建立横向生态补偿制度”。中共中央、国务院印发的《生态文明体制改革总体方案》提出“制定横向生态补偿机制办法，以地方补偿为主，中央财政给予支持”。《国民经济和社会发展第十三个五年规划纲要》也将“建立健全区域流域横向生态补偿机制”作为“十三五”时期的一项重要任务。

1. 建立生态补偿横向转移支付制度的重要意义

目前我国生态补偿还处于初级阶段，政府间财政转移支付仍是实现生态补偿的主要手段。政府间财政转移支付补偿分为纵向补偿和横向补偿两种类型。前者是通过中央政府对地方政府或省级政府对下级政府的纵向转移支付方式进行。后者则发生在不同地区之间，通过同一层级或不同层级但无上下级关系政府之间的横向转移支付进行。在我国生态补偿实践中，纵向转移支付应用得较多，横向转移支付则比较少见，而两者相比，横向转移支付补偿方式更加直接也更能体现权责利的对等。我国地区经济发展不平衡、生态资源空间分布又不均衡、而且这两种不平衡还不完全匹配，使得生态关系密切的相邻区域间或流域内上、下游地区之间的利益冲突愈益凸显，在现阶段人均 GDP 超过 8800 美元，人民群众对良好生态产品（服务）的需求日益迫切的情况下，加快建立健全生态补偿横向转移支付制度是十分重要的。

第一，有助于提高生态服务的供给效率。生态环境和服务是典型的公共产品，其公共产品的层次性特征决定了区域性生态环境和服务由地方政府提供。生态环境具有显著的效益外溢性，其受益范围往往是跨行政区间的。在未得到补偿的情况下，生态提供区的地方政府愿意提供的生态服务数量，大大低于该项服务的社会最优水平。要想提高该辖区生态服务的供应效率，就必须通过特定目的的政府间转移支付来弥补边际辖区利益与边际社会利益的差距，使生态服务的外部效应内在化，达到激励投资的作用。这种弥补既需要上一级政府出面协调并给予相应的转移支付，更需要受益区政府进行横向转移支付，与生态提供区共担成本。

第二，有助于提高生态服务的供给能力。在我国，向社会提供大量生态服务的地区以及生态脆弱和环境敏感地区，基本上是贫困地区或欠发达地区（即“三位一体”地区）。贫困地区自身财力严重匮乏，如果没有一种从外部注入资金和提供帮助的机制，是不可能真正保护和改善当地生态环境的。倘若对这种状况“袖手旁观”，会导致贫困地区被迫陷入“要温饱还是要环保”的两难境地，从而引发“贫穷污染”。届时与之在生态上存在“一损俱损”密切关系的经济发达地区将不得不承受共同的环境灾难。为避免此类悲剧的发生，作为受益者的经济发达地区应放弃“搭便车”心理，对生态提供区实施横向转移支付等形式的生态补偿，以提高其生态服务供给能力。

第三，弥补市场调节缺陷和纵向转移支付的不足。由于传统经济学忽视了生态环境的价值，使得很多生态资源未被纳入现有市场定价，因此很难通过市场交换来实现其真正的价值，解决办法之一是借助政府这只“看得见的手”通过补贴、转移支付等方式令其得到必要的补偿。事实上，自 1999 年以来，中央政府已陆续在森林保护、矿山开发、草原保护、水环境保护、耕地保护等领域以及国家重点生态功能区推行了纵向转移支付补偿。从实际效果看，这种纵向补偿使特定地区的生态环境得到了一定的改善。但中央财政纵向转移支付补偿方式存在一些不足之处：一是资金有限。在现行分税制财政体制下已经形成了中央多、地方少的财力分配格局，中央财政增长空间十分有限，难以满足不断增加纵向转移支付资金规模的要求。二是覆盖范围有限。目前真正意义上的区域生态补偿纵向转移支付只有国家重点生态功能区转移支付，但它仅覆盖了国家级重点生态功能区，大部分提供区域性生态产品（服务）的重要生态功能区并不在纵向转移支付范围内。三是行政效率相对较差。纵向生态转移支付中的信息交流方式是中央对很多个地方政府，存在一定的信息不对称，容易引发由于信息不畅造成的相关部门、地方寻租和效率低下等问题。而若实行生态补偿横向转移支付则可采取直接沟通的方式（因为直接利益主体较少），便于各方充分表达利益诉求，通过协商达成各方满意的实施方案。当然，除中央外，很多省份也在一些领域实行了省级财政纵向生态转移支付，例如广东、浙江、山东、辽宁等省，但省对下的转移支付补偿也存在与中央财政纵向转移支付补偿类似的缺陷。对于普遍存在的区域间横向利益协调问题，纵向转移支付制度只能解决一部分，力度和范围都非常有限，而且效率也不高。无论从理论分析还是实践探索看，以横向转移支付方式来协调那些生态关系密切的相邻区域间或流域内上、下游地区之间的利益冲突更直接也更有效些。

2. 建立生态补偿横向转移支付制度面临的主要障碍

首先，生态补偿横向转移支付相关法律欠缺，生态环境资源归属没有以法律形式加以确认，并且缺乏生态补偿的统一标准。由于生态补偿范围、方式及补偿资金管理等方面都缺少法律形式的明确规定，导致协商过程中不确定性增加，补偿协议双方各执己见，提升了谈判的交易成本，甚至会导致生态补偿横向转移支付协议难以达成。其次，生态补偿横向转移支付相关配套制度尚处于空白状态。我国的生态补偿横向转移支付本身还处于探索阶段，其框架体系仍有很大提升空间。目前，生态补偿横向转移支付缺乏完善的谈判机制、仲裁机制和监督机制，这导致谈判存在较大的交易成本。只有少数生态补偿项目能够进入同级政府间的合作范围，无法充分发挥横向转移支付的效率优势。再次，我国的行政理念仍旧偏重于经济建设，注重经济增长、财政增长等指标以及短期可量化利益，忽视居民对于生态环境的需要。这可能导致地方政府利益得失评估偏差，影响横向转移支付协议的科学性。最后，现有的财政分权体制制约了生态补偿横向转移支付制度的建设。在目前的财政分权体制下，收入上移和责任下放导致地方财权事权不匹配，致使地方财政过度依赖中央财政，地方政府建立生态补偿横向转移支付制度的主观能动性受到制约。另外，我国各地区经济发展水平差异较大，发达地区和不发达地区的生态服务需求也显著不同，这导致从社会整体利益出发确定纵向和横向转移支付的比重非常困难。

3. 生态补偿横向转移支付制度的国际经验与启示

从世界各国的转移支付实践来看，通过规范化的横向转移支付制度来解决同级政府间财力平衡问题的较少，其中德国是最成功的范例。在以实现纵向平衡为主的前提下，德国实施了独具特色的横向财政转移辅助性方法，通过财政收入在各州之间以及各市镇之间横向转移，提高贫困州或市镇的财政收入，缩小贫困地区与富裕地区之间的财政收入差距，从而在一定程度上起到地区间财力平衡的作用。其基本做法是建立财政平衡基金，基金主要来源于三种渠道：增值税属州级财政部分的1/4；联邦对贫困州的补充拨款；财政状况较好的州按规定办法计算出来的结果向财政状况不佳的州划拨的资金。州际间资金划拨的具体操作方法是按因素法的要求，先求出各州的财政能力指数（代表财政收入）和财政平衡指数（代表支出），然后将两者做比较，若一个州的财力指数大于平衡指数，说明财力状况良好，属于付出横向转移支付的州，必须向财政平衡基金的“大锅”里缴款；若相反，则该州是需要接受财政转移支付资金的州，可以从财政平衡基金的“大锅”里得到补助。

德国这种州际财政平衡基金模式的横向转移支付制度虽然并未涉及生态补偿因素，但作为同级政府间横向财力平衡的一个成功案例，它无疑为我们设计生态补偿横向转移支付制度提供了可借鉴的思路：在经济生态关系密切的区域（流域）以建立同级政府间横向转移支付基金的模式实现生态补偿，这种模式有利于多渠道筹集资金，解决贫困地区（生态提供区）财力不足的问题。

4. 构建生态补偿横向转移支付制度的思路和政策建议

（1）赋予生态补偿相关地方政府的谈判主体地位，强化中央政府的监督职能。生态补偿横向转移支付方式的根本优势在于，生态补偿直接利益相关方可以实现充分参与，通过明确谈判主体地位，最大限度发挥各主体的能动性。例如，在矿产资源生态补偿横向转移支付中，应确定资源产地政府和资源使用地政府为转移支付谈判主体，通过双方谈判确定相关转移支付事项。应赋予谈判双方最大的自由度，使其在利益机制的引导下，做出最符合社会效率的博弈选择。同时，应强化中央政府的监督职能。中央政府应扮演公正的第三方，对双方协议内容进行备案，并监督双方协议内容的履行情况，尽可能避免单方违约风险。对于国内一些处于卖方垄断、不存在进口竞争、需求呈现刚性的资源产品，应由中央政府对生态补偿标准进行评估，给出补偿标准的合理区间。

（2）明确生态补偿横向转移支付制度的适用范围及补偿主客体。判断生态补偿横向转移支付的适用范围主要看三个方面：一是生态利益关系是否紧密，是否存在生态利益和经济利益不平衡；二是相关利益主体是否能够明确；三是生态效益溢出范围是全国还是地方。

我国由于生态区位和国家发展战略而产生的利益不平衡地区主要有三类：其一，西部与东部之间。“七五”计划以来，我国实行向东部沿海地区倾斜的非均衡发展政策，使东部地区经济得到迅猛发展，而西部地区却牺牲了自己的发展利益并付出了多方面的代价，所以作为政策受益方的东部地区理应对受损的西部地区进行补偿。其二，限制和禁止开发区与优先和重点开发区之间。我国“十一五”规划提出区分主体功能区的发展思路，将国土空间分为四类功能区。在区域发展中，限制开发区和禁止开发区为优先开发区、重点开发区提供生产要素和生态保护屏障，不仅会因此而丧失一定的发展机会，还要为生态保护与建设承担更多的支出，作为受益者的优先开发区、重点开发区应当对其给予补偿。其三，流域上、下游之间。在流域中自然形成了上游与下游“一荣俱荣、一损俱损”的生态关系，下游地区既然共享利益，就应以补偿形式共担成本。

考虑到东部—西部地区涉及地方政府数量多，覆盖范围广，不宜直接在西部与东部之间建立横向转移支付，而且“禁止和限制开发区域”（特别是国家级重点生态功能区）主要位于我国的西部地区，因此，对这两类区域的生态补偿实际上就是对西部欠发达地区的补偿。另外，“限制开发区”中包含水源地，与“流域”中包含的水源地重合。综上，合并考虑之后，生态补偿横向转移支付的适用范围和补偿方向是：优先开发区和重点开发区、禁止开发区和限制开发区（刨除饮用水水源地）补偿；流域下游地区、上游地区（包含饮用水水源地）补偿。其中，禁止开发区和限制开发区、流域上游地区统称为生态提供区；优先开发区和重点开发区、流域下游地区统称为生态受益区。

补偿主体是生态受益区的政府，具体包括限制开发区和禁止开发区政府、流域下游地区政府。补偿对象是生态提供区的政府（直接对象），以及因环境保护受到影响或为保护环境作出贡献（牺牲）的当地居民和企业（间接对象）。具体包括优先开发区和重点开发区政府及相关企业和居民；流域上游地区的政府及相关企业和居民。

（3）建立“横向转移支付生态补偿基金”。生态补偿横向转移支付的具体操作模式可借鉴德国州际财政平衡基金模式，并参考国内江西、浙江、广东等省的实践经验，建立一个“横向转移支付生态补偿基金”。资金筹集来自多元化渠道：①整合汇集原有的与生态环境保护相关的财政资金；②生态受益区和生态提供区政府财政每年按一定缴付比例缴入（缴付比例在综合考虑人口规模、财力状况、GDP 总值、功能区面积占市域国土面积的比例或引水量等因素的基础上确定），并保证按此比例及时进行补充；③拿出 30% 的环境保护税（2018 年 1 月 1 日起征收，属于地方税）收入存入；④通过发行环保彩票吸引社会资金，将环保彩票收入的一部分纳入该基金。基金的规模根据各地区财政承受能力和共同认定的应弥补成本总额（包括生态提供区生态环境保护成本与发展机会损失成本），经各方协商谈判确定。同时，设置一个与财政收入增长幅度挂钩的动态调整机制。

在资金使用方面，采取项目制，由受偿政府就具体项目向基金管理委员会提出申请，获批的资金专款专用于所申请的项目。生态基金必须用于绿色项目，包括生态保护建设类项目、补损安置类项目。前者如生态提供区的天然林、天然湿地的保护，环境污染治理，防沙治沙等；后者如因保护环境而关闭或外迁企业的补偿、生态移民的安置与就业帮扶等。其中适合产业化经营的绿色项目，应通过招标来选择专业公司进行市场化运作。

在资金管理方面，专门成立基金管理委员会，负责对基金的运作进行决策、协调、管理、考核监督和问责。具体包括：①决策。负责聘请有资质的中介环评机构对项目作环境影响评价，召集相关的政府官员、专家学者和当地原住民代表，对区域内重大环保工程或项目共同进行可行性论证，并联合审查该项目是否符合申请使用基金的条件。②协调。建立顺畅的区域环境合作对话机制和信息系统机制。③管理。制定严格、规范的基金缴纳、使用和绩效评价制度，审核上报项目是否符合当地实际及基金使用要求，通过公开招标选择对绿色项目进行产业化经营的公司等。④考核监督。利用权威监测机构提供的数据进行考核评价，并聘请第三方专业机构评估绿色项目产生的生态效益、社会效益是否达到预期等。对每一笔基金的拨付使用要聘请第三方专业机构进行审计，重点审计基金的实际用途与申请用途是否相符及资金的使用效率。⑤问责。建立严格的责任追究制度，明确基金运作过程中的相关责任及惩治、追责措施，并严格执行。

5. 完善配套保障措施

为确保生态补偿横向转移支付制度实施到位，还需要配套出台相关的保障措施来“保驾护航”，否则，仅仅依靠生态补偿横向转移支付很难达到预期效果。

（1）加强纵、横两种转移支付方式的协调配合。中央、省级纵向转移支付资金规模大且相对稳定，相关制度办法比较完善，适用于保障生态提供区中期急需的大头支出及基础性支出，包括污染治理、生态建设、乡镇政权运转、民生工程、生态产业发展的初期投入等支出；“横向转移支付生态补偿基金”则用于规模较小、适合以项目制开展的中短期支出。以上两种纵、横补偿方式相互搭配，可以构建起一个较为合理的补偿体系，把中央、省级、市（县、区）等多个层级、多个地区的政府连接在一起，形成一个由补偿主体、客体组成的利益共同体，共同承担起生态利益关系密切区域（流域）环境保护共建共享的事权和相应的支出责任。

（2）搭配使用其他横向补偿方式。除纵、横向转移支付资金补偿方式外，实施生态补偿也可采取一些非资金补偿方式，并尝试市场补偿方式，形成多元化补偿。目前可行的非资金补偿方式有：①政策性补偿。出台财税、金融、产业指导等多方面的扶持政策，吸引并鼓励绿色产业和项目落户，同时在公共基础设施建设上给予生态提供区一定的倾斜政策，为当地发展生态旅游、生态农业、环保产业等创造良好的条件，增强其自身“造血”功能。②异地开发式空间补偿。可在生态受益城市中选择一片区域设立一个开发区，安排那些虽合乎一般环保要求却因达不到生态提供区的高环境标准而无法落户的招商引资项目，由生态提供区参与经营，联手开发，最终该开发区产生的收益由双方按协议比例分成。通过这种模式可有效弥补生态提供区的发展机会损失。③智力补偿。生态受益区可以每年有计划地帮助生态提供区培养管理、科技方面的人才；定期派送一些技术人员特别是污染治理、生态保护、生态产业方面的科技人员，协助当地保护生态环境和发展绿色经济；组织专家、环保志愿者开展绿色教育，提高当地居民的生态意识，帮助他们掌握环保知识和技能。另外，还可逐步探索生态补偿的市场运作模式。比如，在小流域范围内尝试以上下游协商谈判为基础的市场交易方式如水资源配额交易等。

（3）实施“双挂钩”政绩考核办法。根据党的十八届五中全会提出的以县级行政区为单元、实施差异化绩效考核的要求，建议对生态提供区的领导干部实行“双挂钩”政绩考核方法：一是干部政绩与生态保护效果直接挂钩。对当地领导干部的考核加重“生态保护”方面的指标，强化对其提供生态产品能力的评价，主要考核水体质量、水土流失治理率、森林覆盖率、生态产业产值、公共服务水平等。同时减少或豁免一些“经济增长”指标，不再考核其地区生产总值及投资、工业、财政收入等指标。二是生态补偿与生态保护效果直接挂钩。生态环境指标的达标情况越好，获得的生态补偿额度就越高。反之，则获得的生态补偿越少。若严重不达标则要支付赔偿。

（4）研究实施绿色 GDP 及 CEP 经济考核评价体系。GDP（国内生产总值）是衡量一个国家或地区经济发展水平的总量指标，其显著缺陷是自然资源消耗、环境污染等不计入成本反而被视作效益，而生态效益却没有加入 GDP，也即该减的没减、该加的没加。目前可用来修正 GDP 的经济核算体系有两个：一是绿色 GDP（绿色国民经济核算体系），即在传统 GDP 中扣掉自然资源耗减成本和环境退化成本。二是 CEP（生态系统生产总值），通过计算森林、荒漠、湿地等生态系统及农田、牧场、水产养殖场等人工生态系统的生产总值，来衡量和展示生态系统状况。加快研究并积极实施绿色 GDP 及 CEP 经济考核评价体系，既有利于约束一些地方干部“重经济轻环境”的行为，也有助于形成自然资源和环境价值的衡量标准，使横向转移支付生态补偿更便于计量和操作。

（5）尽快完善生态补偿法律。实施生态补偿需要国家或地方立法的刚性约束。应尽快制定一部生态补偿的基本法律或行政性法规。实际上，早在 2010 年就由国家发展和改革委员会牵头启动了生态补偿的立法工作，但由于种种原因，《生态补偿条例》至今仍未出台。2016 年 4 月 28 日，国务院办公厅发布《关于健全生态保护补偿机制的意见》，“鼓励各地出台相关法规或规范性文件，不断推进生态保护补偿制度化和法制化。”建议开展相关实践的省份在地方立法过程中适时纳入生态补偿的内容，或者出台地方性生态补偿专项法规。通过法律法规的“硬约束”，强化各利益相关方包括政府部门、企业和民众对生态补偿的认知，提高生态补偿横向转移支付的协商谈判效率和实施效果。

（三）强化生态补偿转移支付资金的预算管理

1. 完善生态补偿转移支付预算资金保障

生态补偿资金不足已成为阻碍生态文明建设的重要因素。为扭转这一局面，下一阶段，要进一步调整和优化财政支出结构，加大财政投入力度，确保生态补偿转移支付资金足额到位。结合主体功能区战略部署，在存量调整基础上，加大增量调整力度。可在每年新增财政收入中，适度压缩行政支出及一般经济建设支出，为增加生态环保投入创造更大空间。深化财政体制改革，建立中央和地方多级联动的共同投入机制，切实实现财政资金更多向生态环保方面倾斜。

2. 创新生态补偿转移支付资金的管理体制和机制

一是着力提升生态转移支付的政策有效性。生态转移支付不单纯是对资金的简单分配，更关系到提高财政资金使用效益、实现国家生态文明建设目标等多个方面。但是继续加大专项转移支付规模显然不是我们的追求目标，加大一般性转移支付规模也存在政策失效的现象。下一阶段要通过体制和制度设计，将地方的激励和积极性尽可能地调整到中央方针政策上来，使得上下层级政府能“拧成一股绳”。

二是完善生态转移支付管理体制，取消部门多头管理和分配。增强政府间生态转移支付的统一性和完整性，明确财政部门为财政性转移支付唯一的实施和管理主体，取消系统内转移支付做法，上下级政府部门之间往来的专项资金一律纳入财政转移支付，由财政安排到具体的支出部门，并纳入部门预算管理，接受同级财政和同级审计的监督。

三是对现有生态专项进行整合、压缩。首先，将现有生态专项按政府收支分类科目的款级进行归类，与部门预算的编制协调统一起来，使生态专项分类更合理、规范、有序，也有利于人大和审计监督。其次，进行整合、压缩。生态专项整合有自上而下和自下而上两种路径，但目前条件下，地方自下而上整合比较困难，基层财政承受压力较大。因此，必须在自下而上整合的同时，进行自上而下的整合，双管齐下。

四是加强现行财政监督体系对生态补偿转移支付资金的监管。首先，各级财政监督部门总体负责本级生态环保全流程或重点、重要、典型案例的资金监管。其次，通过派驻或派出监督机构负责本级政府跨行政级次生态环保资金的监管。财政监督部门及派驻或派出机构对生态环保资金的监管，有利于强化部门和单位对生态环保资金的具体监管。

3. 建立健全生态补偿转移支付资金绩效评价制度

政府办事与花钱是一个问题的两个方面，花钱是服务于办事的，办事必须有资金支撑。因此，财政支出项目一般都有明确的政策支撑，并且对扶持对象、政策措施、完成目标、实施的政策效果等内容都有相应的规定。为了确保生态补偿转移支付支出项目预期效果，尤其是政策性效果的全面实现，必须依托科学的预算决策来保障支出预算方案设计的周密性和严谨性，在此基础上引入全过程绩效预算管理理念，以项目支出的相关性、可行性和预见性论证为前提展开系统性、规范化的绩效预算评价工作，并通过绩效评价奖优罚劣，提高生态补偿转移支付支出使用效益。

（1）事前评估：建立健全预算前评价机制。生态转移支付支出预算的源头是预算编制工作，在以结果为导向的绩效评估体系中，生态转移支付支出预算编制过程建立健全预算前评价机制是一个至关重要的环节。生态转移支付支出预算前评价不是现行简单的绩效前评价，而是一种综合性评价，主要目的是利用和政策目标的关联度标准确定项目的优先次序问题，对排名靠后或达不到评价基本要求的项目给予淘汰。生态转移支付支出预算前评价适宜在“一上”阶段完成，主要包括部门自评和财政部门他评两个方面。在自评和他评中，视参与评价的人员类型，分别设计项目评分表，如专家评分表、人大代表评分表、公众评分表等。

部门自评由各预算部门负责，其事实上是提供给部门对各预算单位报送的项目进行排序、筛选的一种机制。所有项目在申报中都要根据统一要求填制项目前评价书，重点说明该项目的定位、意义、预算、结果等内容，要突出项目与政府政策的关联度。项目评价书由预算单位填写，部门自行组织人员对项目前评价书进行评议打分，对项目进行优先排序，决定是否纳入预算，然后上报财政部门进行审核。

财政部门负责他评，其重点：一是有权利抽查部门自评结果；二是对于各部门超过一定规模以上的项目统一进行评价。评价人员应包括人大、政协、专家等政府外部人士，也可以适当吸纳政府内部人士，如综合部门人员。他评结果达不到一定等级和分数的项目不能纳入当年预算。

（2）事中评估：明确以跟踪评价模式开展绩效评价工作。跟踪评价有利于对生态转移支付支出项目进行全过程的评价和监督，从而有利于从项目决策、规范化管理和结果应用等多个层面保障支出绩效的实现。生态转移支付支出项目政策效果绩效跟踪评价由于持续时间长、项目规模大等因素，各级财政部门、预算主管部门、项目建设主体、项目运营主体、第三方评价机构等多个部门（或机构）参与其中，明确各部门（或机构）职责对跟踪评价工作实行全过程质量控制显得尤为重要。通过跟踪评价的全过程质量控制，不仅能强化各部门（或机构）在评价工作质量中的责任，一定程度上防范跟踪评价工作流于形式，而且能为部门（或机构）选择支出项目、优化支出结构及调整支出方向提供有力依据。

（3）事后综合评估：把好决算评估关。在预算从编制到执行结束的漫长过程中，决算可谓是走到最后的一个环节，它是对整个预算的运行状况进行深入分析和评估的阶段，可以说是占据着预算绩效评价的半壁江山。生态转移支付支出决算评估的核心就是借助一套完整的、多角度的评估指标体系，对生态转移支付支出预算执行的最后结果进行剖析、测评和报告，评估的目的是判断结果是否达到相关的目标和标准，是否满足该财政年度所提出的预算承诺，通过相关目标的比照和分析得出影响支出效益的原因，评估的成果将作为决算总结和下一年度预算计划的重要根据。为了做好事后的生态转移支付支出预算绩效综合评估，形成项目的后续延伸，切实需要前期确定好相对应的测量目标和指标体系，最终评估时将最后的数据导入到对应的数学综合评估模型中实施结果评估，然后将报告予以公布上报。

参考文献：

［1］财政部预算司．德国政府间事权划分概况［J］．国家行政学院学报，2015（06）．

［2］邓雪梅．生态补偿横向转移支付制度探讨［J］．地方财政研究，2017（08）．

［3］邓晓兰，黄显林，杨秀．积极探索建立生态补偿横向转移支付制度［J］．经济纵横，2013（10）．

［4］何伟军，秦张，安敏．国家重点生态功能区转移支付政策的缺陷及改进措施［J］．湖北社会科学，2015（04）．

［5］苏明，刘军民．科学合理划分政府间环境事权与财权［J］．环境经济，2010（07）．

［6］马英杰，房艳．美国环境保护管理体制及其对我国的启示［J］．

中国资源综合利用，2007（11）.

［7］逯元堂，吴舜泽，陈鹏，高军．环境保护事权与支出责任划分研究［J］．中国人口·资源与环境，2014（11）.

［8］魏加宁，李桂林．日本政府间事权划分的考察报告［J］．经济社会体制比较，2007（02）.

［9］赵霞．建立和完善生态补偿机制的财政思考［J］．经济学动态，2008（11）.

［10］郑雪梅，韩旭．建立横向生态补偿机制的财政思考［J］．地方财政研究，2006（10）.

［11］彭春凝．论生态补偿机制的财政转移支付［J］．江汉论坛，2009（03）.

［12］徐庆．论生态补偿转移支付制度的建构［J］．长江大学学报，2015（12）.

［13］廖晓慧，李松森．完善主体功能区生态补偿财政转移支付制度研究［J］．经济纵横，2016（01）.

［14］王朝才，刘军民．中国生态补偿的政策实践与几点建议［J］．经济研究参考，2012（01）.

［15］徐筱越，乔冠宇．基于主体功能区的生态补偿转移支付制度研究综述与分析［J］．厦门特区党校学报，2016（03）.

［16］李碧洁，张松林，侯成成．国内外生态补偿研究进展评述［J］．世界农业，2013（02）.

［17］祁毓，陈怡心，李万新．生态转移支付理论研究进展及国内外实践模式［J］．国外社会科学，2017（05）.

［18］S. Rui，I. Ring，P. Antunes，et al，Fiscal Transfers for Biodiversity Conservation：The Portuguese Local Finances Law，Land Use Policy，Vol. 29，No. 2，2012，pp. 261－273.

［19］S. Mumbunan，Ecological Fiscal Transfers an Indonesia University Leipzig，2011.

［20］H. Karrenberg & E. Munstermann，Trotz Gewerbesteuerwachstum

Kassenkredite auf Rekordniveau, Kurzfassung des Gemeindefinanzberichts, Der Stcidtetag,, 2006.

[21] Irene Ring, Ecological Public Functions and Fiscal Equalisation at the Local Level in Germany, Ecological Economics, Vol. 42, 2002, pp. 415 – 427.

[22] M. Borie, R. Mathevet, A. Letourneau, et al., Exploring the Contribution of Fiscal Transfers to Protected Area Policy Ecology & Society, Vo1. 19, No. 1, 2014, pp. 119 – 122.

[23] Sauquet Alexandre, Sebastien Marchand & Jose Gustavo Feres, Ecological Fiscal Incentives and Spatial Strategic Interactions: the Case of the ICMS – E in the Brazilian State of Parana, hops: //halshs. Archives – ouvertes. fr / halshs – 00700474 [2017 – 02 – 13].

第六章

构建生态补偿基金融资机制

生态环境恶化，已经成为了制约全球发展的一大难题，我国经济发展中的粗放模式对生态环境也造成了不同程度的破坏。“绿水青山就是金山银山”，生态环境问题已经成为制约我国经济高质量发展的重要因素，成为“美丽中国”建设必须克服的瓶颈。生态补偿，作为生态服务受益者与提供者之间的利益调节机制，是健全生态保护激励相容机制的重要手段，对我国协调生态环境保护与经济社会发展之间的关系具有重要意义。生态补偿即“生态或环境服务付费”，是基于生态保护目的，通过生态补偿机制的运作，实现对生态系统和物种多样性的保护。生态补偿机制可用于激励私人属性资源的保护行为，对生态服务群体产生的外部性进行补偿(Hansen et al.，2018)。目前，国内外对于生态补偿的定义并没有形成统一的认识，但这并不阻碍其在实践中的发展，全球已开展了数百项的生态补偿实践案例。生态补偿机制的运行过程中普遍面临着预算约束，意味着其经济有效性与生态有效性同等重要。

近年来，基于生态文明建设的国家战略，我国积极推进生态补偿机制建设，取得了阶段性进展。1998 年修订的《中华人民共和国森林法》第六条规定：“国家设立森林生态效益补偿基金，用于提供生态效益的防护林和特种用途林的森林资源、林木的营造、抚育、保护和管理。”2003 年颁布的《中共中央、国务院关于加快林业发展的决定》指出，森林生态效益补偿基金，按照事权划分，分别由中央政府和各级地方政府承担；森林生态效益补偿基金分别纳入中央和地方财政预算，并逐步增加资金规模。2004 年，财政部、国家林业局发布了《中央森林生态效益补偿基金管理办法》，正式形成了延续至今的森林生态效益补偿基金制度。森林生态效益补偿基金制度的实施，对于保护森林资源起到了显著的效果。但总体来看，我国生态保护补偿的范围依然偏小、标准偏低，资金来源渠道主要是财政性资金，生态保护补偿制度的可推广性与可持续性还存在局限。党的十九大提出，要“健全耕地草原森林河流湖泊休养生息制度，建立市场化、多元化生态补偿机制”，为我国生态补偿机制建设指明了方向。一方面，未来要在森林、草原、湿地、海洋、水流、耕地等重点生态保护领域实现生态补偿的全覆盖；另一方面，要拓展生态补偿资金的来源渠道，通过激励机制设计，吸引社会资本进入生态保护领域，实现保护者和受益者的良性互动，通过打破现行政府主导、财政投入作为主要来源的格局，探索构建多主体、多元化模式、多渠道资金投入的生态补偿体系。

另外，产业投资基金在全球广泛发展，基金规模庞大，投资领域广泛，资金来源和参与机构多样化，成为一种成熟的资本投资手段。随着生态保护领域的投资需求越来越大，加之碳排放交易机制的引入使得生态环境领域也越来越具备市场化的特征，构建类似于产业投资基金、市场化程度较高、资金来源渠道较广的生态补偿基金应当纳入理论研究与实践探索之中，以期为生态保护与环境治理创造更加有效的途径。

一、构建生态补偿基金制度的必要性

生态补偿的本质在于对环境资源价值的认可，是对生态与环境效益的承认。生态补偿的概念界定与国际上的生态服务付费与生物多样性补偿的概念内涵相近，可以理解为对生态服务的经济补偿，同时也是对造成环境破坏的行为进行恢复性补偿；生态补偿基金，则是以公益性或市场化基金运作的形式，对生态服务经济行为进行补偿，也对环境破坏的行为进行恢复性补偿；基金运作过程中可通过投资具备收益性的生态补偿项目获取收益，在激励社会资本参与生态补偿的同时，实现生态补偿的可持续性。

（一）生态补偿的理论基础

生态补偿基金的理论基础主要涉及外部性理论以及环境资源价值理论两个方面。其中，外部性理论是生态补偿的理论基础，环境资源价值理论可以理解为生态补偿进行具体定价、估值、运作的理论依据。

1. 外部性理论

外部性，是指那些生产或者消费对其他团体强行征收了后期并未进行补偿的成本，或者给予无偿补偿收益的情形。对于受到外部性影响的接受方而言，个人收益或者成本与社会收益或者成本之间存在差异，两者之间的差异意味着市场上存在第三方在没有得到两者许可的情况下获得或者承受一些收益或者成本，这就是外部性。

生态活动具有外部性，不同的生态活动具有正、负两类外部性效应，其中环境污染会产生负外部性，生态环境的涵养行为会造成正外部性效应。一方面，日益突出的环境污染问题已经对社会、经济、生活产生了明显的负外部性特征。在社会发展方面，环境污染对生态环境造成了破坏，许多生态环境的破坏具有不可逆的特征，前期依托生态资源环境禀赋发展的城市也在被倒逼转型；同时也是在过分消费后代的资源。由于环境污染造成的极端异常天气的出现以及空气污染程度增加，造成了相关疾病的发病率明显增高，对人民健康产生了影响，同时进一步加重了政府及社会公众的医疗负担。在经济发展方面，环境污染对经济发展产生了制约作用：其一，粗放式的经济发展路径，以牺牲环境资源为代价的经济发展模式已经遇到了生态资源禀赋的瓶颈，不再具有可持续性发展的特征；其二，近年来我国环境污染问题日益严重，公共财政用于环境污染治理的支出规模及比重在不断攀升，详见图 6－1。

另一方面，生态环境的保护也对社会产生了典型的正外部效应。以流域治理为例，上游通过涵养水源，积极治理上游水源的污染，加强对水资源的保护，会对下游区域产生典型的正外部性。因此，外部性作为一种经常出现的经济现象，表明了社会资源配置在当前状态下并没有实现帕累托最优的状态，意味着需要采用针对性的措施或者途径来解决或者消除这种

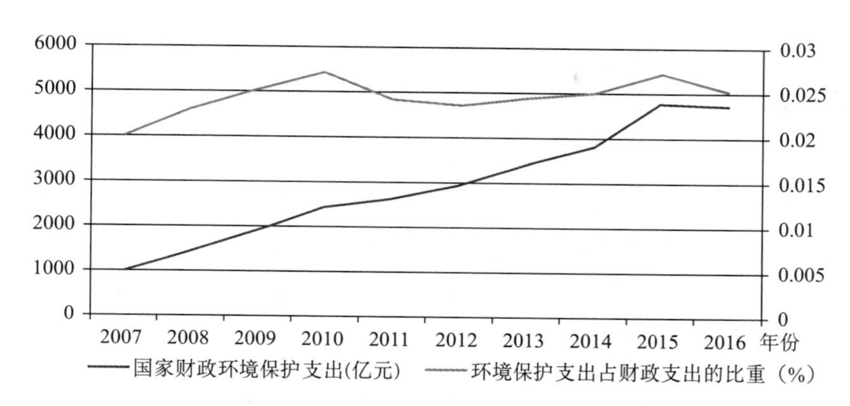

图 6－1 我国国家财政用于环境污染治理的支出规模及比重

资料来源：《中国统计年鉴 2017》。

外部性特征。具体而言，通过设计一定的机制来实现外部效应的内部化，应用到环境治理过程中，就是通过机制的设计来增加环境污染的成本，弥补生态环境保护而产生的外部性。

2. 环境资源价值理论

基于环境经济学理论，环境资源是具有价值的，生态资源作为一种生产、生活的基本资料，是一项生产要素，随着社会经济的发展其稀缺程度也在不断提高。稀缺性，是生态环境价值的基础以及生态补偿的基本条件。

环境资源价值的内涵，可以理解为人类直接或者间接从环境资源中得到利益。由于环境资源具有多重价值，因此总经济价值应当包括利用价值和非利用价值两部分，其中利用价值又可以进一步分为直接实物价值和直接服务价值。但是，环境资源价值化始终是国内外学术界的难点问题，正是由于环境资源价值的多重性，加之环境资源的部分价值具有公共产品特征，造成了环境资源价值的量化仍没有统一方法。但是，生态与环境市场的建立需要以环境资源价值的量化为基础，这也是市场交易建立的充分必要条件。生态环境经济评价的基础在于人们对于环境改善的支付意愿，或者是对于忍受环境污染而接受赔偿的额度。目前，具体的评价方法主要有市场价值法、基本成本法、机会生本法、生产成本法等，基本都是基于生态环境保护的成本进行计算，但是这种方法的科学性有待进一步的探究。

一方面，由于生态环境的载体有限，很多情况下并不是实体状态；另一方面，生态环境的公共产品性质造成了对于人们真实意愿的测度很难进行精准定量计算，并且个体的异质性特征也较为显著。因此，环境经济评价的结果往往差异性较大。由于生态系统服务的非利用价值难以估算，并且估算滞后的经济价值将会远大于现有的利用价值，在现阶段首先需要对生态系统的利用价值进行估算，特别是直接利用价值应是其补偿量化的重要基础。

(二) 构建生态补偿基金机制的必要性分析

由于生态环境具有典型的公共产品特征，保护生态环境必须依靠制度。生态环境保护制度应当激励与约束相结合。所谓约束，就是告诉人们，什么不能做；所谓激励，就是告诉人们，什么事要尽量去做，做好了会得到收益。当前，我国生态环境保护的法律体系逐步完善，破坏生态环境的惩戒机制逐步建立起来，但激励机制尚不完善，生态效益输出的地区、保护生态环境的行为得到的补偿仍与其所付出的成本不对等。党的十八届三中全会提出，建设生态文明，必须建立系统完整的生态文明制度体系，实行最严格的源头保护制度、损害赔偿制度、责任追究制度，完善环境治理和生态修复制度，用制度保护生态环境；坚持谁受益、谁补偿原则，完善对重点生态功能区的生态补偿机制，推动地区间建立横向生态补偿制度；发展环保市场，推行节能量、碳排放权、排污权、水权交易制度，建立吸引社会资本投入生态环境保护的市场化机制，推行环境污染第三方治理。上述改革方向就体现了激励与约束相结合的生态文明建设改革方向，通过“最严格”的生态保护制度，约束行为主体的行为；通过市场化的手段，激励行为主体保护生态环境的行为。“基金”作为一种投融资方式，具有典型的市场化特征，把它引入生态补偿领域，就是要利用市场配置资源的高效方式，在一定程度上解决生态环境的外部性问题。

1. 有利于缓解我国生态环境问题

当前，我国经济社会发展的生态与环境瓶颈日益凸显，大气、水、土壤污染已经成为制约我国国民经济可持续发展的重要因素。在大气污染方面，PM2.5 已经成为我国空气污染防治的主要内容，除了有毒性对人体产生危害以外，对于交通运输行业、电力设施运行方面也造成了严重影响。在雾霾天气下，高速公路、民航机场因强浓雾的出现而实施封路和停班现象；同时，在电力线路输电过程中，吊瓶、瓷瓶等绝缘设备表面的雾滴将会大大降低绝缘的性能和安全系数。庞大的生态保护与环境治理需求，仅靠公共财政投入是不够的，且财政投入的效率也有待进一步提高。建立生态补偿基金，探索采用市场化方式筹集和使用生态补偿资金，既有助于提高财政支出的效率，也有助于拓宽生态补偿的资金来源渠道，进而有助于满足当前生态保护与环境治理的巨大融资需求。

2. 有利于缓解财政投入压力

我国各级财政用于生态环境保护的支出日益增加，在央地分权背景下，地方政府在改革初期对于环境污染问题并不重视，为了促进区域经济发展，在招商引资中未考虑环境因素，使得一些区域成为了“环境污染避难所”，有些地方的经济发展往往伴随着大量生态环境污染及破坏。近年来，我国资源型地区普遍面临产业结构转型的问题，地方政府的财政收入随着地方经济转型而暂时减少；另外，政府还需要面对生态环境保护支出费用的上涨，收入减少、支出增加进一步加重了一些地方财政支出压力。构建生态补偿基金机制，一方面可以进一步提高现有财政相关投入的使用效率，另一方面可以拓展生态补偿的资金来源，在有助于形成生态保护与环境治理长效机制的同时，缓解各级政府财政支出压力。

3. 有利于体现市场配置环境资源的优势

改革开放 40 多年来，我国经济体制改革是在迂回曲折中前行的，改革的重点在于政府与市场在经济活动中所承担的作用与功能。通过市场手段来实现生态环境资源的最优配置，是我国生态文明建设过程中的重要内容。传统生态环境保护或者补偿过程中，通常是以政府财政拨款、中央财政转移支付的形式将财政资金按照事先计划的比例拨付到特定区域。这种模式下，财政资金来源是特定的，在生态环境保护过程中的监督与管理机制也不够完善，存在资金使用对象有偏差、资金使用效率不高、资本边际收益率不高等问题。通过建立科学的生态补偿基金运作机制，有助于理顺生态保护与环境治理领域政府与市场的关系，更加有效地发挥市场在配置生态环境资源中的作用。

4. 有利于提高经济发展的质量

新时代我国经济发展的基本特征在于我国经济已经由高速增长阶段，转向高质量发展阶段。把推动高质量发展作为经济发展的根本要求，是我国当下经济转型的客观要求。在新的历史时期，产业升级和城市化步伐加快仍然是推动我国经济增长不可或缺的力量，但在其势能和潜力有所减弱的情况下，应当重视培育新的经济增长引擎。改革开放 40 多年来，我国实现了持续较高速度的增长，同时也带来了生态环境的污染与破坏。目前，我国人均 GDP 已经接近 10000 美元，人民对于良好生态环境的需求越来越强烈，生态环境对人民生活的影响日益增强，也成为衡量人民幸福感、获得感的重要指标之一。因此，推动经济高质量发展，必须强调生态环境的可持续发展问题，大力推进生态文明建设、解决生态环境问题，坚决打好污染防治攻坚战。建立生态补偿基金，有利于我国奠定经济高质量发展的基础，同时通过建立环境市场交易制度，也有望成为新的经济增长点。

5. 有利于促进生态文明建设的全球合作

当前，世界各国越来越重视生态保护与环境治理。环境污染治理通常被认为会增加企业负担，会对地区的经济增长产生不利影响。但随着全球环境问题日益严重，其已经成为经济社会发展的重要约束条件，环境保护与经济增长的关系也发生了变化，两者不再是相互对立的关系。生态环境保护已经成为全球治理的重要内容，也是世界各国合作的重要事项。在全球污染防治进程中，不仅需要举一国之力，也需要世界各国的通力合作。通过建立生态补偿基金，探索建立区域范围内的生态环境补偿机制，形成区域生态环境的交易市场，将有利于我国积极参与全球环境污染治理，促进国际之间的交流、合作与资本流动。

二、构建生态补偿基金机制的基础

（一）我国生态补偿基金的发展现状

目前，我国生态补偿的实践主要集中于重点生态功能区、森林、草原、湿地、流域及荒漠、海洋等领域。其中，在重点生态补偿机制方面，为了维护国家生态安全，提高地方政府在加强生态环境保护方面的意识及力度，强化国家重点生态资源功能区所在地政府基本公共服务的保障能力，我国自2008年起中央财政在均衡性转移支付项目下专门设立了国家重点生态功能区的转移支付。对于属于国家重点生态功能区的区县给予均衡性转移支付，并且建立了相应的资金使用对象及资金使用效率的配套监督机制。

在地方政府的层面上，许多省份也参照中央转移支付的工作机制建立了覆盖全省的重点生态功能区的转移支付制度。例如，云南省对全省16个州（市）、129个县（市、区）建立了全面覆盖的生态环境质量年度动态监测、评价和考核机制，并且根据每年的评估结果采取相应的奖惩措施。对于生态环境变好的县，将会适当增加生态价值补助资金作为奖励；对于因非不可控因素导致生态环境恶化的县，将会扣减下一年度的生态价值补助资金以示惩罚，对于“一般变差”、“轻微变差”的县，将会分别按照当年测算生态价值补助资金量的70%、40%扣减转移支付。此外，我国还实施了具有针对性的生态工程建设项目，例如，从2005年开始实施的“三江源生态保护和建设工程”，截至一期工程结束时已经投入资金75亿元。2010年，为了统筹解决生态保护、农牧民生活、基本公共服务、区域协调发展等问题，青海省率先开展了生态补偿试点工作，发布了《关于探索建立三江源生态补偿机制的若干意见》和《三江源生态补偿机制试行办法》，确立了11项生态补偿政策。其中，具体措施涉及“1+9+3”教育经费保障、异地办学奖补、农牧民技能培训和转移就业补偿、草蓄平衡和农牧民生产性补贴补偿政策等，共计下达补偿资金 22.47 亿元[①]。

1. 我国森林生态效益补偿基金

在森林生态补偿方面，中央财政自 2001 年就开始安排资金开展森林生态补偿的试点工作，并且于 2013 年将所属集体与个人所有的国家级公益林补偿标准提高到每年每亩 15 元。2017 年，中央财政共计安排 533 亿元（其中中央本级 31 亿元，补助地方 502 亿元），支持全面保护我国天然林资源，其中：用于森林资源管护 313 亿元、停伐补助 103 亿元、天保工程区政策性社会性支出和社会保险补助 117 亿元[②]。自 2017 年以来，中央财政为了进一步加强我国天然林资源保护，对原来未纳入政策保护范围的实施政策全覆盖，同时也提高了补助标准。其一，对于未纳入原政策保护范围的，主要采用新的停伐补助和奖励政策，对于非天保工程区国有商品林实行全面停止砍伐，中央财政安全专项资金补助森林管护费用和全面停伐补助费用；对于非天保工程区集体和个人所有商品林实施停伐奖励政策，依据自愿选择的原则，中央财政安排奖励资金给予自愿选择停伐的农民。中央财政连续提高天保工程区国有林管护补助标准和国有国家级公益林生态效益补偿标准，从 2014 年的每年每亩 5 元提高到 2017 年的每年每亩 10 元，对集体和个人所有的国家级公益林每年每亩补助 15 元，并按照上述标准安排停伐管护补助。将社会保险补助费的缴费工资基数从 2008 年社会平均工资的 80% 提高到 2013 年的 80%，国有天然林商业性采伐全面停止，森林资源管护切实得到加强，天然林保护基本实现全覆盖。

目前，全国已经有 29 个省（自治区、直辖市）建立了地方森林生态效益补偿制度，扩大了森林生态效益补偿政策的覆盖范围，对集体和个人所有的地方性公益林出台了不同的补偿标准，作为对中央政策的地方性配套。其中，森林分类是林业分类经营的基础，同样在实施森林生态补偿过程中，森林种类的划分也成为了实施补偿的基础和前提条件。国家林业局和财政部联合发布的《中央财政森林生态效益补偿基金管理办法》，就是

① 顾延生．三江源生态保护与建设的思考［J］．柴达木开发研究，2016（03）．

② 本报讯．中央财政大力支持天然林保护全覆盖和森林生态效益补偿［J］．中国财经报，2017－09－09．

在对生态公益林进行分类的基础上进行补偿设计的，详见表6－1。

表6－1　　森林生态效益补偿森林类型表

森林生态补偿类型	类型组	类型
生态公益林	防护林	水源涵养林
		水土保持林
		防风固沙林
		护岸林
	特种用途林	国防林
		自然保护林
退耕还林	生态林 经济林	
天然林保护	天然林 人工林	

2. 流域生态补偿基金

在我国流域生态补偿基金的试点方面，新安江生态补偿基金是我国第一个跨省流域生态补偿基金。该基金的首轮试点周期为2012—2014年，补偿资金额度为每年5亿元，其中中央财政出资为3亿元，安徽、浙江两省分别出资1亿元，如果水质达不到考核标准安徽省将拨付1亿元给浙江省。新安江流域生态补偿以“以地方为主，中央负责监管”“监测为据，以补促治”为原则，对流域水生态系统进行建设和污染防治。该基金首轮试点结束后，经过两省联合检测，新安江流域总体水质按照地表水河流二类标准，连续三年符合水质考核要求，浙江省也按照约定支付了补偿金额。2015年至2017年，新安江上下游的横向生态补偿实施了第二轮试点工作，试点资金由先前的15亿元增加到了21亿元，其中中央财政每年3亿元的标准不变，但是两个省的资金分别由1亿元增加到2亿元，新增的1亿元补偿资金主要用于安徽省内的垃圾治理，特别是农村污水和垃圾治理。

3. 其他领域的生态补偿基金

在耕地生态补偿方面，随着近年来粮食安全问题受到的关注度日益上升，耕地生态补偿基金的试点具有了重要的实践意义。我国耕地保护长期以来重视“约束性”保护和“建设性”保护，但对“激励性”保护重视不足。由于经济激励政策在耕地保护中长期缺位，导致耕地保护者并没有得到应有的经济补偿和激励，耕地占用者无偿或者以较低成本占用了有限的耕地，既影响了耕地保护的积极性，也影响了城乡之间利益的协调问题。2014 年，中央财政出资 63 亿元，各省级财政自筹配套 11.5 亿元，建立了区域耕地补偿基金。

荒漠化是我国最为突出的生态环境问题之一，我国也是世界上荒漠面积较大、分布较广、荒漠化危害严重的国家之一。在荒漠生态补偿方面，2013 年国家林业局启动了沙化土地封禁保护补贴试点工作，2013—2014 年共安排补贴资金 6 亿元。

（二）生态补偿基金的市场基础

基金是一种风险共担、利益共享的集合投资工具，起源于 19 世纪中叶的英国。自 20 世纪 80 年代后期，我国开始涉足投资基金业务，以 1987 年中国银行和中国国际信托投资公司为形成标志，该时期设立的“老基金”主要是以封闭型基金为主。历经 40 多年的发展，截至 2018 年 3 月底，我国境内共有基金管理公司 116 家，其中中外合资公司 45 家，内资公司 71 家；取得公募基金管理资格的证券公司或证券公司资管子公司共 13 家，保险资管公司 2 家。以上机构管理的公募基金资产合计 12.37 万亿元①。我国相较世界其他国家而言，是属于基金市场制度建设较晚的国家，大致经历了早期探索阶段、试点发展阶段以及快速发展阶段。

1987—1996 年为早期探索阶段。当时我国正处于经济体制改革时期，制度设计层在前期“姓资”还是“姓社”的争论中，萌发了我国经济改革的萌芽。经济改革的动力同样催生了基金这种全新的筹资手段，1987 年中国新技术创业投资公司与汇丰集团、渣打集团联合推出了中国置业基

① 《公募基金市场数据（2018 年 3 月）》，中国证券投资基金业协会网站，http://www.amac.org.cn/tjsj/xysj/jjgssj/393048.shtml，2008-04-08.

金，并于香港联交所上市。1992 年 11 月，淄博乡镇企业投资基金作为中国首家较为规范的投资基金，被中国人民银行总行批准设立，性质上属于封闭式基金，募集规模为 1 亿元，募集对象主要为上市公司与淄博乡镇企业。然而，在 1994 年，新兴发展的投资基金市场迅速暴露了市场建设不完善、进入退出制度不规范等问题，导致了大多数基金的资产状况开始走低，在经营上的风险持续攀升。

1997—2002 年为试点发展阶段。1997 年 11 月 14 日，《证券投资基金管理暂行办法》是我国基金证券行业的首部监管办法，该办法的出台标志着我国对于证券基金的管理已经开始落实到制度层面，促进基金行业的有序发展。该项办法对基金管理公司的设立条件规定了较高的准入标准，同时也提高了审批制度的严格性，从事前监管的角度对基金市场的健康有序发展奠定了制度基础。1998 年 9 月，证监会基金监管部门正式成立，中国投资基金开始在中国证监会基金管理部的严格监管下规范化运作。同年 8 月底，中国证券会转发了中国人民银行关于《基金管理公司进入银行同业市场管理规定》的管理办法，通过进一步发展货币市场，为基金管理公司拓宽融资渠道。但是，在第一阶段已经成立的老牌基金公司的投资运作并没有被纳入事前监管的范围内，仍然处于有失规范的状态，基金资产整体质量不高、基金投资风险较大成为了典型问题。对于封闭式基金存在的上述问题，我国于 2000 年 10 月 8 日发布了《开放式证券投资基金试点方法》，为我国第一只开放式基金“华安创新”奠定了制度基础。自此之后，我国基金市场发展的方向不再以封闭式基金为全部的基金类型，2001 年 6 月中旬，我国发布的《关于申请设立基金管理公司若干问题的通知》中，引入了“好人举手”制度，即通过举手表决这个前提条件来限制基金公司的设立，保证基金公司自觉对所有的投资交易承当相应责任。2001 年 8 月 28 日，我国成立了中国证券业协会基金公会，其诞生为我国投资基金市场的行业监管奠定了组织基础。

2003 年至今为快速发展阶段。尽管我国与发达国家基金行业的发展及规模水平仍然存在一定的差距，但是从纵向比较的视角，我国近年来基金行业得到了迅速发展。自 2003 年以来，我国宏观经济长期保持平稳较快的增长，促进了证券基金行业迅速发展。我国基金品种日益丰富，从已有的开放式基金、封闭式基金到现在的产业基金、养老基金等，基金公司业务也日益多元化，使市场风险得到了分散，促进了市场平稳健康运行。同时，随着我国金融市场制度建设的不断完善，以及金融市场的不断开放，国家法律、行政法规、部门规章、规范性文件等多层次的法律规章制度，对基金管理公司、从业人员、销售行为、托管、运作、评价、信息披露等多个维度进行监管。从发展时期注重事前监管，发展到当下的全流程监管，在保证基金市场活力的同时，也对基金市场的系统性风险及市场风险进行宏观审慎调控。

通过对我国基金市场及其制度发展历程的简要梳理，可以发现改革开放 40 年间的基金市场顶层制度设计、市场运行监管奠定了重要的制度基础。在基金市场内部，我国建立健全了多层次的基金产品市场，对金融服务于实体经济的本质认识的不断加深，进一步提高了市场配置金融资源的效率。进一步聚焦于生态补偿基金，现有基金市场制度与市场条件的不断调整优化，也为该项基金的试点与发展提供了良好的外部市场环境。

（三）生态补偿基金的政策基础

近年来，我国对于生态补偿机制的重视程度日益提高。党的十六届五中全会审议通过的《关于制定国民经济和社会发展第十一个五年规划的建议》，首次提出了“按照谁开发谁保护、谁受益谁补偿”的原则，加快建立生态补偿机制的要求。党的十九大将“建立市场化、多元化生态补偿机制”作为“加快生态文明体制改革，建设美丽中国”的内容之一。其间，关于生态补偿的相关政策开始陆续出台，生态补偿制度框架也已显雏形，生态补偿的政策法规基础也在不断完善。

在政策法规方面，我国目前已经形成了从法律法规、指导意见到工作方案的制度框架体系。新修订的《环境保护法》以立法形式，明确了生态补偿制度的基础性要求，其中明确规定，国家将要建立、健全生态保护补偿制度；国家将进一步加大对生态保护地区的财政转移支付力度，有关地方人民政府应当落实生态保护补偿资金，用于生态保护补偿。2015 年发布的《生态文明体制改革总体方案》提出，要完善生态补偿机制，通过探索建立多元化补偿机制，逐步加强对重点生态功能区的转移支付。2016年5月，国务院发布《关于健全生态保护补偿机制的意见》，再次强调了要研究制定生态保护补偿条例，明确了森林、草原、湿地、荒漠、海洋、水流、耕地等分领域重点任务，提出建立稳定投入机制、完善重点生态区域补偿机制、推进横向生态保护补偿、健全配套制度体系、创新政策协同机制、结合生态保护补偿推进精准脱贫、加快推进法制建设等体制机制。同年，财政部在《关于加快建立流域上下游横向生态保护补偿机制的指导意见》中，明确了流域上下游横向生态补偿的指导思想、基本原则和工作目标，就流域上下游补偿基准、补偿方式、补偿标准、建立联防共治机制、签订补偿协议等主要内容提出了具体措施。2017年发布的《中共中央、国务院关于加快推进生态文明建设的意见》强调，要健全生态保护补偿机制，通过科学界定生态保护者与受益者的权利义务，加快形成生态损害者赔偿、受益者付费、保护者得到合理补偿的运行机制。

三、我国森林生态效益补偿基金的实践探索——以内蒙古自治区锡林郭勒盟为例

我国率先在森林资源保护中引入了生态补偿基金制度。1998年修订的《中华人民共和国森林法》第六条规定："国家设立森林生态效益补偿基金，用于提供生态效益的防护林和特种用途林的森林资源、林木的营造、抚育、保护和管理。"2003年颁布的《中共中央、国务院关于加快林业发展的决定》指出，森林生态效益补偿基金，按照事权划分，分别由中央政府和各级地方政府承担；森林生态效益补偿基金分别纳入中央和地方财政预算，并逐步增加资金规模。2004年，财政部、国家林业局发布了《中央森林生态效益补偿基金管理办法》，正式形成了延续至今的森林生态效益补偿基金制度。森林生态效益补偿基金制度的实施，对于保护森林资源起到了显著的作用。但总体来看，我国生态保护补偿的范围依然偏小、

标准偏低，资金来源渠道主要是财政性资金，生态保护补偿制度的可推广性与可持续性还存在局限。本部分以内蒙古自治区锡林郭勒盟为例，对我国森林生态效益补偿基金的运作机制进行了分析，并基于问题导向提出了完善森林生态效益补偿基金制度的思路与建议。

（一）我国森林生态效益补偿基金的实践

森林作为陆地生态系统之一，在提供林业产品的同时，也为人类提供了重要的服务功能。传统上人们对于森林利用偏重于林产品价值，对公共产品的价值属性重视不足。目前，我国的森林覆盖率为21.63%，接近全球平均水平，但森林资源分布很不均衡。近年来，人们对于森林资源的保护越来越重视，一些国家或地区率先在森林保护领域引入了生态补偿基金机制，取得了许多宝贵的实践经验。森林生态效益补偿存在广义和狭义之分，广义的森林生态效益补偿是指对森林生态环境自身的补偿，即对个人或者区域保护森林资源，为周边提供生态效益的行为进行补偿；狭义的森林生态效益补偿主要是基于生态补偿基金制度所覆盖的范围（李文华等，2007），例如，我国设立的“中央森林生态效益补偿基金”主要是对公益林管护者发生的养护费用给予补助，该项基金制度的设立结束了我国森林生态效益的长期无偿使用的问题。

1. 中央层面的森林生态效益补偿基金

为了加强对重点公益林的管护，促进重点公益林的恢复与发展，我国于2001年在11个省区开展试点，并于2004年正式建立了中央财政森林生态效益补偿基金制度，补偿对象为公益林的营造、抚育、保护和管理。2007年，国家林业局完善了中央财政森林生态效益补偿基金的管理办法，对基金的补偿对象、补偿标准、资金拨付管理、监督与核查作出了具体规定，详见表6-2。2016年，中央财政通过林业补助资金拨付165亿元，将国有国家级公益林生态补偿标准提高了33%，显著增强了对森林资源的保护力度。

表 6－2　　中央财政森林生态效益补偿基金的主要内容

项目	内容
补偿对象	公益林的营造、抚育、保护和管理。
补偿标准	每年每亩 5 元，其中 4.75 元用于国有林业单位、集体和个人的管护等开支；0.25 元由省级财政部门列支，用于省级林业主管部门组织开展的重点公益林管护情况检查验收、跨重点公益林区域开设防火隔离带等森林火灾预防、维护林区道路的开支。
资金来源	中央财政
监督与核查	坚持“奖优惩劣”原则，对于违反管理办法的行为，财政部可在上年补偿基金金额的基础上一次性减少 1%。

2. 地方政府层面的森林生态效益补偿机制

相比中央财政对森林生态效益补偿基金的统筹安排，地方政府对于公益林按照“谁受益谁补偿，分级管理”的原则，建立和完善了“政府为主、部门配合、全民参与”的森林生态效益补偿机制。地方政府在公益林生态效益补偿方面，主要有受益主体补偿、中央和地方政府补偿及其他三种途径（刘小洪，2003）。受益主体补偿模式下，主要为受益主体及管理责任落实的公益林，由直接受益者进行建设或者补偿，如：农田防护林主要由农业部门建设或者补偿；护岸林主要由水利部门建设和补偿；护路林由交通部门和铁路部门建设和补偿；国防林由所在地部队进行建设和补偿。此种补偿模式，充分体现了“谁受益谁补偿”的原则，同时也强化了地方政府职能部门之间相互协作的力度。中央和地方政府补偿模式下，主要是对全社会或者跨行政区域提供生态效益的公益林的直接经营者和管理者进行补偿。此种补偿模式主要针对公益林的公共产品价值属性，对其公共服务功能进行有偿补贴。地方政府对于公益林的其他补贴方式，主要是在政府投入不足的情况下，生态公益林的实施条件尚不成熟，根据统一规划，实行短期封山育林和退耕还林的措施。

3. 我国森林生态效益补偿基金实践中存在的突出问题

近年来，我国在建立和完善森林生态效益补偿基金制度方面进行了有益探索，中央和地方政府部门积累了一定实践经验，取得了明显成效，但仍存在一些亟待解决的问题。

首先，我国森林生态效益补偿基金的资金来源渠道相对单一，目前，由于生态补偿机制的市场交易体系尚未形成，生态资源的经济效应在国内市场交易渠道尚难以实现，我国此项补偿基金的资金来源主要是中央政府和地方政府的财政拨款，对于社会资本的利用极为有限。另外，中央财政森林生态效益补偿基金实际上是中央在生态保护方面对地方政府的转移支付，是纵向的财力分配；然而，我国区域经济发展和森林资源分布都很不平衡，森林资源主要分布在经济发展水平相对不高的地区，其所提供的森林生态效益却是全国性公共产品。如何建立区域间的横向生态补偿转移支付仍处于探索之中。

其次，我国森林生态效益补偿基金的补偿标准偏低。依据中央财政森林生态效益补偿基金管理办法，公益林的补偿标准为每年每亩5元，地方政府通常比照中央财政的标准，通常不会高于上述标准。从市场价格来看，经营用木材的价格明显高于生态效益补偿基金的标准。补偿标准与市场价格相差较大，不利于调动区域农户参与生态补偿的积极性。随着我国集体林权制度的改革，进一步推进了木材价格的上涨，公益林保护区域内的农户对于基金补偿标准提高的意愿近年来也愈发强烈（刘克勇，2008）。

最后，我国森林生态效益补偿基金的运作机制尚不完善。生态补偿基金市场化程度较高的国家通常设置市场化的基金管理机构，通过资金的市场化运作投资，提高资金的使用效率。我国目前的森林生态效益补偿基金主要是政府部门参照财政拨款的运作机制，虽然名义上采用了基金的运作方式，但就其本质而言，与传统的财政补贴与财政补助并没有明显的差别。另一方面，现有基金制度安排中，对于基金来源、基金运作、基金收益与退出机制的安排尚不全面，与市场化的基金运作方式差异较大，无疑影响了森林生态效益补偿基金的资金使用效率。

（二）内蒙古自治区锡林郭勒盟森林生态效益补偿基金的实践与效果

1. 内蒙古自治区森林生态效益补偿基金概况

内蒙古自治区有国家级公益林21274.76万亩，纳入中央财政森林生态效益补偿和天保工程二期的面积为20904.7万亩，占98.26%。5419.54

万亩国有国家级公益林由于纳入天保工程二期（2011—2020 年）国有林管护补助，在工程实施期间暂不启动森林生态效益补偿；国家级公益林纳入中央财政森林生态效益补偿面积 15485. 16 万亩，其中：国有 5360. 52 万亩，集体、个人 10124. 64 万亩，补偿范围涉及全区 12 个盟市的 102 个旗县级实施单位，中央财政累计投入补偿资金 140 多亿元，详见表 6 – 3。

表 6 – 3　2004—2017 年度内蒙古自治区国家级公益林森林生态效益补偿统计表

统计年度	补偿资金（万元）	补偿面积（万亩）	国有		集体、个人	
			面积（万亩）	补偿标准（元/亩）	面积（万亩）	补偿标准（元/亩）
2004	23500	4700		5		5
2005	23500	4700		5		5
2006	38657	7731. 47		5		5
2007	38657	7731. 47		5		5
2008	38657	7731. 47		5		5
2009	57178	11435. 6	4973. 39	5	6464. 21	5
2010	89509	11435. 6	4973. 39	5	6464. 21	10
2011	98055	12291	4971	5	7320	10
2012	128050	15485. 16	5360. 52	5	10124. 64	10
2013	178673	15485. 16	5360. 52	5	10124. 64	15
2014	178673	15485. 16	5360. 52	5	10124. 64	15
2015	184033	15485. 16	5360. 52	6	10124. 64	15
2016	194755	15485. 16	5360. 52	8	10124. 64	15
2017	205475	15485. 16	5360. 52	10	10124. 64	15

全区地方公益林面积 34701. 01 万亩，地方公益林每年纳入森林生态效益补偿面积 500 万亩，补偿范围涉及 8 个盟市 44 个旗县，补偿标准为 3 元/亩 · 年，自治区财政年投入补偿资金 1500 万元，累计投入 21000 万元。

2. 锡林郭勒盟森林生态效益补偿基金的运行机制

锡林郭勒盟是我国北疆重要的绿色生态屏障和绿色农畜产品生产加工输出基地，总面积 20. 3 万平方公里，辖 9 旗 2 市 1 县 1 管理区，71 个苏木乡镇、842 个嘎查村；总人口 103 万，其中农牧民 43. 2 万（牧民 21. 3 万人）；全盟水土流失面积达 13. 3 万平方千米，占全盟面积的 65. 5% 。

在中央森林生态效益补偿基金的基础上，内蒙古自治区结合地方实际，对森林生态效益补偿基金管理办法的具体内容进行细化。2010 年，内蒙古自治区制定了区域性的森林生态效益补偿基金的实施细则，其对国家级公益林的补偿对象及用途进行了详尽规定，详见表 6－4。锡林郭勒盟森林生态效益补偿基金依据自治区的实施细则开展，国家级公益林补偿基金（中央森林生态效益补偿基金）来源全部由中央财政预算安排。中央财政以国家级公益林林木权属实行不同的补偿标准：国有 8 元/亩，集体、个人 15 元/亩；扣除自治区统筹公共管护支出资金每亩 0.25 元（自治区统一分配给各盟市作为公益林检查验收费或公益林监测费等），实际拨到该盟的国家级公益林补偿资金的标准为：国有 7.75 元/亩，集体、个人 14.75 元/亩。此部分资金到位后，由盟财政局足额下拨至旗县级财政局。地方公益林国有、集体、个人补偿标准均为每年每亩 3 元，由自治区、盟、旗县三级进行配套（每级配套每亩 1 元），自治区和盟配套基金由盟财政局按时、足额发放至各旗县财政局（见表 6－4）。

表 6－4　锡林郭勒盟森林生态效益补偿基金制度的主要内容

序号	补偿内容	资金来源	补偿标准（单位：每年每亩）	资金用途
1	国家级公益林	自治区财政	8 元	各级林业主管部门开展国家级公益林监测、管护情况检查验收、预防与扑救森林火灾、防治林业有害生物。
2	国有单位公益林	国有企业	3—4 元	森林管护、档案建设、设施维护和围封。
3	国家级公益林（集体所有）	县级林业主管部门	3.25 元/6.5 元	2.75 元用于管护人员劳务报酬和依法规定的政策性社会保险；0.5 元用于森林防火、档案建设等； 6.5 元用于集体经济组织的农牧民。
4	国家级公益林（个人所有）	中央财政与地方财政	9.25 元	补偿到农牧民个人；农牧民个人无力承担养护责任和义务的，由县级林业主管部门同意管护，收取 2.75 元每亩每年的管护费用，6.5 元补偿到农牧民个人。

在生态补偿基金的申请流程方面，依据《国家级公益林管理办法》、《内蒙古自治区财政森林生态效益补偿基金管理实施细则》等相关规章制度，各旗县市（区）按年度及时编报《森林生态效益补偿基金实施方案》，再由盟级初审、汇总后上报自治区，由自治区评审、批复后实施。

3. 锡林郭勒盟森林生态效益补偿基金的实践效果

第一，森林养护能力显著提升，为森林生态效益的持续发挥奠定了基础。自2004年至今，锡林郭勒盟已纳入补偿范围的公益林面积1698.64万亩，其中：国家级公益林1635.16万亩，地方公益林63.48万亩，年补偿资金2.3亿元。该盟通过森林生态补偿基金的运作，大大提高了区域公益林的养护面积，在实现了较为可观的生态效益的基础上，也为后期探索森林生态资质认证、森林碳交易、森林生态旅游等市场化生态保护模式奠定了基础，同时也提高了对周边区域的生态辐射能力。

第二，增加了林区群众收益，实现了补偿操作透明化。森林生态效益补偿的实施，在改善林区职工和农村、牧区广大农牧民的生活和增加农牧民收入方面发挥了重要作用。该盟共划分管护责任区19610个，聘用专职护林员1405人（国家级1067人，地方338人），补偿范围内涉及农牧民有6.48万户（牧区都由个人自行管护，农区农田防护林由林业主管部门统一聘请护林员进行管护），为牧区剩余劳动力就业提供劳动岗位。该盟财政和林业部门紧扣资金列支、使用、兑现三个关键环节，严格执行国家和自治区的有关规定，进一步理顺补偿资金兑现渠道，规范兑现方式，加强资金兑现和监管，确保了补偿资金安全。为实现补偿操作透明化，该盟实行了管护人员工资和森林生态效益补偿到户资金发放前的公示制度，推行“一卡通”发放补偿和管护资金，开展了补偿和管护网上公示试点。

第三，通过完善管理制度初步形成了系统的森林管护体系。内蒙古自治区根据《国家级公益林管理办法》和《中央财政林业补助资金管理办法》等文件，制定并出台了《内蒙古自治区公益林管理办法》、《内蒙古自治区公益林管护管理暂行办法》、《内蒙古自治区财政森林生态效益补偿基金管理实施细则》、《内蒙古自治区森林生态效益补偿检查验收办法》

等。锡林郭勒盟也结合当地实际细化了管理办法，形成了“护林员选聘制度”、“护林员聘前公示制度”、“护林员持证上岗制度”、“护林员培训制度”、“护林员巡护记录制度”、“护林员考核制度”、“公益林档案管理制度”等。该盟以年度实施方案为依据，落实管护责任、管护人员、管护措施，进一步细化了现有的森林生态补偿基金有关内容，为森林管护体系的系统化提供了重要的实践经验。

4. 锡林郭勒盟森林生态效益补偿的实践经验

第一，健全组织与制度体系，为基金运作提供保障。该盟现已有西乌旗、锡市、白旗、多伦、太旗等5个旗县成立了专门公益林管理部门，配备了人员编制，其他各旗县也以合署办公的形式开展工作，公益林管理工作日趋规范和合理。同时，各地对管护站又作了进一步完善，添置了必要的设备，使护林员的工作环境得到了改善和提高。为切实落实管护目标责任制，各旗县都按时签订了责任状和管护合同。蓝旗、东苏旗、白旗、太旗等4旗，为加强公益林管护力度，解决林牧矛盾，以国家、自治区相关法律法规为依据，结合当地实际，出台了地方性公益林管理办法。该盟也对一些好的做法进行了交流、宣传和推广，使公益林管理工作得以有章可循。通过建立健全制度体系，规范了基金补偿工作的标准化流程，为区内基金的可持续运作提供了制度支撑。

第二，采取多元化激励措施，增强农牧民保护森林积极性。该盟把公益林宣传作为日常工作的重中之重来抓，利用发放宣传单（册）、电视广播、网络微信、护林员培训、设立宣传牌等多种方法和平台开展宣传工作，为公益林补偿项目顺利实施创造了良好的社会氛围。通过提高信息的透明程度，采用统一的补偿标准，减少人为因素在基金运作过程中的干扰，保障了农牧民参与基金的公平度。除公益林补偿政策外，各旗县市根据当地实际，采取了多种利于林业、生态发展的保护性措施，如：多伦县采取全年全县禁牧、太仆寺旗采取农区全年禁牧等措施，使得森林资源和生态环境得到了有效保护。通过公益林生态补偿基金与其他保护性措施手段相结合，形成了生态资源保护的多元化渠道，提高了生态资源保护效率。

第三，以全生命周期管理提高基金运作效率。该盟在基金管理过程中，采用了全生命周期的管理方式，在确保基金申请、运作流程的规范有序基础上，尤其注重管护效果的事后监督管理。该盟要求各旗县每年进行半年、全年公益林管理管护情况和公益林消长动态情况进行全面自查。部分旗县将平时检查和季度检查相结合，及时对专职护林员的管护情况作出评价，并留底存档，将管护效果与其实际工资挂钩，实行浮动工资机制，大大提高了管护人员的积极性。该盟在各地自查的基础上对公益林补偿工作开展情况进行年中和年底两次全盟范围的督查。

（三）基于锡林郭勒盟实践的森林生态效益补偿基金的优化建议

内蒙古生态资源保护对于我国生态系统具有重要意义，尤其是对于京津冀城市群的环境改善发挥了明显作用。其中，锡林郭勒盟的森林生态补偿基金作为该区域典型生态补偿案例，经过数年实践，项目补偿资金投入稳定、补偿制度不断完善、群众受益明确，基金运作积累了宝贵的经验。但在实践过程中，该区域的补偿项目也存在国家公益林补偿范围存在局限、地方公益林补偿标准偏低、公众参与程度偏低以及资金监管力度有限等问题，为此，应以问题为导向，在实践基础上逐步完善生态效益补偿基金的运作机制。

1. 建立动态公益林评估体系，扩大国家级公益林补偿项目范围

实施公益林补偿项目十几年以来，随着宣传力度的不断加强和国家级公益林补偿标准的逐步提高，广大农牧民对林地的保护意识和管护积极性得到了明显提高，人工造林、封山（沙）育林和林地保护管理成效显著。锡林郭勒盟现已有631万亩（全部为有林地、疏林地和灌木林地）的林地达到了国家级公益林标准，但还未启动补偿工作，所涉及的农牧民希望纳入国家级公益林补偿范围的意愿非常强烈。为此，建议建立国家级公益林动态监测评估体系，对于符合国家级公益林标准的林地组织评估，适时纳入公益林生态补偿项目。针对近年来广大农牧民对林地保护和管护积极性大幅提高，建议地方政府将扶贫工作与生态补偿工作进行有机结合，实现森林生态效益补偿基金的扶贫附加目标。

2. 在提高地方公益林补偿标准的基础上统一国家级与地方公益林补偿标准

锡林郭勒盟现有国家级公益林主要分布于国营林场，这些国营林场均为生态林场，所处的地理位置十分重要，且都是该盟内流河的发源地，对全盟生态建设具有至关重要作用。由于国有国家级公益林补偿标准远低于集体和个人的标准，难以达到理想的管护效果。同时，由于地方公益林补偿标准低于国家级公益林补偿标准，导致农牧民管护积极性不高，对开展地方公益林管护工作形成了较大阻力。为此，建议把地方公益林纳入到国家级公益林补偿范围，或将补偿标准提高至与国家级公益林一致。我国现有的森林生态补偿基金主要来源于各级政府的财政资金，随着森林生态效益补偿基金模式的成熟，建议积极探索更为广泛的资金来源渠道。

3. 引导公众参与生态补偿，建立改善人力资源的长效机制

随着公益林补偿面积的不断扩大和补偿标准的逐步提高，公益林管理部门所承担的工作任务压力也越来越繁重。锡林郭勒盟大部分旗县公益林管理部门固定的管理人员只有 2—3 人，甚至 1 人，不得不临时聘用一些大学毕业生或其他人员，但现行《实施方案》中又不允许在公共管护支出中列支人员经费。由于人员工资没有稳定的来源且待遇较低，很难留住人才。按照相关制度要求，各旗县每年两次的全面自查应该对本地全部补偿的公益林进行自查，由于人员少、经费缺，目前只能以点代面地抽查，难免出现漏查的现象，特别是较为突出的管护不到位、禁牧不严等问题难以及时发现和改正。为此，应当强化公众参与原则，促进公众参与生态补偿领域的监督与管理。同时，面对专业技术管理人员欠缺的情况，应当增设技术管理人员岗位，加强现有岗位人员的专业技术培训，积极探索森林资源服务的市场交易制度，建立解决人员经费不足的长效机制。

4. 探索建立以“结果”为导向的生态效益补偿资金分配机制

各级的森林生态效益补偿资金管理办法中明确了管理部门的检查验收职能，而没有赋予各级管理部门对补偿资金的分配权限，导致即便是公益林所有人管护水平不高也要发放补偿资金。为此，建议进一步完善公益林检查验收办法，明确盟、旗、乡镇（或国营农牧、林场）的各级林业、财政部门的管理权限，根据管护结果的优劣，决定是否发放补偿资金或者是否足额发放补偿资金。同时，建立森林生态补偿成果考核的科学评价机制，实施“奖优罚劣”的补偿制度，对不同用途的森林防护行为以及管护的难易程度，制定分层分级的森林生态补偿标准；对生态补偿成果的考核进行定量评价，与生态补偿资金的发放相挂钩。

（四）对完善我国生态补偿基金制度的思考

当前，我国森林生态效益补偿基金的运作是以政府为主导的。政府主导之下，生态补偿资金来源的稳定性较高，但随着生态补偿覆盖范围的逐步扩大，对各级财政也造成了一定压力。积极探索补偿方式、健全补偿途径、完善补偿网络，在保障林户经济利益的基础上提高林户的积极性成为当前我国完善森林生态补偿基金运作机制的应有之义。为此，应当从顶层制度完善、运行机构设置、资金来源渠道拓宽以及资金运作监管等方面进行系统性探索（见图6－2）。

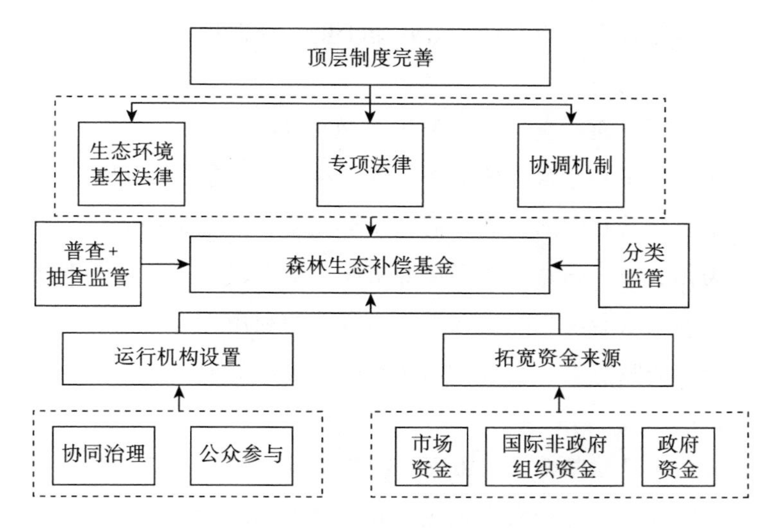

图6－2　森林生态补偿基金的机制设计

在顶层制度方面，应当完善森林生态效益补偿基金的相关法律制度，为森林生态补偿基金的运作提供有力的法律保障。森林生态效益补偿基金是一项制度安排，需要通过法律机制来实现多方利益的协调。在生态环境基本法律中，应当将生态补偿基金纳入法律内容框架中，将生态补偿作为基本制度予以明确。同时，在现有的专项法律制度中，应当增加森林生态补偿的原则性内容，避免林木划分依据的不同，造成现有政策与法律内容的相互冲突。此外，针对目前退耕还林工程林、重点公益林和天然林保护工程林在同一区域内出现三种补偿标准，造成同一区域内农户之间的补偿标准不一致的现象，应探索建立协调、统一的森林生态补偿机制，在政策上明确统一标准，避免政策间交叉重叠与冲突的现象出现。

在运行机构方面，应当借鉴国外森林生态补偿基金的实践，在协同治理的理念下，探索构建多中心的森林生态补偿基金管理机构，形成市场配置资源与政府宏观调控的合力。政府参与森林生态补偿基金的管理机构，可以平衡市场与公众利益，将森林生态补偿基金的预期目标与社会效益、区域发展相结合；森林生态补偿基金的运作中引入市场力量，可以借助专业机构的管理经验，提高基金的资金运作效率，促进补偿主体的多元化发展，形成多元化的补偿方式。另外，应积极引入社会公众参与生态基金补偿的监督与运作过程，激发社会公众对于生态补偿项目的积极性，强化社会公众的监督作用。

在资金来源方面，应当积极拓展非政府组织以及社会资金来源渠道。明确政府作为生态补偿基金的责任主体，在财政拨款的基础上，积极探索市场化的生态交易制度的建立，借助碳汇交易、生态旅游、生态产品认证体系等市场化手段，拓宽补偿资金的来源。随着我国市场体制改革进程的不断推进，各级政府应当积极探索社会资本的利用方式，提高生态补偿项目对社会资本的吸引力，在特定领域和基金运作的成熟阶段，发挥财政资金的杠杆作用。

在森林生态补偿基金监管方面，应当依据森林生态管护的不同要求及管护成本，实施分层分级管理制度。由于我国森林生态资源分布不均衡，加之不同的区域自然条件存在差异性，各区域对于森林生态资源管护的要求、难易程度也不尽相同。对此，各级政府相关职能部门应当探索更加科学化的考评机制，对于养护结果采用普查与重点抽查相结合的方式，实施全流程的监管，使森林资源的管理逐步走向规范化、科学化。随着信息技术的发展，森林生态效益补偿基金的监管部门应当借助大数据技术，采集森林生态信息数据，通过监控生态信息数据的波动，对森林生态补偿行为的异动性进行监测，提高监管工作的效率。

四、国外生态补偿基金的实践与启示——基于政府与市场主导模式的比较

目前，全球已开展了数百项的生态补偿实践案例。生态补偿机制的运行过程中普遍面临着预算约束，意味着其经济有效性与生态有效性同等重要。党的十九大提出“要建立市场化、多元化生态补偿机制”，意味着需要打破现行政府主导、财政投入作为主要来源的格局，探索构建多主体、多元化模式、多渠道资金投入的生态补偿体系。作为生态补偿的重要方式之一，生态补偿基金也存在政府主导型和市场主导型两种运作模式，在资金投入、过程管理、补偿效果等方面存在一定差异。本部分通过考察、总结和对比国外两种模式的生态补偿基金实践案例，分析两种不同模式下的基金运作机制及生态补偿效率，为我国生态补偿基金的设计提供有益的启示与借鉴。

实践表明，从生态补偿的资金来源、作用主体来看，主要分为政府主导模式和市场主导模式。前者的资金来源主要是财政拨款，管理过程中也主要是政府机构或非政府组织发挥作用；后者资金来源渠道包括政府、非政府组织、企业及个人，运作过程充分体现了市场化特征。

（一）政府主导的生态补偿基金模式

政府主导的生态补偿基金模式，是在补偿机制、作用主体与运作方式的选择中以政府为主体形成的生态补偿模式。具体而言，在该模式中政府作为第三方机构代表生态服务的消费者与生态服务的提供者协商价格并且购买其服务，在购买服务的过程中，对生态服务提供者的外部效应进行补偿（王军锋等，2011）。其中，第三方机构并不仅限于政府机构组织，同

样也可以为非政府组织、非营利机构等，第三方的概念主要是相对于政府、市场机构而言。

政府主导的生态补偿机制中，政府通过征收各项税费集中受益方资金，按照生态补偿合同的约定，直接或者间接转移给生态服务的提供者。这种模式下，受益方的选择范围较为有限，其作为补偿资金的主要来源，通常不可自主退出交易；生态服务的提供者通常具有选择的权利（袁伟彦和周小柯，2014）。在生态资源产权难以界定或者产权界定成本较高的情况下，通常采用政府主导型的生态补偿机制，从平衡公众利益的角度，政府对生态效益作评估，从而确定财政支出的额度与补偿方式等。

1. 墨西哥的生态补偿基金

墨西哥自然禀赋条件优越，一个世纪以前墨西哥的自然森林覆盖率曾高达99%，2010年森林覆盖率为72%。丰富的自然森林资源为墨西哥的物种多样性奠定了生态基础，是世界上物种最为丰富的国家，该国爬行动物的种群数量位列全球第一，鸟类种群数量与哺乳动物的种群数量分列第三与第四。同时，墨西哥的植物种群数量超过了美国和加拿大的总和（Alix - Garcia et al.，2005）。墨西哥的森林分布广阔，但是近年来随着城市化进程的推进，墨西哥使用大量的土地进行工业化以及牲畜畜养，直接导致了墨西哥森林面积的不断减少，导致了森林的严重退化。墨西哥林业的产权性质主要分为三种，其中国有林业、私有林业、公有林业的比重分别为5%、15%、80%，同时墨西哥全民人口中约有1200万人的生计需要依赖森林。在墨西哥，8500个合作农场或其他社区组织拥有约59%的森林（Steinfeld H et al.，2006）。社区森林管理的效果因社区的能力与约束力以及其他的土地利用机会而不同。2002年，大约只有28%的拥有森林的合作农场和社区进行商业性采伐活动（国际热带木材组织，2005）。一些合作农场从事木材加工（如锯木、家具和地板），一些合作农场已获得了森林管理委员会（FSC）或SmartWood的认证。面对前期严重的森林退化问题，墨西哥政府于2010年成立了全国林业委员会，提出到2020年森林面积减少量为零的规划战略目标，成立了墨西哥森林基金、帝王蝶保护区信托基金等，提供以市场为基础的生态环境有偿服务，政府只为愿意把森林用于提供环境服务而非生产木材的社区提供补偿金。通过市场化的生态环境补偿机制，显著降低了墨西哥林业的退化速度，同时对生态物种多样性的保护也起到了有益的探索。

（1）墨西哥森林基金。

①基金背景及机构设置。

墨西哥生态补偿机制是其生态战略的重要组成部分，墨西哥中央政府设置了国家林业委员会负责生态补偿机制的运作。2003 年，墨西哥政府成立了水文环境服务机构（PASH），该机构在 2004 年开始负责碳整合、生物多样性保护以及推动农林业系统的提升（PSA - CABSA）。其中碳整合和生物多样性计划于 2006 年被整合为一个单独的复合项目——温室气体减排计划（Pro - Arbol）。该计划的目标是 25 年造林 85.6 万公顷，政府对造林实施直接财政补助金计划，覆盖到造林前七年的费用，依据不同的林木类别制定不同的财政补助资金标准。分别以纸浆用林和锯材用林为例，前者第一年补助 398.87 美元，后六年平均每年补助 54.48 美元，七年累计补助为 740.45 美元；后者第一年补助为 389.87 美元，后六年每年补助 82.59 美元，七年累积补助为 885.41 美元。同时，还配合实施了税收优惠政策，主要有：所得税和资产税减税 25%—50%，对机械装备的折旧率提高到 93%，购入消耗品的附加值免税以及投资收益免征税收等。

该计划与 2003 年成立的国家森林基金相互补充，成为了墨西哥生态补偿系统的重要内容。国家森林基金的成立初衷是为了减少政府财政支出的不确定性，同时为五年合约的执行提供中长期的资金保障。该基金的初衷是对于土地使用者不改变森林用途的行为进行奖励，但是并不是强制性的，同时监督在合同约定范围内的土地区域不进行狩猎、燃烧以及其他对森林有害的行为。墨西哥国家森林委员会（CNF）在五年内对于森林的保护行为进行补偿，该机构有权力监督森林保护的行为，并且依次决定是否进行补偿。在技术手段上，水文环境服务机构（PASH）通过卫星定位系统提供宏观层面的森林覆盖面积的数据，为下一年度的基金支付提供技术依据。此外，2004 年初，墨西哥国家森林委员会（CNF）设立了下属技术委员会（TC），负责专门制定基金运行的条例。

②运作机制。

a）基金规模。墨西哥森林基金（FFM）于2003年成立以来，现有规模为160万美元，且突破了财政预算要在当年使用完毕的限制。该基金现有160万美元将覆盖后续四个年度，这也是该基金的重要优势，避免了在一个完整年度内集中使用财政资金的难度。

b）申请流程。该基金的申请条件十分简化，仅需要填写一份两页纸的表格以及提交合法权利证明。对于合作农场而言，需要一份表明已经在社区内就参与该项基金举行投票的证明材料。根据这份材料，基金将会对参与的社区根据社区边界线确定一个精确的森林保护区域范围。

c）合同条款。关于定价机制，该基金合同试行了双定价机制，每英尺茂密森林的定价为40英镑，其他森林种类的定价为30英镑。为了防止树木数量的减少，大多数情况下合同对于从社区森林区域范围内移动树木也视作为违反合同的约定，并且该行为可以构成基金不支付补偿金的理由。合同条款每年会进行更新和重新签订，其中有关合同具体的官方执行标准有如下内容：其一，森林的面积密度应当在80%以上（例如：每英尺面积上将有80%的树木覆盖）；其二，位于过度开发地下水的区域；其三，靠近人口数量大于5000人的区域。其中，第三条主要是基于只有足够数量的居民才能形成交易市场，该区域才会对森林保护地下水源存在需求。后期，墨西哥森林基金在现有的基础上，新增了两项选择标准，一项是国家保护区域或者是“优先保护山区”；另一项是过度开发的水域（见表6－5）。

表6－5　墨西哥森林基金主要内容

机构	内容
设计	国家森林委员会（CNF）和技术委员会（TC）
其他相关者	世界银行、社会组织
资金	150万美元
补偿对象	合作农场、社区合作农场以及私有产权的森林区域
选择机制	80%森林覆盖面积的社区农场
区域	存在生态破坏风险的目标区域；国家自然保护区或者“优先保护山区”
合同主要内容	被补偿者承诺不改变森林的覆盖率

③生态补偿效率评价。墨西哥森林补偿基金是以政府为主导的生态补偿形式，在实施过程中有效减缓了墨西哥森林覆盖率迅速减少的趋势。但是，在森林补偿基金的运作过程中存在着目标单一、加重政府财政负担的问题。一方面，由于国家森林委员会在墨西哥森林基金的筹办到运作仅经历了 3 个月的时间，并且最初的工作人员仅有 3 人，时间及人员短缺的限制，造成了该基金在最初选择森林生态保护的对象上存在不科学的行为，现有森林覆盖率为 80% 以上的标准本身就排除了生态保护形势严峻的区域；另一方面，人手不足，导致了工作人员仅依靠卫星定位系统进行补偿对象的选择，降低了补偿的精确程度。

在生态补偿的附加目标设置方面缺乏效率。生态补偿通常具有附加目标，其中最普遍的附加目标是实现社会财富的再分配，提高社会整体福利（张晏，2016）。但是，在墨西哥森林补偿基金的形式中，并没有实现减贫这一目标，由于目标选择的限制性，造成了墨西哥的森林补偿基金在“公平性”确保的同时，缺乏的扶贫效益，通常该类的补偿金流向了几乎没有采伐森林和水供给威胁的区域。

（2）墨西哥帝王蝶保护区信托基金。

①基金背景及机构设置。墨西哥森林覆盖率曾迅速减少、全球气候变化导致了近年来帝王蝶数量锐减，对此墨西哥多级地方政府、基层组织以及高校、研究机构与社区农场以及内部的社区组织花费了 15 年的时间共同研究墨西哥帝王斑蝶保护项目，设计了一种以社区为主的管理和发展计划。20 世纪 90 年代，由于发生了“挤出效应”，帝王蝶的数量开始锐减，政府开始禁止帝王蝶保护区域的伐木活动，但并没有对当地的土地所有者或者社区农场给予相应的补偿，导致了该区域非法伐木活动的加剧。

在上述背景下，针对核心区域内物种多样性保护的生态补偿机制产生了，该区域成立了帝王蝶保护基金。该基金是由世界自然基金会、墨西哥自然保护基金、惠普基金、墨西哥环境和自然资源秘书处（SEMARNAT）共同设立的信托基金形式。该基金也是墨西哥政府基于政府主导生态补偿机制市场化运行的探索，且该信托基金的运行模式和生态保护效果已经达到预期，成为该国在生态区域保护方面的成功案例。

②运作机制。

a）基金规模。自2000年11月起，为了保护帝王蝶核心生态区，该基金组织共储备了650万美元的资金池。最初的资金来源中，墨西哥政府配套拨款了150万美元，其他基金共同出资了500万美元（李琪等，2016）。截至2013年，该基金组织的资金规模已经达到了730万美元（Garcia，2015）。该基金通过专业化的运营，将基金管理收益完全用于对核心区域社区居民的经济补偿方面。

b）基金主要运作方式。该基金对于帝王蝶核心保护区域内以伐木为生的经济组织和社区居民自2000年11月起给予直接经济补偿，补偿标准设置为一立方米可以享受18美金的补贴以及12美金的保护费用。最初，有38家合作农场参与了核心区域的补偿项目。截至2013年，基金已承担了总计730万美元的生态补偿费用。

该基金的合同内容主要是监管卫星地图上森林覆盖区域的土地使用变化。这些土地使用变化指标是基金委员会决定资源配置以及是否继续对特定合作农场支付补偿费用的方式。根据合同约定，参与该项计划的农户必须承诺森林覆盖率的减退速度在5%以内。在合同期限设置方面，突破了森林补偿基金5年的限制约束条件，最终目标是构建一份永久性合同，以实现基金管理委员会对于非法采伐和减少环境恶化的长期监督作用，并且可以进行数据收集，为政府组织提供信息资源，以此为基金的收益来源之一。此外，该基金的运作对于生态保护区的保护和防范也起到了重要示范作用。帝王蝶基金对于基金效益的衡量标准包括了对当地核心区域森林覆盖率的保护与监管。

③生态补偿效率评价。帝王蝶基金是墨西哥生态补偿机制的市场化探索，通过信托基金的运作实现了对帝王蝶核心区域的生态保护，对于帝王蝶数量的回升起到了重要作用。2003—2005年期间，帝王蝶核心区域中的479公顷森林面积仍然在减少，但在2001—2012年间，由于帝王蝶保护基金的补偿行为，核心区域森林减少的速度开始大幅度降低，在基金执行期间，非法砍伐的行为得到了有效遏制。

该基金作为生态保护区域的成功实践探索，通过制定一项明确的长期财务战略，为核心保护区域提供了长效稳定的保护机制；通过持续性监督核心区域的森林覆盖面积以及土地使用情况变化，为政府监管制度安排提供了更为准确的依据；通过长期的技术监督手段，对核心区域内社区农户采用经济激励手段影响其生态影响行为，减少了生态破坏；同时，基金委员会通过公开信息，完善基金管理过程中的问责制度，在国际上成为了生态保护基金的成功案例，进一步吸引了国际生态环境组织对该基金的投资，拓宽了资金的来源。

2. 德国的生态补偿基金

（1）德国的生态状况。自20世纪20年代开始，德国的生态环境由于工业化进程与战争影响，遭受到了重创，且日益恶化。德国工业化进程中，国内能源消耗需求巨大，德国政府始终致力于对可再生能源的开发与集成，制定了关于能源转换的中长期目标。能源的巨大消耗除了给能源可持续再生带来了问题，也造成了水域、空气污染问题。20世纪初，莱茵河的有毒物质含量甚至达到了正常值的200倍，工业区鲁尔德空气污染问题突出，即使在白天，能见度也极低。对此，德国多方筹集资金和经费，对流域生态保护展开探索性的生态补偿机制，通过多年实践，在易北河生态补偿治理方面成为了全球典型的成功案例。

工业进程带来的问题日益突出的同时，德国农业生态环境问题也同样严重。德国农业产业方面，为了追求产量，解决战后国内温饱问题，在农业生产过程中使用大量的农药、化肥以及饲料，在提高农业产量的同时，造成了严重的生态环境破坏，使得水域富营养化、土壤污染、地下水污染、饮用水污染等生态环境问题日益突出。20世纪70年代以来，随着德国农业技术水平的提高，产量进一步增长，带来了产量过剩，造成了农产品价格走低，加剧了农村的贫困化。在此背景下，德国政府开始实施农业生态保护政策，对采取有利于生态保护措施的农户进行补贴。

（2）德国农业生态补偿基金。

①基金背景及机构设置。德国农业生态补偿主要体现为对生态农业以及传统农业两方面进行补偿。生态农业补偿方面，从事生态农业活动的劳动投入要大于传统农业，由于不能使用农药等辅助手段，需要强化个人的

劳动投入；同时，生态农业的转型过程也比较漫长，相较传统农业一年的转型期而言，通常需要2—3年的时间。传统农业方面，为了平衡农业产品的供需状态，改变农产品供给过多的局面，德国政府采用直接补贴的形式，对农民、农业进行扶持，实现生态补偿的同时，也解决了农民减贫问题。对此，德国实行了以政府补偿为主、市场补偿为辅的复合型补偿机制。

②基金运作机制。

a）基金来源。德国农业生态补偿对象主要包括三个方面，分别是有机农业、草场以及生态生产方式。有机农业方面，政府农业部门通常对有机农业提供免费的技术咨询，对符合有机农业的农户发放补贴；草场方面，鼓励采用粗放式的草场使用方式，对减少草场进行畜牧养殖的行为进行补贴；生产方式方面，对于放弃使用除草剂等农药的农户或者农业企业进行补贴。上述补贴直接来源于政府性基金，有利于维持补贴的稳定性与长期性。

b）补偿标准。德国政府在农业生态补偿方面制定了详尽的补偿标准，计算基础通常是在以前收入的基准上，对采取农业生态保护措施的费用进行叠加（见表6－6）。其中，农业生态保护措施针对上文提及的三个方面的内容，具体可以分为：有机农业补贴、粗放型草场使用补贴以及放弃使用除草剂等农药补贴（万晓红和秦伟，2010）。

表6－6　　德国农业生态补偿基金补贴标准

补贴类型	补贴标准
直接补贴	常规补贴＋特殊补贴 常规补贴标准：每公顷土地：300欧元/年；特殊补贴：对于气候、坡度、种群多样性进行补贴。
生态转型补贴	多年生农作物每年每公顷：950欧元；蔬菜：480欧元；种植业和绿地：210欧元。
其他补贴	例如，休耕土地：每年每公顷给予200—450欧元。

在慕尼黑区域，由于水系发达，芒法尔（Mangfall）河谷流域面积达到了6800公顷，提供了80%的城市水需求，同时该区域还是传统的牛类饲养区域。19世纪80年代，慕尼黑区域遭遇了严重的水污染，对此该区

域地方政府在农业生态治理中，附加了治理水域的目标。该地方政府自1992年开始实行大规模的“有机农业转换项目”，项目计划持续6年，后被延长到12年。地方政府与农民直接签订补贴合同（见表6－7）。

表6－7　　慕尼黑地区的农业补贴标准

时间	1992—1998年	1998—2010年	2011—2016年
补贴标准	有机农作物： 281欧元/年/公顷	230欧元/年/公顷	380欧元/公顷/年（区域1） 280欧元/公顷/年（区域2） 250欧元/公顷/年（区域3）

c）运作流程。德国在制定详尽的农业补贴标准基础上，对农业生态基金的补偿流程也作了严格的规定，大致可分为三个阶段。首先，农户进行申请与检测。德国农业生态补偿基金采取的是当事人申请制，农户或农业企业先要对政府发起补贴的申请。申请方式为网上申请与检测取样评估，地方行业协会指导农户或者企业对土壤的背景值等指标进行取样，每三年对该指标进行一次周期性检测。其次，国家农业部委托地方行业协会对指标值进行检测评估，向州农业部门出具检测评估报告。最后，州农业部门审批通过后，对符合条件的农户或者农业企业进行补偿。

③生态补偿效率评价。德国农业生态补偿政策的实施取得了明显成效，通过农业生态补偿，农户对于土地使用、水域保护、草场及化肥的使用有了更为先进、环保的理念。农业生态补偿措施使德国耕地质量、农产品质量都有了显著改善，对于农产品供需调控起到了重要作用。同时，德国政府在农业生态补偿基金资金渠道来源的作法也具有重要的借鉴作用，通过采取政府为主、企业为辅的策略，缓解了财政资金压力，拓展了资金来源渠道；通过引进社会资本参与，提高了生态保护效益与监督功效，减少了政府监督成本，提高了资金使用效率。

（3）横向转移支付模式——流域生态补偿基金。

①基金背景及机构设置。易北河是东欧与西欧之间的链接枢纽，最长河段在中欧，全长1143公里，从捷克穿行到德国的北部，其中148269m^2水域上共有2500万人口，其中河流经过的盆地有一部分位于奥地利内。

20世纪80年代，德国与捷克两国的工业化进程发展不一致，捷克在大力推进工业化过程中，对易北河造成了严重的水域污染，河流周边区域的农业养殖行为进一步加剧了水质污染，对德国造成了严重的影响。易北河的案例属于典型的跨区域水域治理案例。

②运作机制。

a）基金来源。易北河的跨区域治理行为本身也经过了原东德、西德与捷克政府的多次沟通。1949年至1989年间，几乎没有三个主要沿岸国家之间水域合作治理的先例。原西德多次试图说服上游的东德和捷克参与水污染治理，由于两者位于河流的上游，参与共同治理的动机一直不足。虽然1974年原西德分别与原东德、捷克分别达成了双边水污染治理协议，但并没有真正实施的条件，也未形成正式的书面协议。对此，本着“谁污染、谁治理”谈判原则的原西德在此问题上陷入了僵局。冷战结束后，在国际组织的协调下，德国、捷克以及欧洲经济委员会（EEC）共同达成了国际易北河保护协议（ICPE）。该组织的目标主要在于三个方面：减少农业使用水和沉积物，治理易北河水域，尤其是饮用水水源；实现自然生态系统健康的物种多样性；减少北部易北河区域的污染。

b）基金组成机构及资金来源。德国政府与捷克政府在此背景下进一步建立了双边合作组织，该组织的目标以易北河生态环境治理为核心。根据协议，德国要在易北河沿岸修建7个国家级公园，并对易北河治理补贴研究费用、财政拨付排污费用以及对上游区域进行生态补偿。经费具体使用方面，德国政府对捷克支付900万美元，用于建立双方交界处的污水处理厂，2000年整个项目的经费达到了2000万马克。对易北河上游生态补偿的过程中，德国建立了“横向转移”的生态补偿制度。横向转移支付基金来源主要分为两部分：一部分是扣除划归各州销售税的25%，另一部分是国内地区之间的财富转移，通常是经济较为发达的州政府对经济欠发达区域提供补助金。

c）基金目标。后期，以该协议为基础，形成了两个不同的行动方案。1991—1996年期间，沿岸国家同意共同治理严重污染的水域，特别涉及公共以及工业水源。该项目还依据污染处理厂的定义标准来识别工业“水源定点”，并且以此设定优先顺序。1996—2010 年期间，易北河沿岸国家采取了长期的跨区域治理，进一步减少公共和工业点源的污染，强调减少地方分散排放以及生态恢复易北河区域的冲击平原，具体目标主要是提升饮用水的质量以及增加区域生物的多样性。

③生态补偿效率评价。在跨区域水域的生态补偿方面，德国易北河水域治理已经成为了一个跨区域转移支付的典型成功案例。德国凭借自身的经济基础，向捷克区域支付上游流域的生态补偿费用，有效提高了上游区域参与易北河流域治理的积极性。通过跨国界的合作与努力，易北河的水质有了极大的改善，基本上达到了饮用水水质要求，流域周边的社会经济效益也显著提高。转移支付模式也探索了生态补偿过程中跨区域治理的有效路径。德国政府通过建立中央和地方相统一、协调的基金，对易北河上游区域的治理提供了有力的财政保障；同时，通过国内富裕区域向贫困区域的转移支付，也为国内区域协同发展起到了促进作用，实现富裕区域对于贫困区域生态补偿的附加目标（史旦等，2014）。

（二）市场主导的生态补偿基金模式

基于产权理论，市场化的生态补偿机制通常是以产权的分配作为支撑，通过市场或者准市场交易的政策选择，实现环境外部性的社会最优化选择（Muradian et al.，2010）。目前，国外生态效益补偿的市场化方式主要有商业规划、碳汇及碳交易、生态旅游、生态产品认证体系以及生态补偿基金等（见表 6－8）（万本太和邹首民，2008）。生态补偿基金方面，全球已有 100 多种环境基金，这些基金的类型主要分为捐赠基金、偿债基金、周转性基金三类，以不同形式为生态补偿提供资金来源。同时，这三种基金并非完全独立，可能会存在交叉重叠的现象，在基金的表现形式与内容上会存在相互嵌套的情况，如捐赠基金可能是以信托基金的形式表现出来，同时基金管理机构会由当地政府、环境专业机构等共同组建（Deng et al.，2016）。在市场化运作过程中，生态补偿基金由管理机构委托专业基金运作机构，通过资本市场或者商业化手段的操作，引进银行、基金等专业金融机构参与，来提高基金的收益。

表 6-8　　国外生态效益补偿的市场化方式

补偿类型	内容	特点
商业规划	主要是对生态区域的财政状况进行评估、结合商业规划带来的发展机遇，对生态商业开发区域的利益相关者明确其义务及权利。	提高生态环境成本与收益的信息对称性。
碳汇及碳交易	基于森林的碳排放正外部性，发展中国家将多余的碳排放指标转卖给发达国家，最终形成一个可贸易的交换市场。	实现能源指标的全球贸易化。
生态旅游	通过开发生态区域的旅游资源，通过价格手段，限定合理的游客数量，在确保生态资源环境有限的前提下，实现生态区域居民的利益。	增加生态保护的减贫附加目标。
生态产品的认证体系	在国际生态产品贸易过程中，通过国际统一标准的认证体系建立，对生产者和消费者进行有效的激励。	提高贸易效率，间接实现生态补偿。
生态基金	设立不同种类的基金形式，为生态环境的保护与相关研究提供资助，基金管理委员会制定基金运作机制，实现生态补偿。	拓宽补偿资金来源渠道，提高资金效率。

1. 哥斯达黎加的生态补偿基金

哥斯达黎加作为发展中国家，位于中美洲地峡。该国面积只占到世界面积的0.03%，但是物种族群种类极为丰富，约占到世界总量的5%，是世界上生物多样性密度最高的国家。由于在国家发展进程中，森林被砍伐、破坏的现象日益严重，森林面积覆盖率衰退的同时，也带来了对物种多样性的威胁。面对日益严峻的森林生态环境，哥斯达黎加政府自20世纪70年代开始采用生态补偿等措施，先后通过森林信用认证（FCC）、森林保护认证（FPC）等市场认证手段，推广商品林的种植，以解决森林无序开发的现状。1996年，哥斯达黎加颁布了《森林法》，从立法层面上提出了国家森林四种服务形态，分别是：减少温室气体排放、水文服务、生物多样性保护以及为生态旅游提供优美景观（Pagiola，2008）。根据该法律，哥斯达黎加政府政于1996年4月，成立了国家森林基金（FON-AFIFO），作为一个具有独立法律地位的半自治机构，理事会由环境能源部、农业部和国家银行系统的代表和两个私营森林部门的代表组成，该组织负责森林生态补偿基金的使用、监督与管理。在法律和政府专业委员会的作用下，哥斯达黎加形成了对土地所有者和土地行为进行森林生态服务补偿的特色机制，业已成为全球森林补偿基金的重要实践案例，哥斯达黎加也因此被冠以“环保小巨人”的美誉。

（1）森林生态补偿基金。

①基金资源来源。1997年，哥斯达黎加政府开始正式实施森林生态补偿制度（PSA），该制度在现有的森林补偿法律内容的基础上，进一步补充了两个方面的主要内容：其一，对商品林产业的补偿转为森林所提供的生态系统服务的补偿；其二，补偿资金来源由国家财政转为目的税和受益方支付。同时，国家森林基金为森林生态补偿制度的管理机构，目前主要的基金资金来源于3.5%的化石能源销售税（每年约1000万美元）。此外，随着该森林基金运作模式的日益成熟，其资金来源也得到了进一步丰富，下表为基金资金来源的具体内容（见表6-9）。

表6-9　　　　哥斯达黎加国家森林基金资金来源情况

资金类型	资金来源	阶段	数量
国家财政资金	燃料税	1997年至今	350万美元/年
	木材立木价值税	1998年（仅该年度征收）	4000万科郎；2004年上涨至6000万科郎（通过基金运作）
公众或者私人公司	圣费尔南多和中央火山区域的全球基金	1997年至今（每5年合同更新）	约4万美金/年
	圣卡洛斯北部流域	1999年至今（每10年合同更新）	约3.9万美金/年
	佛罗里达冰雪农场保护组织	2001—2009年（初始合同为8年）	约4.5万美元/年
捐赠、补助金、市场工具	世界银行生态保护捐赠、GEF补助金	2000—2005年	约400万美金/年
	KFW捐赠	2000—2007年	约180万美金/年
	通过公开市场售卖的造林项目	2002—2004年	约30万美金
	环境服务认证	2002年至今	约135万美金/年

②基金运作机制。

a）基金补偿对象。该基金主要对土地所有者的下述行为进行补偿：植树再造林、持续性的森林管理以及森林保护行为。该基金的补偿对象直接定位于私人土地的使用者，主要是为了解决该类型土地森林覆盖率快速消退的局势。

b）基金申请条件。土地所有者要参加生态补偿项目，必须递交保护区域的产权证明文件，且同时满足下列的条件：

A. 提供土地所有者的书面申请材料，在约定期限内的合法授权、身份状态、认证编号、提供管理类型的分类、申请土地的具体位置、土地资产的注册日期以及联系地址；

B. 提供上述合法证明材料的复印件；

C. 提供森林保护区域的具体实施计划，并且提交给 PSA 机构；

D. 公共注册的证明文件；

E. 依据国家森林委员会（AFE）提交的森林注册管理计划，并且根据管理内容进行编号分类；

F. 申请森林区域的地图；

G. 土地所处位置的矢量化地图；

H. 最近的财产税缴纳证明材料；

I. 与 PSA 合法交易的第三方公证材料；

J. 社会安全组织（CCSS）登记的证明材料；

K. 通过农业发展委员会授权的农场董事材料。

此外，根据哥斯达黎加国家森林基金（FONAFIFO）的规定，符合上述材料条件的私人土地所有者的土地面积范围弹性较大，最小可以为 1 平方英尺，最大可以为 300 平方英尺。

c）合同内容。哥斯达黎加国家森林基金（FONAFIFO）对于生态补偿金额的标准有详细的约定。通过具体行为补偿标准的定价机制，对不同生态保护行为实施不同的补助标准，在基金的支付比例上也并非采取完全等额支付的形式。为了提高农户重新造林的积极性，该基金实行了阶梯性的补偿标准，前两年的支付比例高达 70%，覆盖了前期木材的大部分成本。同时，该定价标准是初始的合同价格体系，在执行过程中，将会根据土地所有者的合同履行情况进行即时的调整（见表6－10）。

表6－10　　森林补偿基金补偿标准

补偿行为	支付机构	最小面积/公顷	最大面积/公顷	五年每公顷的补偿标准/科郎	每年的支付比例
重新造林	森林认证机构（CAF）	1	—	120000	50%；20%；15%；10%；5%
重新造林（小型生产组织机构）	森林行政认证机构（CAFA）	1	10	120000	50%；20%；15%；10%；5%
自然森林的管理	森林覆盖率认证机构（CAFMA）	2	300	80225	50%；20%；10%；10%；10%
森林再造	—	2	300	50000	每年20%
森林保护	森林保护认证机构（CPB）	2	300	50000	每年20%

通常情况下，所有合同签订周期为5年，合同执行期间内，土地所有者将其碳排放权益和其他环境服务权利都上缴给该基金。待合同执行期满，土地所有者将会重新进行谈判，或者将补偿权益售卖给其他土地所有者。在申请过程中，土地所有者提交的森林保护计划书也是合同的重要内容。

（2）生态补偿效率评价。

哥斯达黎加国家森林基金是20世纪90年代比较成功的案例，对于世界生态环境补偿的实践具有重要的借鉴参考意义。哥斯达黎加政府面对日益严峻的森林生态环境以及物种多样性的保护需求，从法律制度层面开始着手，保障了森林生态补偿行为的法律有效性，并且前期通过信用认证等市场方式对国内生态保护环境市场进行了试点。在此基础上，1996年成立的国家森林补偿基金在法律层面以及实践操作层面都进展地较为顺利。同时，在基金运行过程中，通过不断吸收不同组织、区域的资金来源，进一步缓减了财政资金的压力，通过市场化的运作行为，提高了资金的使用效益，增加基金的运行收益。在基金的合同定价标准中，也利用结构性的差异化定价策略，对提供不同水平及内容的森林保护行为进行区分。

在该基金的作用下，哥斯达黎加的森林覆盖率大幅度提高，并且近年来实现了森林消退面积的负增长，通过补偿机制的设置，有效地降低了森林砍伐的风险（Tanttenbach，2006），估算约有38%的森林面积得以避免被砍伐的局面。在维持森林覆盖率的同时，森林生态系统的水服务质量也得到了明显的改善，新增的水服务用户也为该基金提供了更多的资金来源，进一步维持了基金的支付稳定性，两者之间形成了良性的循环。此外，森林生态系统的改善对于生物多样性、区域扶贫效应也发挥了显著的促进作用。通过生态补偿项目的实施，参加生态补偿基金的农户收入也得到了提高，改善了贫困区域的经济发展能力，通过生态旅游等项目的实施，带来了减贫的附加效果。总体而言，哥斯达黎加的国家森林基金的实践，为全球森林生态服务的探索提供了重要的示范作用，充分体现了市场调节作用下生态补偿的有效性。

（3）墨西哥与哥斯达黎加森林生态补偿基金比较。

哥斯达黎加与墨西哥在森林生态补偿基金的实践方面都展开了有益的探索，并且通过基金的运作也切实提高了森林生态保护效率，减少了森林衰退的速度，保护了生物种群的多样性。但是，通过比较两国的国家森林基金具体的运作模式，可以发现国家主导型与市场主导型生态补偿机制的明显差异，体现了市场主导型森林基金在缓解财政资金压力、拓宽资金来源，补偿对象及定价机制的灵活性，实施生态补偿的高效性特征。在资金来源方面，墨西哥政府主要是依靠财政直接进行拨款；哥斯达黎加在基金运作过程中不断通过创新补偿收费机制，从最初的化石能源销售税逐步吸引了水服务付费使用者、公共机构、公司以及国际环保组织的援助，主要实现了通过生态服务市场的自身运作，实现了基金资金池的充裕。在补偿对象及定价机制方面，两者也呈现了不同的特征，前者依据固定的森林类型实施均等补贴，忽略了补偿资金的时间价值及生态服务的差异性；后者通过制定了细化的价格体系标准，以及阶梯型的支付方式，提高了补偿资金对于土地所有者的行为影响程度，激发了土地所有者重新植树造林的积极性。在生态补偿实施效果的评价机制上，哥斯达黎加的市场化森林补偿基金的运作更为高效，在通过市场化提供生态服务的过程中，进一步拓宽了资金来源渠道，促进了基金的财务稳定性，同时，通过对森林区域实施生态保护，丰富了物种的多样性，全国10%比例的农户参与了该补偿基金，实现了减贫的效果。因此，哥斯达黎加采用的市场化森林生态服务补偿机制，符合了市场机会成本的原则（朱小静等，2012），对私人土地所有者形成了正向激励，并且通过基金市场化运作、差异化定价机制的设置，提高了生态补偿基金的效率（见表6－11）。

表6－11　　墨西哥与哥斯达黎加国家森林基金的比较

项目	墨西哥	哥斯达黎加
机构	国家森林委员会（CNF）和技术委员会（TC）	国家森林基金（FONAFIFO）
其他相关者	世界银行、社会组织	公益组织、公司、世界组织机构
初始资金	150万美元	1000万美元
补偿对象	合作农场、社区合作农场以及私有产权的森林区域	森林私人土地所有权者
选择机制	80%森林覆盖面积的社区农场	私人土地所有者的森林，面积范围为1—300平方英尺
补偿行为	被补偿者承诺不改变森林的覆盖率	植树再造林、持续性的森林管理以及森林保护行为

2. 厄瓜多尔的水保护基金

厄瓜多尔，与其他国家一样，存在水资源短缺以及水污染问题，这些问题对当地的发展与居民生活水平产生了严重影响。在厄瓜多尔，森林和草场是保护水源、防止土壤流失的重要途径，但森林的退化和草场的破坏对农业、水域等生态环境服务造成了负面影响。因此，厄瓜多尔对于上游区域森林以及草场的资源保护尤为重视，希望借此来保护下游用户的水资源。由于厄瓜多尔政治和经济发展态势在近十年来表现并不稳定，单纯依靠中央财政资金解决水资源保护问题显得举步维艰。在此背景下，介于私人市场与政府管理机构两者之间的社会团体发展了具有创新性、去行政中心化的水域管理机制。2000年，厄瓜多尔基多市成立了水资源保护基金

(FONAG)，为城市周边水域管理和保护提供了一条可持续的支持路径。经过多年发展经验的累积，厄瓜多尔在此基金模式的基础上，又发展了七支水资源保护基金，虽来源于基多的水资源保护基金，但彼此之间也存在着显著的不同之处。厄瓜多尔的水保护基金模式随着生态补偿模式的不断实践被广泛研究，其同时运行的两种不同的水域保护基金模式也引起了广泛关注。下文将以基多的水保护基金以及皮马皮尔（Pimapiro）水保护基金项目为例，在阐述两者运作模式的基础上，对其进行比较，以对水保护基金的不同模式进行更为直观的说明。

（1）Pimampiro 水保护基金模式。

①基金来源及组织。厄瓜多尔（Pimampiro）市人口贫困比例较高，1999 年约有 74% 的人口处于极度贫困状态。1999 年，该区域经历了持续很长一段时间的灾害，为保证全市的水资源供给，该市修建了一条运河，经过灾害的洗礼，当地的商业和民用淡水使用者的水资源支付意愿通常较高，为水保护基金的设立奠定了基础。2000 年，厄瓜多尔的非政府组织可再生自然资源发展组织（CEDERENA）的 3 名技术人员与市政府当局代表签署了 1 年的生态补偿方案，形成了最初的帕劳科河饮用水生态补偿方案（Martin－Ortega，2013）。因此，该基金的运作主要由两部分构成，分别是当地的政府机构以及非官方组织可再生自然资源发展组织（CEDERENA）。

②基金运行机制。

a）资金来源。该基金的来源主要由三部分构成，分别为 1350 户家庭缴纳的水消费附加税的 20%、水基金的利润来源以及当地政府的财政拨款。其中，水消费附加税的 20% 约为 4700 美元/年，水基金最初的基金规模为 15000 美元，当地拨款约为 864 美元/年，这些资金来源共同形成了该项目的资金池。初始阶段，该基金规模为 38000 美元，并且由泛美基金（IAF）资助（Wunder，2008）。

b）合同内容。该基金的补偿对象主要集中在帕劳科河上游的低纬度农场或者其周边的居民，共计 27 户，拥有“新美洲”合作社 638 公顷的土地。目前，已经有 19 户农户参加了该补偿项目，并且合同最初由 5 年期限延长至无限期。接受生态补偿的范围为1—93公顷，但由于过半数的农户拥有的土地面积不足20公顷，通常小农户花费的精力将会更多，因此其参与的积极性并不高。同时，该基金的交易成本较高，每公顷的成本高达69美元，执行成本为864美元，占比高到17%，约合每年每公顷1.54美元。

c）监督机制。该项目监督对象以及信息来源都是针对土地的使用情况，并不是服务提供者自身。市政府对土地利用监督采用3个月定期访问，随机选择3份合同内容进行随机抽查。由于市政府环境部门的人力资源有限，尤其是对于偏远地区的土地利用监督存在力度下降的情况。市政府将土地使用监督情况报送基金委员会，以便决定是否对违反合同条约的行为进行处罚，具体的处罚方式可选择延长资金补助时间，甚至是取消补偿合同。

③生态补偿效率评价。该项目的实施显著改善了流域上游的生态环境，上游流域的植被覆盖率也显著提高，间接提高了下游水域的质量。同时，通过该项目的补偿机制以及合同监督行为，显著减少了居民的森林砍伐行为，增加了违法砍伐的成本。由于该区域的贫困人口数量较多，基数较大，贫困程度较高，通过生态补偿基金的实施，也对区域的极度贫困人口形成了扶贫效应。对于贫困农户而言，每年约有252美元的生态补偿资金，超过了其所承担的生态补偿成本，切实增加了贫困农户的收益，提高了农户参加生态补偿项目的积极性。但是，该项目由于管理费用较高、管理资金持续性等问题，也存在着制约其可持续发展的不确定性因素。

（2）基多水保护基金信托模式。

①基金来源及组织。2000年，大自然保护协会受到美国国际开发署的资助，开始筹建基多市的水资源保护基金（FONAG），除了获得最初的资金支持以外，美国相关领域的专家和高校研究机构成员也加入了该保护协会。该组织在此基础上，也成立了5个类似的水资源基金保护项目。该信托基金成立了专门的管理委员会，独立于政府组织，对信托基金进行运作与管理。

②与Pimampiro项目的比较。相较于Pimampiro项目，基多市的水资

源保护基金（FONAG）在基金管理组织上具有显著的差异，该信托基金的管理机构独立于当地政府以及其他的水域利益相关者，聘用了外部专业的信托经理投资基金资产，对水域服务使用者收取的现金将会进行一个再投资的过程。通过专业投资运作，信托基金产生的收益将会分配给水域利益相关者，随后，水域利益相关者将会使用这笔资金去投资水域管理和保护行为，这些行为将会在双方的信托基金合同中详尽地进行约定。这些信托基金经理将会通过市场化的投资行为，创造出比维持水域基金运行所需要的更多的利润，在合同的过程中同时存在“用户”与“供应商”之间的资金转移以及保障水域的利益相关者投资收益的权利。

对于信托基金运行过程中产生的收益如何分配及使用，由信托基金董事会决定。董事会由当地政府以及信托基金出资者共同组成，因此董事会的决策结果同时代表了公共利益与私人利益。董事会决策过程中，通常伴随着公私利益的相互博弈。在这种运行机制下，水服务的购买者以及那些没有参加该项信托计划的水域利益相关者的诉求都会被涉及。博弈过程中，政府通常基于公众平衡利益，信托基金的出资者基于水服务的购买者，双方共同寻找需求的平衡点。董事会的职责主要在于提供技术支持、组织会议以及形成决定。

在水资源信托基金中，通过合同的方式详细定义了成员之间的关系，以及基金的使用事项。换言之，水服务的购买者以及水资源的提供者之间，不局限于是公共部门还是私人团体，在合同中都有同等的条件约定。详尽的合同约定有效减少了信托基金运行中的交易成本。

水资源信托基金相较于直接支付机制，提供了更为多元化的环境服务补偿内容。在信托制度设计下，水资源的提供者，通常包括公共代理机构、私人公司以及其他社会团体，他们在面对当地政府约定的事项中也会成为服务的支付者。同样，市民的支付机制也会在制度的设计上进行相应地转换。信托基金在法律状态上，是私人性质的、独立的，尤其是对于外部捐赠者而言，更具有吸引力。此外，信托基金的合约长期性（80 年）为水域保护发挥了持续性的作用，在长时间内通过生态补偿机制影响水域保护的行为，避免了短期激励行为的不可持续性（Kauffman，2014）。

3. 美国的农业生态补偿基金

20 世纪 30 年代以来，受到干旱、沙尘暴等自然灾害以及经济衰退的双重影响，美国政府开始探索致力于土壤保护和其他生态环境绩效的自愿支付补偿制度。美国作为世界上的超级农业大国，也是世界上最早建立生态补偿机制的国家，一方面得益于美国成熟的法律制度体系；另一方面也得益于其活跃的市场交易氛围，在实践过程中积累了丰富的经验。1993 年，克林顿总统发布总统令，成立了“总统可持续发展理事会”（PCSD），对美国可持续发展事业进行研究。美国政府通过宏观经济调控主导可持续发展，通过配套设置专业职能部门，充分发挥专业职能部门在环境保护工作上的协调作用。同时，依托较为完善的环境法律制度体系，将环境保护提升到国家战略层面，采用“栅栏环境管理”与“环境保护中央集权”相结合的模式，通过联邦层面的美国环境保护专业职能部门与各级环境保护部门形成的“栅栏”，确保各级环境保护的政府组织协力合作，确保各级环境保护部门工作的顺利开展。“环境保护中央集权”则强调中央政府通过财政转移支付、强化过程监督与控制权，提高中央政府对于环境的宏观调控作用（李丽平，2015）。总体而言，美国的生态补偿机制经过多年实践经验的累积，在农业生态补偿方面已经形成了成熟的体系，具有现实的借鉴意义。

（1）农业生态补偿基金。

①农业生态补偿政策体系。20 世纪 30 年代，美国政府就已经开始探索农田生态补偿项目，在发展过程中形成了系统的生态补偿政策体系，这是美国农业生态补偿机制区别于其他国家的显著特征。美国农业环境政策是生态补偿的法律基础，作为一系列项目的组合，对农业生态补偿的内容进行了多维度、全面、详尽的规定，具体包括：保护性储备计划（CRP）、湿地储备计划（WRP）、农田和牧场保护计划（FRLPP）、环境质量激励计划（EQIP）、草地保护项目（GRP）以及安全保护项目（CSP），通过对不同的农业用地类型实施不同的保护激励计划，建立了较为完善的农业生态补偿体系（Claassen et al.，2008）。其中，保护性储备计划和环境质量激励计划为美国生态补偿体系的两大重点内容。在实施项目计划过程

中，配合制定了大量的法律管制措施。20世纪70年代初以来，先后制定了《清洁空气法案》、《清洁水法案》、《联邦杀虫剂法案》、《联邦灭鼠方案》等，通过跨行业法律制度的制定，针对农田保护的特性，通过生态补偿项目与法律管制的同步作用，强化了对农田生态补偿的效果（见表6－12）。

表6－12　　美国生态补偿计划具体内容

农业生态补偿计划	目的	主要项目
保护性储备计划（CRP）	补偿农民临时退耕	改善水质的土地、改善土壤耕地、保护和改善资源基础的放牧地和林地、提升鱼类和野生动物栖息地质量的非联邦政府土地
湿地储备计划（WRP）	购买地役权来限制危害湿地环境的自愿性项目	永久地役权、30年地役权、恢复成本分担协议
农田和牧场保护计划（FRLPP）	资助合格机构购买私有土地的地役权、保护在城市化过程中受到威胁的高产、优质、高效土地	自然资源保护局资助合格购买机构进行土地收购
环境质量激励计划（EQIP）	改善农业相关的环境质量	空气质量激励、农用能源激励、季节性管道设备建设激励、有机作物种植激励

②基金运作机制。

a）补偿对象。美国农业生态基金的补偿内容主要集中在农田生态环境、环境成本效率以及农民补偿收入三个方面。农田生态环境方面，基于土地自然状态具有更大的环境价值为原则，农业环境政策补偿农民的出发点在于减少农业生产对于土地的侵蚀，仅补偿农业生产中对土地造成的负外部性，对正外部性不再进行补偿。农田生态环境补偿过程中，通常基于是否实现环境目标为评判依据，对于如何实现环境目标不作过多约束。提高环境成本效率方面，基于环境成本—收益原则，要求单位支出收益最大化，在此影响下，农田生态补偿采用效率优先的方式选择补偿对象，在同等的生态效率补偿效果上采用投标方式确定最低的补偿额度。

b）运作流程。在申请流程方面，对于符合农田补偿标准的所有农民，根据土地类型、土地利用方式、农业生产活动内容以及区域判断是否具有申请的初步资质。首先，在确定资质的基础上，农民将被要求主动提供近三年以来的农业生态变化信息，涉及土壤污染、空气、水质变化等数据，供决策部门进行初步分析；其次，农业主管部门采用投标法，要求每位竞争者提交投标书，具体内容涉及区域农田的具体保护范围，以及该补偿行为的最低价格；最后，农业主管部门将会利用生态补偿法，对每位投标者的内容进行打分、排序，确定最后的补偿对象名单（Daniele，2017）。

在补偿资金的分配方面，主要围绕农业环境政策的目标来制定资金分配的方式。在多重环境目标约束作用下，通常按照收益和成本的要求，采用环境指数来确定权重指数。

在管理机构方面，美国农业基金资金来源主要是国家公共税收，属于政府财政范畴，该基金管理是由美国农业部进行管理，其他各州并没有补偿金额的设置权。

在监测与监督方面，美国农业基金的检测与监督通常采用定量化的指标，结合合同约定的农民土地利用行为，而不是土地利益产生的生态外部性。美国农业部将会每年随机抽查农民土地利用行为，并且依据合同中具体约定的土地数据指标来进行评估，对于违反合同的行为，农业部有权选择重新分配补偿基金以及暂停其他农业项目的贷款。

（2）生态补偿效率评价。农业生态补偿基金作为一揽子生态补偿政策，对于不同的农业生产行为、土地利用方式，美国政府制定了详尽的法律制度，为生态补偿基金的实施提供了法律基础及保障。依托美国高度发达的市场化水平与资本市场，美国政府在审核生态基金项目申请者的过程中，采用了收益—成本分析法，利用招投标方式，提高了财政资金的使用效率，加强了生态补偿项目参与者之间的竞争性，有利于生态补偿基金效率的提高。但是，也造成了美国农业部保护支出水平与商品价格负相关的情况，当农产品价格上升，农户参与补偿基金项目的积极性将会下降。为此，美国生态补偿基金合同制定了较长的年限，对农产品价格波动影响农户参与项目积极性起到了平滑作用。

（三）对我国生态补偿基金机制构建的启示

鉴于上文对国外生态补偿基金的分析与对比，对森林、水域、农业、物种多样性等不同生态补偿领域的基金运作方式有了基础的认知，同时通过对比市场主导型与政府主导型的不同基金模式，对市场配置生态补偿资源有了更为客观全面的了解。通过对国外生态补偿基金的内容、对象与运作机制的梳理，对于我国完善生态补偿基金的实践具有重要的启示作用。

1. 完善顶层制度设计，提供法律制度保障

从国外生态补偿基金的实践案例来看，完善生态环境保护的法律制度具有两方面的显著作用。哥斯达黎加的森林生态补偿基金，最初从法律制度着手，为后期生态补偿基金组织架构的搭建提供了法律依据，提高了生态补偿基金的筹建速度。在美国的农业生态补偿基金，美国通过构建多维度、多层次的农业生态保护的法律体系，对农业生态补偿基金的类型、内容与作用机制提供了法律依据，保障了生态补偿机制的合法地位。对此，我国应当完善生态环境保护的顶层设计，为生态保护基金的实践提供充分的法律制度保障。其一，我国应当完善生态环境保护的顶层设计，为生态补偿机制的建立与实施提供方向性指导建议。在强化生态环境保护的过程中，应当依据法律法规的内容，同步强化对生态服务提供者补偿等有效激励措施，从自上而下的生态补偿建设过程中，提高多元主体参与的积极性。其二，完善生态补偿的专门法律法规内容，为地方政府开展生态补偿基金的探索路径提供上位法律依据。在“政治集中，财政分权”的制度安排下，地方政府应当积极探索生态补偿基金模式，缓解地方财政支出压力，完善区域生态环境，突破生态环境资源对区域经济发展转型的约束。其三，先行试点生态补偿法律制度的规范运作，选择区域进行一定范围内的试点。在出台生态补偿基金专门法律制度的基础上，应当选择不同的区域进行同步试点，针对试运作过程中出现的问题进行及时纠偏，提高法律制度的质量，积累制度经验再进行有序推广。

2. 强化区域合作机制，建立横向转移支付制度

从德国水域横向转移支付的区域合作案例来看，面对区域生态环境污染的治理，应当强调区域沟通协作以及跨区域补偿机制的建立，避免区域生态环境补偿过程中的“搭便车”效应，同时也减少信息不对称造成的交易成本提高的弊端。对此，我国面对区域生态问题，应当建立转移支付制度，提高跨区域生态补偿效率。其一，基于全球化视野，构建全球治理秩序过程中应当重视生态环境的区域合作秩序。目前，全球生态能源问题已经成为了全球经济发展以及能源转型的重要约束条件，我国业已成为世界第二大经济体，在面对全球治理失灵现状贡献中国智慧的同时，应当重视全球生态跨区域协作机制的构建，促进世界能源转型。其二，基于财政改革，通过完善中央转移支付制度，对地方财政生态补偿基金的资金来源实现宏观调控、资源再分配的作用。通过完善转移支付，协调中央政府与地方政府在生态环境补偿过程中的偏好差异性，避免地方政府在生态补偿基金运作、监督与执行过程中的“寻租行为”、“短视行为”。其三，基于区域协调，建立经济发达区域向欠发达区域的财政转移行为，提高生态补偿基金运作过程中的区域扶贫效应。面对我国区域发展不均衡的现状，应当建立发达区域财政转移支付机制，对欠发达区域产生的生态正外部性进行补偿，提高生态补偿的积极性。同时，在实现欠发达区域生态补偿机制的过程中，通过发展生态旅游、生态有偿服务等形式，带动欠发达区域的经济发展，达到贫困治理的附加目标。

3. 细化生态补偿类型，提高生态补偿效率

从国外生态补偿的案例来看，各国政府针对不同的生态领域，采用了不同的生态补偿方式。在森林生态补偿案例中，墨西哥政府主要以森林覆盖率指标为依据，哥斯达黎加政府则是以私人土地所有者提供的森林生态服务为补偿对象，基于不同的补偿出发点，两国具体的基金运作方式也不尽相同。此外，针对不同的生态领域，水域、森林、农牧业等的生态补偿基金的目的与运作机制也存在相异之处。对此，我国应当细化生态补偿基金类型，依据不同的生态治理方式，制定专业补偿基金管理方法，提高生态补偿效率。其一，围绕不同的生态治理目标，依据不同的生态参与主体特征，选择相应的生态补偿对象。在生态补偿基金设计初期，应当对区域内生态参与主体的特征进行调研，充分考虑生态参与主体的正外部性与负外部性补偿机制。其二，依据不同的生态有偿服务，确定适宜的生态服务购买者。生态补偿基金的持续运作，有赖于生态服务购买者的持续购买意愿以及持续购买力。生态补偿基金的管理委员会，应当充分挖掘生态补偿服务的市场价值，确定合理市场定价，形成高效的交易市场。其三，依据不同的生态细分领域，确定不同的生态补偿内容，提高生态补偿效率。在森林生态补偿方面，应当以森林覆盖率指标以及植树造林等生态服务行为作为补偿对象；在水域补偿方面，应当针对水域跨区域情况，制定上下游水域的协调机制；在农业复垦补偿方面，应当对农田复垦、草场畜养、农田休耕、农药使用等具体行为进行相应的补偿约定。

4. 尊重市场配置资源规律，发挥各方激励相容作用

从国外生态补偿的实践案例来看，大部分国家仍然是以政府财政支付为主要的基金来源方式，但是目前已经有国家在探索市场化的生态补偿实践过程，并且取得了良好的运作效果，值得我国在生态补偿基金机制建立过程中加以重点借鉴。在水域生态补偿过程中，厄瓜多尔分别形成了以政府为主导和以国际市场为主导的两种生态补偿基金模式；在森林补偿基金方面，墨西哥政府与哥斯达黎加也分别采用了以政府为主导以及以市场为主导的基金运作模式。对此，我国在市场经济体制改革的进程中，应当尊重市场配置资源的主导作用，发挥政府与市场两者之间的互补作用。其一，正确把握政府与市场在生态环境补偿基金的各自定位。由于生态环境属于公共产品范畴，政府应当基于公众利益平衡与社会资源再分配的角度出发；同时，随着全球对于生态环境资源的意识增强，前期碳交易等具体项目的实践探索，已经为生态资源的市场化运作奠定了实践基础。其二，针对不同的生态补偿对象，采用不同的主导模式，探索两者有机结合的高效模式。针对自然保护区等偏重公共利益的区域，应当采用以政府为主导的生态补偿基金模式，有利于自然保护区域的持续性、稳定性补偿资金的投入；针对偏向市场消费运作的区域，例如水服务、有机农业服务等行为，应当探索市场化的生态补偿基金运作模式，强调市场主体地位。其三，充分发挥政府宏观调控作用，弥补市场调控缺陷，注重市场手段与政府调控的有机结合。在生态补偿基金探索阶段，政府应当充分发挥宏观调控作用，引导生态补偿市场制度、运作机制以及分配方式的建立；在生态补偿基金的发展阶段，政府应当强化监管作用，充分发挥市场配置生态资源的主导作用，综合运用生态补偿税、财政补贴、产业基金、信托基金等市场手段。

5. 科学评价补偿效率，建立基金运作监督机制

在生态补偿基金运行过程中，应当强化监督与评价机制，确保生态补偿资金发挥应有效用。在美国农业生态补偿案例中，美国通过在申请过程中引入成本—收益评价机制，采用招投标方式，提高了生态补偿资金的使用效率，在后期的效用监督过程中，依照现有的法律制度，形成了客观全面的评价体系，并且采取相应措施，确保生态补偿基金的高效运作。对此，我国应当引入科学管理办法，从生态补偿基金的申请、运作、监督、评价的整个流程，进行制度的详细界定，形成完善的管理体系。其一，形成项目科学评估机制，提高项目市场化运作水平。在项目申请阶段，应当对生态补偿行为进行具体约定，并且要求申请人提交依据自身情况制定的生态补偿方案，在方案的必选过程中，形成充分有效的市场竞争。其二，建立多维生态补偿效率评价体系，提高生态补偿的附加意义。党的十九大报告对我国扶贫工作在精准扶贫、金融扶贫的基础上进一步提出了扩大扶贫格局的工作路径，在生态补偿基金的运作过程中，将会涉及资源的再分配过程，通过建立多维的生态补偿效率评价体系，提高生态补偿基金的社会效益。其三，建立有效的基金运作管理体系，提高生态补偿基金的资金边际效率。在确保资金风险可控的前提下，建立专业基金运作管理体系，提高资金收益，促进基金的可持续发展。同时，依据完善的监督机制，强化资金使用方向的监管，提高基金的专业化管理。

五、构建与完善我国生态补偿基金的建议

生态补偿基金是以市场化的模式解决生态环境的外部性问题，核心是通过纵向或横向的价值转移，使生态环境的外部性内部化。理论上，生态

环境外部性内部化有多种模式，如政府干预、市场协商、排污权交易、社会准则等，每种模式都有各自的优势与劣势。本节将对生态补偿基金理论上存在的模式与现实操作中的各种模式进行对比分析，进而结合我国国情，探索适用我国不同区域、不同生态形式下的生态补偿基金应用模式。

（一）我国生态补偿基金的模式——公共财政与社会资本共同投入、市场化运作的投融资模式

生态补偿基金是一种公共财政与社会资本共同投入、市场化运作的投融资模式。这种运作模式一旦形成且有效运作，把生态环境“外部性”内部化为经济主体自身利益得失的途径，必将为生态治理注入一种具备活力的力量。生态治理的关键在于规则，而在规则完善的情况下，资金的筹集便是决定性因素。对于生态治理的巨大资金需求，仅靠公共财政投入显然是不足的，利用公共财政投入的杠杆与引导作用，撬动社会资本投入生态治理是必然选择。社会资本投入不能遵循财政资金管理的逻辑，其市场化的导向也要求其运作实行市场化的运作方式。

传统经济理论认为，市场能够在准确界定产权的前提下达到资源的优化配置，但在产权不能够准确界定的情况下，市场便失灵了，于是，政府通过提供公共产品弥补市场失灵。但现实中，政府对市场失灵的弥补是十分有限的，尤其在生态保护领域，甚至在某些环节，政府本身也存在失灵。正是市场与政府的双重失灵导致了生态失衡。解决政府与市场双重失灵问题，主体依然是政府与市场，但如果能够设计一种制度，使得政府与市场互补，即发挥市场配置资源的作用，又发挥政府调控的作用，对于克服市场与政府的双重失灵显然是有益的。生态补偿基金既不同于一般性的市场化基金，又有别于公共财政直接投入，其主要手段仍然是市场化的，但又融入了政府的作用，就是政府与市场互补的方式之一。为生态补偿基金找到合适的制度设计与运作模式，无疑会在生态治理领域探索出一条政府与市场“两只手”共同发挥作用的途径。

（二）我国生态补偿基金运行机制的构建

在证明生态补偿基金具有迫切现实需求且可行的条件下，生态补偿

基金效果的发挥就取决于其运作。我国当前的生态补偿基金的运作都具有探索的性质，且基金规模、应用领域等都存在较大局限性。要在未来生态治理领域推广生态补偿基金模式，就必须找出其最佳的运作方式。当前，在我国各个产业领域均存在各种各样的市场化基金，政府扶持产业发展也逐步转向基金化方式。但产业领域的市场化基金由于其收益权容易界定，基金运作目标明确，基金运作的模式选择所需考虑的因素相对简单。生态补偿基金实质上是一种价值转移而非价值创造的基金，而生态价值转移的收益难以准确界定，给生态补偿基金的运作模式选择带来了困扰。因此，生态补偿基金的资金筹集、使用与管理与产业类基金存在差别。

1. 强化政策法律支撑

针对生态补偿在环境法律体系中的缺位，我国加快《生态补偿条例》的立法进程，使生态补偿形成“基本法—专门法—单行法”相对完整的体系。在条件成熟的情况下，依靠实践的带动，对行之有效的法律进一步提高其效力位阶，在《生态补偿条例》的基础上，进一步出台《生态补偿法》，使整个生态补偿机制形成一个完整的法律体系。为完善生态补偿在立法结构上存在的问题，首先，应从《宪法》上对生态补偿的相关内容予以确立。我国的环境法律体系是在《宪法》的基础上，以《环境保护法》为主体建立的，新修改的《环境保护法》已对生态补偿的相关内容进行了确立，为进一步推进立法和实践工作的展开有必要将生态补偿的相关内容写进宪法，将生态文明建设写进宪法序言，推动其和物质文明、政治文明、精神文明协调发展。

政策的不稳定性和法律适用时的冲突以及重合呼吁专门法的出台，政策的不稳定性在于制定机关和法律效力的影响，之所以存在法律适用时的冲突有两个方面的原因。其一是因为在同一制度上缺少上位法依据；其二是同一效力的法律在制定的同时只考虑部门利益，忽视整个法律体系的协调性及整个法律部门的利益。面对出现的上述问题，新修改的《环境保护法》对生态补偿制度的确立会对其解决提供指导，在基本法对制度予以确立的基础上，加速《生态补偿条例》的出台。为避免法律冲突，还需对相关单行法中内容予以修改和整合，使之生态化，同时对单行法中确立的制度进一步具体化，突出可持续思想，使单行法和专门立法相结合，相互配合、循序渐进地促进整个立法工作的完成。

我国目前生态补偿实践大多是以项目的形式开展的，为了提供实践中机制的操作性，生态补偿在不同的领域立法时可以考虑以项目为载体，通过法律程序将生态补偿的框架落实到具体项目中。同时在国家出台《生态补偿条例》的基础上，各省、市、自治区根据地区具体的情况制定较为详细的《生态补偿条例实施办法》，基本保证整个操作过程都有法律为依据。在不同的补偿领域，在单行法规定的基础上，制定相关的实施办法、资金管理办法，虽然不同领域的生态补偿存在补偿标准、补偿主体等方面的差异性，但是其他领域在立法上和实践上的完善之处依然可以借鉴到自己的领域。在其他领域生态补偿资金管理上可以借鉴森林上的管理办法，从《中央财政森林生态效益补偿基金管理办法》中吸收有益部分，根据不同领域特点制定出完善的管理办法。各项立法从不同方面增强制度的可操作性，实现生态补偿的“恢复、维持、增强”的效果。

为了提高我国生态补偿法律的实效性，首先应明确自然资源的产权，“确认生态效益的权属问题是明确生态效益补偿法律关系主体责、权、利的关键性因素”，在明确产权的基础上法律条文清晰界定法律主体、法律义务、责任等问题，才能使整个补偿过程处在有效的管理中，保证政策落实的到位性、及时性。同时还需要确定中央政府和地方政府的权力和责任，保障整个过程中执法部门严格、顺利执法，对干扰执法的现象追责，保障从中央到地方一条线，连贯的执法操作落实具体政策的实行。同时给予补偿的地区在差异性、类型的广泛性上以及在分类型的基础上考虑空间分布，严格避免全国一刀切的做法。

2. 多渠道筹措资金来源

在现有国外的生态补偿基金运作类型中，按照资金来源分类不同，主要有两类：一类是以政府为主的财政资金补贴；一类是以市场为主的市场化手段进行补偿。两者利弊在上文案例中已进行分析，不再赘述。总体上而言，以政府为主的财政资金补贴使得资金来源更为稳定，但是会存在资金使用效率低下、目的性不强并且代理成本偏高的问题。相反，以市场化手段为主的生态补偿资金，由于资本追求利润收益率的动机更高于政府部门，因此对于生态补偿过程中的公益性问题、可持续性问题将会考虑不足。生态补偿，需要有相应的资金作为保证，生态补偿基金作为市场经济运作的一项金融产品，离开资金上的支持也缺乏了运作的根本及基础。

考虑到我国实施生态补偿历史时间不长，急需生态环境补偿、修复的区域经济发展基础一般，地方政府财政能力有限；同时，生态脆弱地区的市场经济水平较为一般，因此，建议我国在前期生态补偿资金筹措上以中央财政为主、地方政府补贴为辅，积极利用社会资本，在确保资金来源稳定性的基础上，进一步提高资金使用效率。以国外林业资金发展为例，发达国家通过设立林业基金，对于国有林的收入地方政府可以自己保留，并且亏损将会由财政弥补，这些资金来源制度将会有利于全方位的林业发展，可以提高林业人员的参与积极性。

应用到我国生态补偿资金来源方面，首先，国家通过中央财政拨款的形式成立生态补偿基金，具体形式基于补偿对象不同，可以分为林业基金、退耕护岸林补偿基金、森林生态效益补偿基金、环境整治基金等各项基金制度。国家将生态补偿基金纳入到国民经济收支体系中，采用财政预算直接拨款的形式，成立生态补偿基金的母基金，提供稳定可靠的资金来源；同时，将征收的各项生态补偿税（费）也作为生产补偿基金的一部分，专款专用，保证资金向环境保护和生态建设领域。其次，国家从公共设施运作的收益和土地出让收益中提取部分自己作为生态补偿资金。在地方政府层面，在国家母基金的基础上，通过不同种类基金确立不同的配套资金比例，以及类似于新安江水域治理过程中的不同地方政府之间的转移支付，也成为了专项生态补偿资金的来源渠道之一。在生态效应或者生态功能实现外溢之后，基于“谁受益谁补偿”的原则，后期对从生态建设中受益获利的部门收取相关收入。此外，随着生态补偿基金的市场化程度不断提高，基金产生的投资收入、利息收入也将会进一步成为基金资金来源之一（见图6－3）。

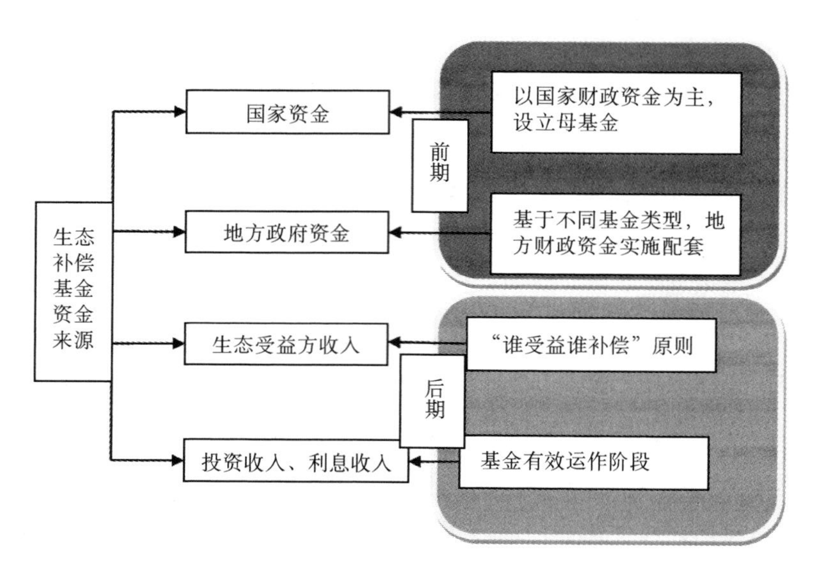

图 6－3　生态补偿基金资金来源

此外，西方发达国家自 20 世纪 70—80 年代以来，就开始了绿色税制改革，在我国目前缺少生态补偿税制的现实状况下，仅靠体现生态补偿原则的排污费、生态环境补偿费、矿山环境恢复治理保证金是远远不够的，修改税法，开征生态税费，为生态补偿提供长期、稳定的资金显得极为重要，因此我们要循序渐进的构建我国的生态环境税制，同时保证税收的设立与其他税种相互呼应，形成一个有机、和谐的绿色税收体系。

3. 生态补偿基金的运作

（1）补偿主体及范围的确立。生态补偿是多个利益主体之间的一种权利、义务与责任的动态平衡过程，生态补偿的责任机制就是为了明确各利益相关者在生态补偿机制中的身份和角色，明晰各方相应的权利、义务与责任内容，解决由谁补偿、向谁补偿的问题。

在补偿支付主体方面，主要基于“污染者付费、使用者付费、受益者付费”的原则。这三类主体将会成为专项生态补偿基金的市场化资金来源的主要构成部分。其中，污染者付费原则强调了环境污染造成的损失以及防治污染的费用应当是由排污者承担的，而不应当转嫁给国家和社会，明确了污染者在承担治理污染责任的同时，还要承担防治区域污染的责任，并且需要参与区域污染控制承担相应费用。治理污染的责任主体并不仅局限于污染自身，也强调了区域的环境保护。使用者付费原则主要是基于生态环境的稀缺性，按照使用者付费的原则，由生态环境资源占用者向国家或者公众利益的代表方进行付费。随着不同生态环境保护领域的特征不同，在生态要素管理的不同领域也存在着不同程度的区别。受益者付费原则主要是应用于流域跨区域治理方面，在流域上下游，应当遵循受益者付费的原则对环境服务功能提供者提供相应的费用。对于区域流域内的公共资源，应当由公共资源的全部受益者按照一定的分担机制来承担补偿责任。

在补偿对象的确立方面，由于生态环境建设及保护公共性很强，如果完全按照市场机制来设立生态环境的供给无法提供与需求相匹配的数量，会存在生产不足甚至为零的情况，这就需要提供另外一种机制来解决生产不足的问题。通过补贴那些提供生态环境建设公共物品的经济主体，充分调动他们参与生态保护的积极性。对于提供生态服务的保护者，是补偿足以抵消为保护生态而付出的代价，他们就会改变原有的生产生活方式，提高参与生态环境保护的积极性。如果受益者的支付得到了较好的回报，受益者将会与生态保护者之间形成良性互动，双方在生态补偿基金运作过程的效率将获得进一步提升。

在生态补偿的范围方面，明晰的产权是生产补偿市场化的先决条件。在产权明晰、交易成本费用为零的条件下，市场资源配置的状态将会达到最优，通过市场机制将会消除外部性，同时也是解决市场稀缺问题的关键所在。产权制度包括产权界定、交易权安排和产权交易制度三个层次的制度安排，因此优化我国的生产产权市场制度。其一，建立市场化的生态环境公共产权规制，将生产权所有权代理市场化，将生态资源的使用权获得市场化。由于生态环境资源所产生的服务价值难以量化，因此前期生态环境资源的测度成为了生态补偿的难点问题。其二，打破“公用”、“公营”环保运行模式，按照生态资源的公共性、外部性特征，将生态资源使用权与经营权做技术性分离。其中，公共资源的公共性更多地体现于生态资源的使用权方面，生态资源的外部性将会通过引入民营企业、外资企业等非国有企业参与生态经营权的经营与竞争，提高市场竞争效率。其三，应当基于自然资源产权的多样化特征，将部分生态环境资源的所有权私有化，形成公私产权接轨的完善的生态产权混合市场。对于产权界限较为清晰的自然资源，在平衡公共利益的所有者与使用者前提条件下，将自然资源的所有权进行分配或者拍卖给不同产权所有人，在生态资源市场形成多元化的产权结构。

（2）补偿标准的方法选择。确立生态补偿标准的主要方法有两类：一类是核算法，另一类是博弈—协商法。前者是以生态环境治理成本（投入）和生态环境损失（生态服务价值的减少）评估核算为基础来进行判定。采用环境质量评价和生态评价等技术手段，分析生态建设者对于受益者所产生的效益，测试受益者的受益范围和受益程度，依据环境资源提供的环境效益，来加总汇合受益者的受益总量。同时，也使用收益损失法来分析生态建设者因经济活动受限、结构调整等产生的经济损失；然后将受益者的受益量扣减生态建设者的损失量，进行平均。采用核算方法的主要问题在于，由于受益者对于受益量的统计过程中将会偏于保守，或者出于其他考虑，压低受益的实际水平，将会造成生态补偿的实际价值偏低。博弈—协商法是各方利益相关者就一定的生态补偿范围协商而确定补偿标准的方法。从经济学角度来看，其实质在于生态保护受益者与实施者之间因重新分配产生的社会净效益。由于再次分配，将会引起不同利益群体之间的矛盾，最终演变为不同群体之间的利益博弈，进而将基于各自群体利益最大化的原则来采取行动。

在生态补偿基金的补偿标准方法选择方面，应当以生态服务功能价值为基本，在当地经济发展水平与生态资源补偿两者之间寻求平衡点。以生态服务功能价值为基本，由于生态服务功能价值是生态补偿的核心内容，针对生态保护或者环境友好型的生产经营方式所产生的生态服务功能价值进行评估与核算。在机会成本的损失核算方面，大型的生态建设行为和项目势必会对当前区域居民的生产生活产生重大影响，造成区域及个人发展的机会成本损失，面对这种情况应当将生态环境保护过程中的机会成本进行考虑。此外，区域生态补偿标准是以同等公共服务为核算基础，生态公益林保护、自然保护区建设都属于公共支出范围，但是生态公益林、自然保护区域在我国空间上分布并不十分均衡。因此，为了达到同等的公共服务目标，国家公共支出应当从空间差异性的角度加以考虑，实施区域差异化的生态财政支出。

此外，在计算跨区域转移支付过程中，生态足迹可以作为首要衡量方法。生态足迹这一概念最早由加拿大生态经济学家 Reese 于 1992 年提出，主要是一定范围内人口生产这些人口消费的所有资源和吸纳这些人口所产生的废弃物需要的生态生产面积。在区域生态补偿过程中，通常是以省为单位，地方政府按照赤字和财政盈余进行分类，按照单位面积的平均生产收益作为计算各省生态租金的标准，补偿标准将由生态足迹的赤字区域向盈余区域进行生态补偿，建立跨区域的生态补偿机制。

（3）建立适当的补偿标准。生态环境要素具有生态服务功能价值，目前国内外已经对其进行了相关评估方法的大量研究，在上述方法比较选择的基础上，应当建立适当的补偿标准，进一步完善生态环境要素的服务功能，促进可持续的发展。在建立适当的补偿标准的过程中，主要从生态环境服务功能损失和生态环境保护机会损失两个情形加以考虑。其一，生态环境服务功能的损失，尤其是矿产资源开发通常会造成严重的环境污染与生态破坏，在这种情形下，采用生态服务功能价值损失的数值将会与当地经济发展的 GDP 数值之间存在巨大差距，地方政府难以按照此计算标准来加以补偿。因此，生态环境服务功能的损失应当是采用生态恢复的成本来进行核算，提高生态环境要素补偿标准的可行性。

其二，对于生态环境保护的发展补偿机会，其生产要素创造的生态价值远大于经济开发价值，例如，对于森林资源的生态价值的评估通常是森林开发价值的 10—100 倍（刘丽，2010）。如果生态环境要素的补偿标准低于市场经济开发价值，其要素所有者将会选择进行市场经济价值的开发，降低了对于生态环境补偿的积极性。因此，在建立生态补偿标准的过程中，应当基于不同环境生态要素的性质、市场价值及生态环境保护者的期望值进行综合衡量考虑，在确保生态补偿基金可持续运作的前提条件下，提高保护者参与的积极性。

(4) 生态补偿基金的运行及管理。设立国家森林生态补偿基金管理公司，在基金架构设计上建议采用有限合伙制，组织形式为有限责任公司，按照《公司法》的规定，建立法人治理结构，设董事会、监事，依法履行相应职责。实行市场化运作、专业化管理，业务上接受生态环境部等部门的指导，可公开招标择优选定若干家基金管理公司负责运营、自主投资决策。

专栏6-1 产业投资基金的组织形式

根据产业投资基金的法律实体的不同，产业投资基金的组织形式可分为公司型、契约型和有限合伙型。其中：

公司型产业投资基金是依据公司法成立的法人实体，通过募集股份将集中起来的资金进行投资。公司型基金有着与一般公司相类似的治理结构，基金很大一部分决策权掌握在投资人组成的董事会，投资人的知情权和参与权较大。公司型产业基金的结构在资本运作及项目选择上受到的限制较少，具有较大的灵活性。在基金管理人选择上，既可以由基金公司自行管理，也可以委托其他机构进行管理。公司型基金比较容易被投资人接受，但也存在双重征税、基金运营的重大事项决策效率不高的缺点。公司型产业投资基金由于是公司法人，在融资方式更为丰富，例如可以发行公司债。

契约型产业投资基金一般采用资管计划、信托和私募基金的形式，投资者作为信托、资管等契约的当事人和产业投资基金的受益者，一般不参与管理决策。契约型产业投资基金不是法人，必须委托基金管理公司管理运作基金资产，所有权和经营权分离，有利于产业投资基金进行长期稳定的运作。但契约型基金是一种资金的集合，不具有法人地位，在投资未上市企业的股权时，无法直接作为股东进行工商登记的，一般只能以基金管理人的名义认购项目公司股份。

有限合伙型产业基金由普通合伙人（General Partner，GP）和有限合伙人（Limited Partner，LP）组成。普通合伙人通常是资深的基金管理人或运营管理人，负责有限合伙基金的投资，一般在有限合伙基金的资本中占有很小的份额。而有限合伙人主要是机构投资者，他们是投资基金的主要提供者，有限合伙基金一般都有固定的存续期，也可以根据条款延长存续期。通常情况下，有限合伙人实际上放弃了对有限合伙基金的控制权，只保留一定的监督权，将基金的运营交给普通合伙人负责。普通合伙人的报酬结构以利润分成为主要形式。典型的有限合伙型产业基金结构可分为三层：银行、保险等低成本资金所构成的优先层，基金发起人资金所构成的劣后层，以及夹层资金所构成的中间层。优先层承担最少风险，同时作为杠杆，提高了中间层和劣后层的收益。通过这种设计，有限合伙型产业基金在承担合理风险的同时，为投资者提供较高收益。

在森林生态补偿基金的投资方式中，主要采用“母基金”模式，考虑到不同生态要素之间存在异质性特征，因此对于生态补偿的不同细分行业进行投资。同时，地方政府配套资金可以作为子基金资金来源之一。基金管理公司选择与具有战略资源和管理经验的机构针对特定行业组建子基金运作。子基金可委托合作机构单独管理，也可由基金管理公司与合作机构组建子基金管理公司进行管理。子基金章程应当规定投资项目须符合国家海洋经济发展战略，不符合相关规定的投资方案和计划，基金管理公司拥有否决权。战略合作模式主要适用于国家海洋经济新兴产业中资金需求量大、资源整合难度高、直接投资和母基金模式都难以实施的大项目，引进海内外战略合作伙伴进行投资或联合投资。

在退出机制方面，中央财政资金与地方财政资金因运作需要或者项目条件成熟时，可以通过公开转让、协议转让等方式退出或者减持子基金的项目股份。

在利益分配方面，为了增强后期政府和社会资本共同参与生态补偿基金的运作，建议通过社会出资人有限分红，国家出资收益适当让利等措施，更多吸引社会资金（见图6-4）。

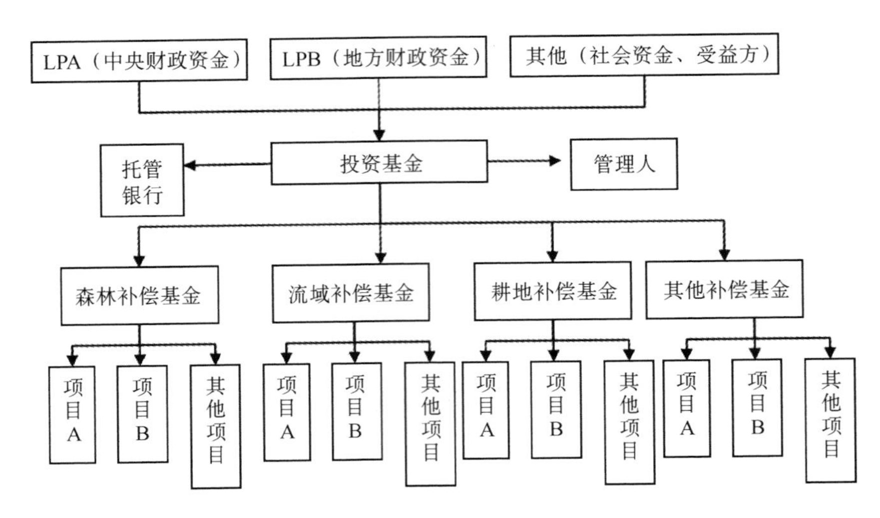

图6-4　生态补偿基金架构图（母基金模式）

（三）完善生态补偿基金的监督管理机制

生态补偿基金的持续运行应当有完善的制度来进行保证。基金组织想要维持生存，应当确立社会监督机制。由于生态补偿基金的运行涉及方方面面的利益，对于受补偿对象、政府、社会资金出资方、生态环境受益方等不同方面的利益都要权衡，单一的政府监督并不足以完全适应未来生态补偿基金多样化、持续性、高效性的发展趋势。因此，生态补偿基金应建立一套主要包括政府监督、媒体和公众等多方面共同监督的机制。

政府监督方面，财政部门和审计部门必须加强对基金的监督管理，对资金的使用对象、方式以及效率进行审计。由于大部分基金来自于财政预算，基金是否合法有效运行会影响财政资金使用效益，审计署有权对基金的使用情况进行审计。通过财政部和审计署的监督，发现并纠正基金的运行偏差。在构建基金组织的监督管理过程中，进行可以自我审查、业务主管单位初审、登记管理机关的正式审查。

在信息公开制度方面，地方政府对于生态补偿基金应当建立补偿对象申请生态补偿的数据库，并且对补偿效果进行跟踪，对于资金使用情况应当予以公开发布。上述信息的公开发布可以按照《行政信息公开条例》的相关规定来实施。此外，基金委员会对于基金的收益运作情况也应当进行定期公开，对于没有得到补偿资金的申请，也应当对没有通过申请的原因进行复核。通过一手数据的收集，对于生态补偿的保护者的保护意愿进行定期回访调研，更新数据库。

在资金使用的评估机制方面，在生态补偿基金的实施过程当中，以资金使用的效益最大化为原则，需要有相应的机制对运行进行评估。生态补偿资金运行的评估机制是对基金的运行效率或者效果进行评估评价，作为生态补偿基金管理的闭环环节，对监督资金管理、保证科学决策、保障正常运行、实现生态补偿目标具有重要意义。在评估过程中，应当借助专业评估机构对基金进行科学评估，使得补偿资金运行评估的效益和质量得以保证。通过建立科学的评估指标体系，对生态补偿基金的效果进行定量、定性评价，为后期基金运作的完善提供方向及建议。

参考文献：

［1］ Hansen K., Duke E., Bond C., et al. Rancher Preferences for a Payment for Ecosystem Services Program in Southwestern Wyoming［J］. Ecological Economics, 2018, 146: 240 - 249.

［2］ Alix - Garcia J., De Janvry A., Sadoulet E., et al. An assessment of Mexico's payments for environmental services programme［R］. Romer: Food and Agriculture Organization of the United Nations, 2005.

［3］ Barataud F., Aubry C., Wezel A., et al. Management of drinking water catchment areas in cooperation with agriculture and the specific role of organic farming. Experiences from Germany and France［J］. Land Use Policy, 2014, 36 (1): 585 - 594.

［4］ Claassen R., Cattaneo A., Johansson R. Cost - effective design of agri - environmental payment programs: U. S. experience in theory and practice［J］. Ecological Economics, 2008, 65 (4): 737 - 752.

［5］ Deng J., Sun P., Zhao F., et al. Analysis of the ecological conservation behavior of farmers in payment for ecosystem service programs in eco - environmentally fragile areas using social psychology models［J］. Science of the

Total Environment, 2016, 550: 382 – 390.

[6] Foster T., Hope R. A multi – decadal and social – ecological systems analysis of community waterpoint payment behaviours in rural Kenya [J]. Journal of Rural Studies, 2016, 47: 85 – 96.

[7] Garcia M. A. B. Effectiveness of Payment for Environmental Services programs in Mexico [D]. Clemson University, 2015.

[8] Gnauck A., Heinrich R., Luther B. Water Quality Management of a Sub-Watershed of River Elbe [J]. Werner Pillmann Klaus Tochtermann, 2002.

[9] Hake J. F., Fischer W, Venghaus S, et al. The German Energiewende-History and status quo [J]. Energy, 2015, 92: 532 – 546.

[10] Kauffman C. M. Financing Watershed Conservation: Lessons from Ecuador's Evolving Water Trust Funds. Agricultural Water Management, 2016, 145: 39 – 49.

[11] Lindemann S. Water Regime Formation in Europe: A Research Framework with Lessons from the Rhine and Elbe River Basins [J]. Ssrn Electronic Journal, 2006.

[12] Martin – Ortega J., Ojea E., Roux C. Payments for water ecosystem services in Latin America: A literature review and conceptual model [J]. Ecosystem Services, 2013, 6: 122 – 132.

[13] Muradian R., Corbera E., Pascual U, et al. Reconciling theory and practice: An alternative conceptual framework for understanding payments for environmental services [J]. Ecological Economics, 2010, 69 (6): 1202 – 1208.

[14] Newcomer Q. Innovations in private land conservation: An integrated evaluation of payment for environmental services in the path of the tapir biological corridor in Costa Rica [J]. Dissertation Abstracts International, 2007, 68 (6): 36 – 57.

[15] Pagiola S. Payments for environmental services in Costa Rica [J]. Ecological Economics, 2006, 65 (4): 712 – 724.

[16] Prager C. M, Varga A., Olmsted P., et al. An assessment of ad-

herence to basic ecological principles by payments for ecosystem service projects [J]. Conservation Biology, 2016, 30 (4): 836 - 845.

[17] Schuchardt, J., La protection des ressources en eau par unecollectivité. L'exemple de la ville de Munich. Actes du colloque CGAAER "Quellerémunération pour les services environnementauxrenduspar l'agriculture et la forêt?" [J], Paris, France., 2010: 45 - 48.

[18] Steinfeld H., Gerber P., Wassenaar T, et al. Livestock's long shadow: Environmental issues and options [R]. Romer: Food and Agriculture Organization of the United Nations, 2006.

[19] V Daniele, B. White, D. Viaggi. Agri - Environmental Policies design in Europe_USA and Australia is an auction more cost - effective than a self - selecting contract schedule [R]. 2017, 4.

[20] Wunder S., Albán M. Decentralized payments for environmental services: The cases of Pimampiro and PROFAFOR in Ecuador [J]. Ecological Economics, 2008, 65 (4): 685 - 698.

[21] 李琪, 温武军, 刘晓雯等. 自然保护区生态补偿的国际借鉴与关键问题探讨 [J]. 山东林业科技, 2016 (01).

[22] 李文华, 李世东, 李芬等. 森林生态补偿机制若干重点问题研究 [J]. 中国人口·资源与环境, 2007 (02).

[23] 联合国森林议题 [EB/OL] http: //www. un. org/zh/development/forest/northamerica. shtm, 2011 - 06 - 18/2017 - 12 - 15.

[24] 刘克勇. 关于完善森林生态效益补偿基金制度的思考 [J]. 林业经济, 2008 (08).

[25] 刘丽. 我国国家生态补偿机制研究 [D]. 青岛大学, 2010.

[26] 刘小洪, 严世辉, 徐邦凡. 森林生态效益补偿形式研究——兼论湖北生态林业建设与生态效益补偿 [J]. 林业经济, 2003 (5): 40—41.

[27] 史丹, 吴仲斌, 杜辉. 国外生态环境补偿财税政策的实践与借鉴 [J]. 经济研究参考, 2014 (27): 34—38.

[28] 万本太, 邹首民. 走向实践的生态补偿——案例分析与探索

[M]. 北京：中国环境科学出版社，2008.

[29] 万晓红，秦伟. 德国农业生态补偿实践的启示 [J]. 江苏农村经济，2010 (03)：71—73.

[30] 王军锋，侯超波，闫勇. 政府主导型流域生态补偿机制研究——对子牙河流域生态补偿机制的思考 [J]. 中国人口·资源与环境，2011 (7)：101—106.

[31] 袁伟彦，周小柯. 生态补偿问题国外研究进展综述 [J]. 中国人口·资源与环境，2014 (11)：76—82.

[32] 张习文. 美国、墨西哥林业考察报告 [J]. 林业经济，2012 (2)：88—91.

[33] 张晏. 国外生态补偿机制设计中的关键要素及启示 [J]. 中国人口·资源与环境，2016，26 (10)：121—129.

[34] 朱小静，Carlos，Manuel 等. 哥斯达黎加森林生态服务补偿机制演进及启示 [J]. 世界林业研究，2012，25 (6)：69—75.

第七章

生态补偿政府与社会资本合作模式（PPP）

生态补偿是在明确各利益相关者之间的内在联系和相互作用的前提下，通过相应的制度安排来解决谁补偿谁、补偿多少、怎么补偿等问题。其实质是通过采取一定的政策手段，使生态开发与保护活动中产生的外部效应内在化。而从外部性理论来看，使外部效应内在化的公共对策有两个：即庇古思路（政府干预）和科斯思路（市场调节），所以从传统的角度看，生态补偿有两种基本的运作模式：政府补偿模式和市场补偿模式。实际上，生态补偿还可以有第三种模式，即政府与社会资本合作（PPP）。然而，从国内实践来看，因生态补偿利益主体牵涉面较广，且 PPP 的运作也还尚处于探索阶段，因此，真正意义上的生态补偿领域的 PPP 项目运作还较少，与之相关的运作大多是环境保护类 PPP 和生态治理类 PPP。

一、生态补偿引入 PPP 模式的理论依据和现实意义

（一）文献综述

1. 国外研究综述

在概念界定上，Wunder（2005）最先将生态补偿定义为环境服务购买者与提供者之间就环境服务买卖所达成的一种自愿交易，并根据其工作经验，提出了生态补偿的四个界定标准：一是基于谈判的自愿交易；二是交易的环境服务是明确规定且可度量的；三是有确定的、至少一个的买者和卖者；四是作为补偿的支付是有条件的，当且仅当提供者按合约要求提供

服务时，购买者才对其进行支付。随后，Engel（2008）等基于降低交易成本的考虑，从两个方面对Wunder（2005）的定义进行了拓展，一是将服务的购买方从实际受益者扩大到包括第三方，例如政府和国际组织；二是考虑到集体产权在实践中的作用，将例如社区等集体组织纳入服务提供方范畴。

在生态补偿机制设计方面，国外对生态补偿机制问题的研究主要集中于利益相关者以及补偿标准、补偿条件与补偿方式的确定。生态补偿首先要有明确的作为补偿支付指向对象的环境服务提供方。Engel（2008）等认为，对于既定的生态服务要求，补偿计划寻求的就是成本最低的服务提供者。生态补偿的标准亦即生态补偿数额。Pham（2009）等指出，最有效率的生态补偿是依据提供服务的实际机会成本确定支付标准。如何评估环境服务提供的机会成本与服务的价值成为了确定补偿标准的关键，确定补偿标准的另一个关键是环境服务价值评估。Zabel、Roe（2009）将世界各地基于绩效支付的生态补偿计划分为基于单一指数、若干指数、相对评价和基于表现门槛支付等四类。Asquith等的研究表明，服务提供者的补偿需求方式是不同的，面对不同的服务提供者应采取不同的补偿方式。Asquith（2008）等认为，当补偿数额不大时，非现金补偿方式比现金补偿方式对服务提供者产生的激励作用更明显。

2. 国内研究综述

国内研究侧重于从宏观角度考虑生态补偿政策的实施问题，并以经验探讨为主，在生态环境问题的形成机理、自然资产价值确定、生态服务价值评估、生态补偿机制构建、补偿资金来源等各个方面开展了大量的理论研究和实践，提出了比较符合我国国情的、开创性的观点和理念，这为以后的深入研究奠定了基础，同时推进了我国生态补偿工作的进程。

国内对于生态补偿的研究大多停留在定性分析阶段。刘明远、郑奋田（2006）等分析认为政府主导型生态补偿由于政府委托代理链本身存在重复性大规模剥蚀资金的缺陷，因此需要让资金运动绕开政府委托代理链，实行治理成果与补偿机制直接挂钩的激励与约束机制。而刘春腊等（2014）认为区域是解读生态补偿问题的突破口，区域结构是制定生态补偿政策的重要参考、区域发展外部性是开展生态补偿的科学依据、地理要素资源的区域权属是确定生态补偿主客体的依据，生态补偿研究具有“区域—差异—尺度”的地理学分析范式。刘春腊等（2014）继续结合地理学的尺度关联与尺度转换视角，阐述了中国省域间生态补偿的逻辑框架。欧阳志云等（2013）提出建立适合我国国情生态补偿机制的原则，并从以下方面探讨了建立生态补偿机制的措施与对策：科学确定生态补偿地域范围；明确生态补偿载体与补偿对象；建立合理的生态补偿经济标准核算方法；建立和完善生态环境补偿机制的措施。

在生态补偿引入PPP模式的相关研究中，沈玲、王娟（2015）较早提出应该在京津冀区际生态补偿的项目融资中，投资结构以公司制的主体为主，融资模式可使用间接形式、BOT和PPP等模式，资金结构安排股本资金和债务资金的适当比例，担保结构以投资方自身的担保为主，试着将PPP模式引入生态补偿项目中。李繁荣、戎爱萍（2016）指出，生态产品供给的PPP模式通过政府和私人企业之间的合作，采用生态产品供给项目外包、生态产品供给特许经营和政府购买生态产品的方式，能够在发挥政府主导作用的同时，充分调动市场主体供给生态产品的积极性，以增加生态产品的生产能力。发展生态产品供给的PPP模式需要进一步转变政府职能，需要制定和完善生态产品供给PPP模式下的法律法规，需要创新PPP模式下生态产品的实现方式。吕文岱（2016）进一步提出，应该在考虑生态项目的环境效益、政府补偿因素下，分别构建和求解政府与社会资本的两方博弈和政府、金融机构、社会资本的三方博弈，通过博弈分析得出只有三方博弈存在唯一均衡解，得出政府补偿决策更多地受到金融机构的相关决策影响，而社会资本在PPP模式中的合作决策又是最复杂的，需要同时考虑政府的合作决策与金融机构的合作决策。

3. 国内外研究评述

总的来看，国内外在生态补偿方面的研究主要集中在以下几个方面：自然资源开发及其对受损生态系统的经济补偿以及单纯为提高生态环境质量而采取单纯的经济刺激；评估环境费用和效益的经济价值；补偿主体、补偿对象之间的关系协调；补偿标准、补偿渠道、补偿核算体系；生态补偿立法；生态补偿机制的设计；将生态补偿机制和方法应用于相关的生态环境保护实践中等。在研究方法上，国外广泛地采用多学科交叉分析的方法，既研究了宏观领域，又能精熟地利用统计学、经济学等方法进行细致而深入的微观研究。

由于生态补偿机制的复杂性，目前国内外生态补偿研究存在以下几点缺陷：一是缺乏跨部门、跨区域的综合性、系统性补偿研究；二缺乏对补偿方式的可行性分析和效果评估；三是缺乏对补偿执行效率和实施方法的研究；四是缺乏从生态补偿风险分配及其资金负担分配方面研究生态补偿。因此，当前形势下开展符合我国生态国情的生态补偿理论与方法研究意义十分重大，它将有利于生态产业的健康发展，有利于民众生态意识的提高，它是促进资源节约型和环境友好型社会建设的有力保障。从理论和政策层面来看，目前及未来一段时间我国生态补偿研究的重点领域主要集中在运用 PPP 模式来解决生态补偿中存在的问题。

（二）理论依据

1. 公共产品理论

公共物品是公共经济学中一个重要的范畴。对公共物品作出严格的经济学定义的是美国著名经济学家保罗·萨缪尔森。他认为，所谓公共物品，是指某一消费者对某种物品的消费不会降低其他消费者对该物品消费水平的物品。以后的经济学家扩展了对公共物品基本特征的研究，概括起来主要包括消费上的非排他性、非竞争性、外部性和效用不可分割性四个方面。公共物品在使用过程中容易产生“公地悲剧”和“搭便车”问题。

自然资源环境及其所提供的生态服务具有公共物品属性，如森林、草原、城市园林等资源型“产品”和水库、人工湖、生态水利工程、生态保护区等生态项目“产品”。根据对经济中物品的分类，可以对现实存在的生态补偿项目分为以下四类：属于纯粹公共物品的生态补偿项目、属于共同资源的生态补偿项目、属于俱乐部产品的生态补偿项目以及属于准私人产品的生态补偿项目。

公共物品属性决定了自然资源环境及其所提供的生态服务面临供给不

足、拥挤和过度使用等问题。生态补偿就是通过相关的制度安排，确定不同类型公共物品的补偿主体是谁，其责任、权利和义务是什么，以调整相关生产关系来激励生态服务的供给、限制公共物品的过度使用和解决拥挤问题，从而确定相应的政策途径。

2. 环境产权理论

产权亦称财产权，它反映了产权主体对客体的权利，包括对财产的所有权、占有权、使用权、处置权和收益权等。科斯等在《社会成本问题》一文中强调了产权在经济交易中的重要性，指出产权的界定是市场交易的基本前提，从而奠定了产权研究的理论基础。

环境产权可以解释为：行为主体对某一环境资源具有的所有、占有、使用、处分、收益等各种权利的集合（权利束）。对环境产权的界定实际是对公众所拥有的生态资源及对这些资源使用程度的界定。

明晰环境产权是环境产权的改革和交易的基础，以排污权、碳汇权为代表的环境产权交易已经形成了完善的交易体系，环境产权交易的思路是利用市场方法解决环境外部性不经济问题，即以市场替代的方法，将不可量化的生态功能损失替代为可视的经济物质、指标，通过市场机制的作用实现产权处置权和收益权的转换，达到减少生态污染、破坏行为，鼓励生态产业发展，促进经济与生态的协调发展。有交易，则必有利益；有利益，则必有矛盾。环境产权交易得以实现的前提是环境产权的清晰界定和完善的公平交易收益分享、保护机制。

3. 公共选择理论

公共选择理论是介于经济学与政治学之间的交叉学科，是与个人选择相区别的集体选择，是人们通过民主政治过程来决定公共物品的需求、供给和生产，是把个人选择转化为集体选择的一个过程或机制，是对资源配置的非市场决策；它从现代经济学的角度、以“经济人”假设出发，把经济市场中的个人选择行为与政治市场中公共选择行为纳为同一分析模式，即经济人模式。

在传统经济学中，只有厂商和消费者才是追求利益最大化的“经济人”，政府则是超乎众人之上，以追求公众利益为目标，赢得公众对其信任和支持。但公共选择理论认为，政府和厂商、消费者一样，也是理性和私利的“经济人”，他们也有自己的动机、愿望和偏好，同样关心自己在政治活动中的成本和收益，也追求交易过程中的利益最大化。

伴随着我国城镇化和工业化的进程，城市环境污染的问题日益突出，如空气污染、水缺乏与水污染、工业危险废物和固体垃圾的增多、“城市热岛效应”、交通拥挤等，这些问题的存在严重威胁广大市民的身心健康，也削弱了城市可持续发展能力，甚至为国家安全埋下隐患。要推进生态补偿项目建设，政府部门在其中起着重要的作用，但是传统经济学中政府的形象已经大大改变，在市场经济要求利益最大化观念的驱使下，政府也转变成了实实在在的“经济人”，在生态补偿过程中，政府、企业、公众和环保组织等要共同努力、通力合作，才能实现在整个环境保护过程中成本最低、利益最大。

4. 外部性理论

经济学家对外部性给出的定义有两类：一类是从外部性的产生主体角度来定义，如萨缪尔森和诺德豪斯的定义：“外部性是指那些生产或消费对其他团体强征了不可补偿的成本或给予了无需补偿的收益的情形。”另一类是从外部性的接受主体来定义，如道格拉斯·诺斯认为：“个人收益或成本与社会收益或成本之间的差异，意味着有第三方或者更多方在没有他们许可的情况下获得或者承受一些收益或者成本，这就是外部性。”这两种不同的定义在本质上其实是一致的，即外部性是某个经济主体在生产或消费中对另一个经济主体产生的一种外部影响，而这种外部影响又不能通过市场价格进行买卖，因而施加这种影响的人没有为此而付出代价或得到好处。按照外部性影响效果的不同，可分为负外部性（外部不经济）和正外部性（外部经济）。负外部性是指当生产者或消费者在生产或消费过程中给他人带来了损失，而他人又不能得到补偿，其大小为生产或消费的社会费用与私人费用之差。正外部性是指当生产者或消费者在生产或消费过程中给他人带来了收益，而他人又没有给予补偿，其大小为生产或消费的社会收益与私人收益之差。

通过各种政策措施进行生态补偿，以恢复和重建被破坏的环境，这种行为是一种公益活动，它所带来的收益往往被集体加以消费，没有任何一个人可以被排除在享受它带来的利益之外，这就是生态补偿的正外部效应的体现。外部性是一种经常出现的经济现象，它的存在意味着资源配置没有实现帕累托最优。因此，需要采取一些措施或途径来矫正或消除这种外部性。具体而言，就是要设计一定的机制实现外部效应的内在化，使生态补偿的私人边际成本与社会边际成本相一致，私人边际收益与社会边际收益相一致。经济学家对外部性产生的原因和解决办法有不同的认识，其中，最著名的是以庇古为代表的“政府干预”理论和以科斯为代表的“市场机制”理论。以往的研究往往局限于这两种思路，忽视了可能的“第三条道路”——政府和社会资本合作（PPP）模式。政府和社会资本合作可以解决生态补偿的资金贫乏问题，能够调动社会资本参与到生态补偿中来，缓解财政压力。

（三）生态补偿引入 PPP 模式的现实意义

1. 提高生态环境公共产品与服务供给质量

由于大规模地利用与改造生态系统，导致生态系统服务供给能力下降，人类的生态福祉不断降低。人类对生态产品的需求已经不是凭借自然生态系统的供给所能满足的了。因此，在加大对自然生态系统和环境的保护力度时，必须要“增强生态产品生产能力”。作为公共产品的生态产品，是人类生产生活的必需品，各级政府理应成为主要供给者。但当前生态产品供给机制的低效率说明，通过制度创新形成多元主体协同供给生态产品的机制，在政府对生态产品供给发挥主导作用的前提下，利用 PPP 模式充分调动市场各主体协同供给生态产品的积极性，才能真正提高生态产品供给效率，满足人类对生态产品的需求。

2. 提升生态环境污染防治和生态补偿能力与效率

将 PPP 模式引入生态补偿中，有利于提升生态环境保护效果。首先，私营部门丰富的管理经验和娴熟的技术以及 PPP 模式下极具灵活性的项目运行流程对生态补偿项目建设带来了相当大的益处。其次，生态补偿项目整个过程中私营部门的全程参与有利于降低项目周期成本，并且，公私合作的伙伴关系与传统模式相比能带来更多的创新性收入。公私合作伙伴关系模式下，政府与私营部门对项目运行的种种风险要共同担当，经过项目评估使得各自分担的风险也变得非常清楚。最后，PPP 模式下的运作程序顺畅，使得项目从设计、建造到运营、管理各个环节都能有机地联合起来，这样大大提高了生态补偿项目的执行效率与生态补偿能力。

3. 多渠道融资，弥补财政投入不足

生态补偿存在主体单一、资金不足、成效不高等问题，而 PPP 模式通过引进民间资本和成熟的环保企业，实现其在融资方面和管理方面的优势。因此，PPP 模式所具有的诸多优势能有效地解决生态补偿的供需矛盾，从而支持该模式在生态补偿领域的应用。

将 PPP 模式应用于生态补偿领域，减轻国家的财政负担，适应生态治理投入增长的需要。目前，我国的生态投资主要依赖于中央财政拨款和地方财政支持，在经济发展新常态和地方政府债务高企的背景下，现有财政已经不能满足生态投资发展的需要。在经济发展新常态下，各级政府财政收入增速放缓，而生态领域的多元化融资渠道还未形成，巨大的生态治理投资是国家财政尤其是地方财政所不能承受的，引入 PPP 模式也就成为了当务之急。

4. 有利于实现生态补偿各责任主体间的风险共担、收益共享

较之政府部门，私营部门在如何经营那些商业运作和服务项目上更有经验和技巧。在项目合作时，私营部门会利用其丰富的经验周全地考虑项目运行中的各种风险，并在对各种风险的情况有所了解的基础上与政府部门签订相关合同并履行合同内容，同时也会将风险计入要收取的总费用中。风险的合理分担不但使私营部门发挥出了其自身的优势，而且也使得政府部门拥有更加充沛的精力和时间去履行其主要的工作职能，使得政府从繁重的工作中解脱出来而专注地履行好政府部门的本职工作。在政府与社会资本合作过程中，利益各方的博弈会使生态补偿项目的风险分担与利益共享机制更加明确，使得生态补偿项目可行性增强，各方在明确的风险收益矩阵下会积极参加项目建设与运营，促进生态补偿项目的执行。

二、我国生态补偿相关项目引入 PPP 模式的可行性

（一）我国生态补偿领域投融资现状

目前我国的生态补偿资金的主要来源有以下三个方面：一是中央政府对生态保护地区地方政府以及省级地方政府对辖区内生态保护地区的下级地方政府的财政转移支付，又称为纵向补偿转移支付。二是生态受益地区地方政府对生态保护地区地方政府的财政转移支付，又称为横向补偿转移支付，或地方“政府间市场”补偿转移支付。其中，生态受益地区主要是指从维护和创造生态系统服务价值等生态保护活动中获益，并通过开发利用环境和自然资源取得经济利益的地区。生态保护地区主要是指为维护和创造生态系统服务价值投入人力、物力、财力或者发展机会受到限制的地区。三是社会范围内以市场规则为基础的生态系统服务提供与购买支付。据此，可以构建财政转移支付与市场化付费服务相结合的生态补偿资金机制框架。

生态补偿财政转移支付是各级政府为解决生态系统服务的外部性问题，促进政府正确履行有关生态环境保护的支出责任而进行的政府间财政资金划拨和补助。与许多国家实行生态系统服务付费制度主要依靠市场机制吸引社会资金、技术推动保障生态系统服务的持续有效供给所不同的是中国的生态补偿机制以政府作为制度建设的主导力量。在现阶段的生态补偿资金构成中，以财政转移支付为主要手段的政府资金投入占首要地位。在各种形态的生态补偿财政转移支付中，上级政府对生态保护地区下级地方政府的纵向补偿转移支付是生态补偿资金机制稳定和持续的资金来源与重要保障。

地方政府间的横向补偿转移支付，在一定程度上具有市场性质，是由生态受益地区地方政府向生态保护地区地方政府“购买”生态系统服务。然而，一方面由于这种“购买”行为是以政府间转移支付的形式来完成的，另一方面由于缺乏完备的生态系统服务价值估算体系，受益地区地方

政府“购买”所获得的生态系统服务与所支付的资金对价并不一定完全等同于被“交易”的生态系统服务的客观市场价值，因此，虽然这种“购买”具有市场化的特征，但在本质上仍属于财政转移支付范畴。

除财政转移支付以外，通过社会化的市场机制所获得的资金投入，是生态补偿资金的有机组成部分，其理论和现实依据来源于各国以市场为基础的生态系统服务付费制度实践。由于财政转移支付中，各级政府所能够依靠的财政收入增量是有限的，能够投入用于生态补偿的资金总量也受到财政收入增量的影响，社会化的市场资金投入就成为了对财政转移支付补偿资金的有效补充。市场化的生态补偿机制有利于推动和激励社会资金投入生态环境保护事业，对生态系统服务具有购买意愿的社会主体可以通过这种交易机制获得保质保量的生态产品和生态服务。生态系统服务的提供者也可以据此获得高于仅依靠政府财政转移支付补偿的收入，从而增强从事生态环境保护的积极性，国家和社会则可以从由此获得改善和提升的环境质量中受益。

此外，为降低财政负担，增强生态补偿的造血功能，各地方政府积极发展政策性金融和绿色金融，主要是政策性银行给部分生态补偿项目提供长期低息贷款，开展绿色保险。以福建省林业生态补偿投融资为例，在使用财政政策时，福建省也积极发展金融支持。如 2004 年就提出林业实行长期限、低利息的信贷扶持政策。各级财政要安排专项资金，按实际贷款规模和年限给予贴息。金融机构对农户造林育林，要适当放宽贷款条件，参照农户小额贷款政策，扩大面向林业生产经营者的小额信贷和联保贷款。2016 年继续深化金融政策，提出加快开发适合营造林需要的贷款品种，使信贷产品与林业生产周期相适应。推广林权抵押按揭贷款业务，最长贷款期限可达 30 年。拓展可抵押林权范围，将中幼林、毛竹、果树、设施花卉、苗木等纳入抵押物范围。作为市场化筹资方式，这些措施有利补充生态补偿资金，但主要以政策为主，没有与社会资本尝试直接联系，未能充分发挥市场筹资的优势。

（二）我国生态补偿领域引入 PPP 模式已具备的基础

1. 近年来国家对 PPP 模式的大力推广

2013 年以来，国务院和各部委密集出台 PPP 相关政策，大力推行使用 PPP 模式支持新型城镇化建设和基础设施建设，全国多个省市也都在积极进行 PPP 模式的探索推广。2014 年，我国主要出台 PPP 模式推广的指导性政策，9 月 25 日，财政部下发《关于推广运用政府和社会资本合作模式有关问题的通知》，表示将在全国范围内开展 PPP 项目示范；10 月 APEC 财长会议上，通过 PPP 模式等融资方式撬动民间资本成为重要议题；11 月 16 日，国务院印发《关于创新重点领域投融资机制鼓励社会投资的指导意见》，明确要求扩大社会资本投资途径，健全 PPP 模式；12 月 2 日，发改委发布《关于开展政府和社会资本合作的指导意见》，指明了未来一段时间 PPP 运行的基本方向；文件刚发布，财政部就对外公布了总投资规模约 1800 亿元的 30 个 PPP 示范项目，涉及供水、供暖、污水处理、环境综合整治等多个领域；财政部政府和社会资本合作（PPP）中心也正式获批。

2015 年 5 月 19 日发布的《关于在公共服务领域推广政府和社会资本合作模式的指导意见》中指出，政府和社会资本合作模式有利于充分发挥市场机制作用，提升公共服务的供给质量和效率，实现公共利益最大化。2015 年我国针对 PPP 制度建设和落地实施的问题出台了相关政策，比如 4 月国家发展和改革委员会联合财政部、住建部、交通运输部、水利部和人民银行出台的《基础设施和公用事业特许经营管理办法》和 12 月财政部出台的《PPP 物有所值评价指引（试行）》。

2016 年，我国出台的 PPP 政策开始关注资本退出和金融创新，比如 9 月财政部出台的《关于政府和社会资本合作项目财政管理暂行办法的通知》和 12 月发改委联合证监会出台《关于推进传统基础设施领域政府和社会资本合作项目资产证券化相关工作的通知》。2017 年我国关于 PPP 支持政策主要集中在 PPP 立法和 PPP 资产证券化，3 月 PPP 立法列入国务院 2017 年工作计划，并成为急需项目，8 月上交所、深交所同时发布《关于进一步推进政府和社会资本合作（PPP）项目资产证券化业务的通知》；

此外，财政部、住建部、农业部、环保部等部门也陆续发布各领域积极探索PPP模式实践的文件，PPP模式已经逐渐被广泛应用于交通、电力、城市供水等基础设施建设领域。

在地方，PPP也成为热点，各省份也积极响应中央号召，密集推出PPP试点项目，例如，安徽发布42个PPP项目，总投资710亿元；福建公布28个试点项目，总投资1478亿元。部分地方政府还制定了开展PPP的规范性文件。

2. 已出台相关PPP操作指南等规范性文件

2013年来，国务院及各部委密集出台了不同领域针对PPP模式不同方面的规范性文件，既体现了PPP模式实践的重要性以及应用的广泛性，也体现了其系统性与复杂性，限于篇幅，现总结截至2017年10月15日中央各部委出台的PPP规范性文件如下（见表7-1）。

表7-1　　截至2017年10月各部门出台PPP规范性文件

序号	文件名	主要内容	发文部门	文号	发布时间
1	《关于促进储能技术与产业发展的指导意见》	鼓励社会资本进入储能领域，加快先进储能技术推广应用。	国家发展和改革委员会、财政部、科学技术部、工信部、国家能源局	发改能源〔2017〕1701号	2017年10月12日
2	《住房城乡建设科技创新“十三五”专项规划》	规划中提出要构建政府和社会资本合作模式（PPP）工程总承包项目的信息化管理模式，创新工程建设管理模式和技术手段。	住房和城乡建设部	建科〔2017〕166号	2017年8月17日
3	《关于政府参与的污水、垃圾处理项目全面实施PPP模式的通知》	对政府参与的污水、垃圾处理项目全面实施PPP模式的总体要求、支持政策、组织领导等方面作出规定。	财政部、住房城乡建设部、农业部、环境保护部	财建〔2017〕455号	2017年7月18日

续表

序号	文件名	主要内容	发文部门	文号	发布时间
4	《关于规范开展政府和社会资本合作项目资产证券化有关事宜的通知》	分类稳妥地推动PPP项目资产证券化、严格筛选开展资产证券化的PPP项目、完善PPP项目资产证券化工作程序、着力加强PPP项目资产证券化监督管理。	财政部、中国人民银行、中国证监会	财金〔2017〕55号	2017年6月19日
5	《关于深入推进农业领域政府和社会资本合作的实施意见》	深化农业供给侧结构性改革，引导社会资本积极参与农业领域PPP项目投资、建设、运营，改善农业农村公共服务供给。	财政部、农业部	财金〔2017〕50号	2017年6月6日
6	《关于保险资金投资政府和社会资本合作项目有关事项的通知》	对保险资金投资PPP项目有关事项作出规定。		保监发〔2017〕41号	2017年5月9日
7	《关于进一步做好政府采购信息公开工作有关事项的通知》	提出推进各地区政府采购信息发布网络平台建设、完整全面发布政府采购信息、健全政府采购信息发布工作机制、加强对政府采购信息公开工作的考核与监督。	财政部	财库〔2017〕86号	2017年4月25日

续表

序号	文件名	主要内容	发文部门	文号	发布时间
8	《关于印发〈政府和社会资本合作（PPP）咨询机构库管理暂行办法〉的通知》	制定目的、机构库的定义、咨询服务涵盖范围、组织实施主体、建立和管理维护原则、咨询机构入库条件和流程、信息录入与公开、入库机构权利、退库情形与处理、黑名单制度、鼓励行业自律、相关主体违规责任等。	财政部	财金〔2017〕8号	2017年3月22日
9	《关于印发〈政府和社会资本合作（PPP）综合信息平台信息公开管理暂行办法〉》的通知》	对信息公开的内容、方式以及监督管理办法作出规定。	财政部	财金〔2017〕1号	2017年1月23日
10	《关于印发〈财政部政府和社会资本合作（PPP）专家库管理办法〉的通知》	规范PPP专家的遴选、入库及PPP专家库的组建、使用、管理活动，加强信息共享、充分发挥专家智力支持作用，保证PPP相关项目评审、课题研究、督导调研等活动的公平、公正、科学开展。	财政部	财金〔2016〕144号	2017年1月9日

从以上对2017年各部门出台的PPP规范性文件中可以看出，现在我国的PPP模式的应用范围已不仅仅局限于部分基础设施建设，逐渐扩大到

农业发展、环保等领域；对 PPP 模式实践的研究和政策安排也愈渐落实到实际操作的各个层面以及相关配套设施建设上来。

3. 国内外已有生态治理方面 PPP 运作成功的案例

国内外均有将 PPP 模式应用于污水处理等环保基础设施建设、生态城市建设等重大生态治理工程中的成功先例。近年来我国的天津中新生态城的探索就是其中一次成功实践，这个由中国、新加坡两国政府共同合作建成的重大项目，凭借着 PPP 模式的良好实行，经过几年的建设，已经由“1/3 盐碱荒地、1/3 废弃盐田，还有 1/3 污染水面”的“荒地”成为国际生态城市的样板。

（1）项目成果。项目初期时，“当时污水库占地 2. 56 平方公里，相当于生态城 1/10 的面积。水质为劣五类，库底 400 万立方米淤泥含有重金属等大量污染物。站在湖边，就能闻到熏天恶臭。”通过整治，2. 56 平方公里的污水库变成清净湖以后，其中 1. 5 平方公里的土地可以用于商业开发。原来的污水库附近还建立了会展中心，周边还兴建了学校、CBD 等，成为一个集产业、会展、旅游、居住等于一体的风情小镇。

（2）成功经验。将契约精神作为 PPP 模式的核心。在项目成立之初就需要通过契约形式明确责任、目标、考核指标，并将合作方的权利、义务固定下来，保障了合作方的合法利益，这构成了政府与社会资本的合作基础。早在开发之初，该项目就以政府令的方式确立了契约的法律地位。两国企业各出 50% 的股份，联合组建中新天津生态城投资开发有限公司负责整个生态城的住宅和商业设施开发及部分基础设施建设。在这份契约中，明确了开发主体、投资权益以及相关义务。根据协议，政府将市政公用设施的配套费和土地出让金政府净收益用于前述设施的建设与维护。这意味着由投资公司承担污水库以及周边河道等的治理和环境改善。

以“项目包”为基础的“PPP 环保产业基金模式”。中新生态城的模式与一般项目式的 PPP 模式不同，是以“项目包”为基础的。并不是单一的项目，而是将中低利润项目与高利润项目捆绑在一起，甚至包括不盈利的项目。通过各产业链的互相呼应，降低风险，提高整个项目包的整体收益。这个模式对企业而言也有双重好处：一方面，这种产业链的投资建设模式符合了环保企业逐渐集融资、建设与项目融为一体的融资模式；另一方面，改变了环保企业的“游牧时代”。由于环保项目具有属地性，现阶段往往企业在完成一个地方的环保项目后，可能拿不到第二个环保项目，就需要去其他地区继续争取项目。这种“打一枪换一个地方”的现象被称为环保产业的游牧方式。但如果实行了项目包式的产业基金，就可以在这个地方待得更长久，对于大型环保企业而言，尤其可以节省搬迁、运作等交易中间费用。

（三）生态补偿领域引入 PPP 模式存在的难点分析

1. 合作主体结构复杂

目前我国生态补偿实践主要集中于重点生态功能区、森林、草原、湿地、流域、耕地、荒漠、海洋等领域。这些由大自然主导的区域划分与人为的行政区划往往都存在着一定的差异，以我国重点生态功能区中的浑善达克沙漠化防治生态功能区为例，它横跨了内蒙古与河北省的 15 个县，功能区内的生态保护工作需要两个省政府以及下辖的市级、县级政府通力合作、协调完成。随着国务院发布《主体功能区规划》以及财政部出台《国家重点生态功能区转移支付办法》、《中央对地方国家重点生态功能区转移支付办法》等文件，中央政府对地方政府的纵向转移支付以及地方政府之间的横向转移支付成为区域生态补偿机制的主要资金来源。

以我国生态补偿实践中开始较早的流域生态补偿为例，目前大部分流域生态补偿都是以上下游地方政府作为区域的代理人，实行跨区域的“双向补偿”机制——由中央政府与上下游两地政府共同出资设立流域水环境补偿基金，当水质达到考核标准时，资金拨付给上游区域基层政府，若达不到考核标准，则补偿给下游区域基层政府。这种跨界流域生态补偿机制大多需要上级政府作为中介者进行协调，这就涉及了不同层级、不同省域、市域政府之间的沟通协作。

这种财政转移支付依然由政府主导、较少发挥市场作用，导致我国区域生态补偿中社会参与度较低，资金来源渠道过于单一。为引入社会资本，将 PPP 模式应用于到生态补偿机制的投融资实践中，也引入了一个新的主体——社会资本方。与一般的PPP项目只涉及一个层级的政府与社会资本合作不同，生态补偿PPP项目可能涉及不同省域、市域政府和社会资本方的合作，合作主体多、结构复杂，易产生多头管理的局面，导致效率损失或者不利于监管。

2. 生态补偿领域项目公益性强，投资回收期长，社会资本吸引力不足

生态系统服务具有公共产品属性，国家重点生态功能区、跨省的大尺度流域所提供的生态系统服务的受益者众多，具有较为鲜明的非排他性和非竞争性，基本属于纯公共产品；受益者相对较为明确的跨界流域、城市水源涵养区所提供的生态系统服务由于存在排他可能，基本属于准公共产品中的俱乐部物品；公共草场、渔场海域的使用具有竞争性但是很难实现排他，基本属于准公共产品中的公共资源。所以生态补偿领域项目提供的基本都是公共产品与服务，具有很强的公益性。

同时重点生态功能区的自然资源本底一般具有生产生态产品的比较优势，其主体功能也就是提供生态产品，而生态产品一般无法在现实市场中进行交易，因此重点生态功能区很难依靠生态产品在区际贸易中获得利益，这也就使得投资于生态补偿与生态功能区的建设在市场上能直接获得的经济利益十分有限。其主要获利手段也是通过财政补偿或者构建生态产品交易的市场机制来实现。此外，生态治理是一个系统性、长期性的工程，生态补偿领域项目也因此具备所需资金体量大、投资回收期长等特点，这都在一定程度上影响了社会资本投入生态补偿领域的热情。

3. 如何与已有的生态补偿政策相衔接

自2005年党的十六届五中全会《中共中央关于制定国民经济和社会发展第十一个五年规划的建议》首次提出“按照谁开发谁保护、谁受益谁补偿的原则，加快建立生态补偿机制”以来，我国对于生态补偿机制的重视程度日益增加。尤其是党的十八大以来，党中央、国务院高度重视生态保护补偿机制建设，党的十八大提出要“建立资源有偿使用制度和生态补偿机制”，党的十八届三中全会又提出“坚持‘谁受益、谁补偿’的原则，完善重点生态功能区的生态补偿机制，推动地区间建立横向生态补偿机制”。2015年4月，中共中央、国务院印发的《关于加快推进生态文明建设的意见》和2015年9月印发的《生态文明体制改革总体方案》都将生态补偿机制作为生态文明建设的重要保障措施，并提出“要探索建立多元化的生态补偿机制，加快形成受益者付费、保护者得到合理补偿的运行机制”。2015年11月，党的十八届五中全会《中共中央关于制定国民经济和社会发展第十三个五年规划的建议》提出“加大对农产品主产区和重点生态功能区的转移支付力度，强化激励性补偿，建立横向和流域生态补偿机制”。

2016年5月国务院正式发布了《关于健全生态保护补偿机制的意见》（以下简称《意见》），为我国进一步健全生态保护补偿机制，加快推进生态文明建设提出了明确的指导意见。根据《意见》的目标任务，我国要在2020年实现森林、草原、湿地、荒漠、海洋、水流、耕地等七大重点领域和禁止开发区域、重点生态功能区等重要区域生态补偿的全覆盖，并且不断完善转移支付制度，探索建立多元化生态补偿机制，逐步扩大补偿范围，合理提高补偿标准，有效调动全社会参与生态环境保护的积极性。在中央政府完成政策的顶层设计之后，许多省份结合区域特点，制定了本省的生态补偿实施意见。对于促进生态补偿体制机制创新的主要任务一般包括稳定生态补偿的资金投入、完善重点生态区域补偿机制、推进横向生态补偿机制、健全配套制度体系、创新政策协同机制、结合生态补偿推进精准脱贫和加快生态补偿法制建设等方面。

党中央与地方政府推行的生态补偿相关政策既强调了生态补偿机制的重要性，又对生态补偿机制持续创新发展提出了更具体的目标，这在给社会资本以PPP模式参与生态补偿机制建设打开一扇门之余，也为其设置了一道“门槛”，对生态补偿领域PPP模式的回报机制、收益分享机制和风险分担机制设计都提出了更高的要求。

4. 如何与生态补偿其他融资方式相衔接

当前，我国生态补偿领域的资金来源依然是以政府的转移支付与财政补贴为主，市场融资方式为辅，但是在中央的大力倡导、地方政府大胆实践、学界积极研究之下，生态补偿机制也在以下三个方向上进行了积极的探索并取得一定的成果：

（1）对森林、湿地、草原、水域等生态保护区进行限制性开发，开发与保护并举。如部分森林区域种植经营性树木，通过择伐等合理作业方式实现保护与经营并举，在森林区域还可以养殖野生动物、种植中草药、苗木盆栽等，还可以探索开发森林公园等生态旅游，通过门票收入、广告赞助和商业收入提取等方式，获得生态补偿资金。但是这些开发必须符合生态规律、符合环境治理和保护的需要。

（2）深入推进水权、碳排放权交易市场建设，充分发挥市场调节作用。部分区域已建立交易市场，对水权使用和碳排放权进行交易。应当逐步扩大水权交易和低碳排放交易市场，扩大参与方。尤其是低碳排放，全国各地区都可以参与碳排量的交易。采用竞争性拍卖的方式来实现。扩大低碳排放量交易方，应当吸引排量大的城市参与，提高竞价，从而获得更多的生态补偿资金。对于水权同样适用，尤其是比较长的跨区域河流，可根据用水量、水质分层次开展竞价，提高水权价值。

（3）发展绿色金融，探索成立生态银行。银行、保险等金融机构应当积极开展绿色金融。银行根据保护区域和开发性质，及时提供短中长相结合的贷款，提供低息或免息贷款。保险机构根据森林开发、生态旅游等开发重大灾害险、巨灾保险、游客意外伤害险、农产品食品安全险、农产品价格险等。还可以对银行提供的贷款和企业债进行保险，分散经营资金的风险压力。有条件的地区，应当探索成立生态银行，专门负责生态保护与开发资金融资和贷款，以有力支援各类生态保护项目以及配套服务。

这三种类型的市场化融资方式的发展实际上与PPP模式相辅相成的。对森林、湿地、草原、水域等生态保护区进行限制性开发以及水权、碳排放权交易市场的建立健全使PPP项目的收益将不再依赖于政府的财政补贴，开拓了PPP项目的收益渠道，而PPP项目主体实际上也是开发保护生态功能区以及参与水权、碳排放权交易的主体，绿色金融、生态银行等可以为PPP项目提供降低资金、意外事故等风险的配套设施，生态补偿领域PPP模式的发展也将推进相应市场融资方式的完善。

三、分类型生态补偿项目适用的 PPP 模式分析

（一）按照项目体量划分

1. 单体项目

单体项目是指对区域内各单体项目分别采用 PPP 模式招商的项目，是目前 PPP 模式在区域开发中应用最广泛、易操作的一种方式。单体项目运作的优势在于：首先，项目边界条件清晰，合作模式、回报机制和风险分配机制等更容易说清楚，更利于规范、公平、透明化操作；其次，社会资本参与门槛低，易提高其积极性，能够形成有效竞争，降低成本；最后，在政府财力有限的情况下，通过启动某一重点基础设施的建设，能够有效带动区域开发建设。

根据生态补偿内容的不同，对单体项目可以采取不同的 PPP 模式。依据《国家发展改革委关于开展政府和社会资本合作的指导意见》、《关于推广运用政府和社会资本合作模式有关问题的通知》和《政府和社会资本合作模式操作指南》，单体生态补偿项目可采用的 PPP 模式主要包含以下四种：第一种模式是建设—运营—移交（BOT），由社会资本或项目公司承担新建生态补偿项目设计、融资、建造、运营、维护和用户服务职责，合同期满后项目资产及相关权利等移交给政府的项目运作方式，一般经营年限为 20—30 年。第二种模式是转让—运营—移交（TOT），指政府将存量资产所有权有偿转让给社会资本或项目公司，并由其负责运营、维护和用户服务，合同期满后资产及其所有权等移交给政府的项目运作方式。其特点在于生态补偿项目有偿转让后，政府暂无资产所有权，且 TOT 较 BOT 风险小，投资回报率适当。第三种是改建—运营—移交（ROT），政府在 TOT 模式的基础上，增加改扩建内容的生态补偿项目运作方式，ROT 属于 TOT 模式范畴。第四种是建设—拥有—运营（BOO），该模式是由社会资本或项目公司承担新建生态补偿项目设计、融资、建造、运营、维护和用户服务职责，必须在合同中注明保证公益性的约束条款，社会资本或

项目公司长期拥有项目所有权的项目运作方式，BOO 模式是由 BOT 模式演变而来。

此外，其他的 PPP 模式还包括还有委托运营（O&M）、管理合同（MC）、租赁—运营—移交（LOT）、建设—拥有—运营—移交（BOOT）等模式。

2. 打包项目

传统生态补偿领域的 PPP 模式大多是以单独的项目为依托，且不同生态治理项目利润水平不一。为解决生态补偿领域民间资本单一项目投资兴趣不高，企业“游牧式”经营资源浪费等问题，各地逐渐探索创新出一种新型 PPP 生态补偿项目打包模式。即对区域内公益性较强、没有收益的生态基础设施类项目，与经营性较强、收益较高的生态环境项目进行打包组合开发，用前者的较高利润预期带动后者的建设运营，使区域整体的生态治理项目利润处于合理水平。

《国务院关于创新重点领域投融资机制鼓励社会投资的指导意见》提出，鼓励打破以项目为单位的分散运营模式，实行规模化经营，降低建设和运营成本，提高投资效益。不同类型的生态补偿项目分别适用的 BOT、TOT、BOO、ROT 等模式也不尽相同。打包项目应该根据所打包集中的项目类型选择不同的 PPP 模式，而且在一个打包项目中通常包含不同类型的子项目，所以打包项目一般是多种 PPP 模式的组合应用。如果打包项目中仅仅是新建项目，不涉及存量项目的改扩建以及后续运营，该打包项目可结合 BOO 模式与 BOT 模式展开。如果打包项目中涉及的仅仅是存量项目，则可以适用 TOT 模式与 ROT 模式。若打包项目中既有新建项目，又有存量项目，则需要综合考虑 BOT、TOT、BOO、ROT 等多种模式，以期实现生态补偿项目有效执行。

（二）按照项目存续时间划分

1. 存量项目

存量项目是已经建成的生态补偿项目以及生态基础设施项目。对存量项目可以通过转让—运营—移交（TOT）、改建—运营—移交（ROT）等

PPP 运作模式进行转换。有收费补偿机制的存量项目适用于 TOT 模式，政府部门希望通过经营权转让套现，化解地方政府性债务。需要扩建、改建的存量项目适用于 ROT 模式，解决政府缺乏扩建工程资金的问题，同时又与原有建设的运营管理相结合。

从化解债务的角度出发，将具备条件的政府融资平台公司存量生态服务项目转型为 PPP 项目，引入社会资本参与改造和运营，可以把原来的政府性债务转换为非政府性债务，可以腾出资金用于重点民生项目建设。对于其他存量资产，比如，公路和道路绿化养护、城市环卫保洁等以及依附于城市生态环境冠名权等进行深入挖掘，整合、改造、包装形成 PPP 项目。通过 PPP 模式集中配置这些存量生态项目，有利于吸引社会资本，拓宽城镇化融资渠道，形成多元化、可持续的资金投入机制。

2. 新建项目

新建项目实现的是项目从无到有，对于生态补偿项目来说就是通过合理划分风险和收益以引进资本使得项目落地。对于一般有现金流、市场化程度较高的生态补偿项目，应该优先考虑适用 PPP 模式。根据新建项目的不同，新建项目可以适用 BOT 模式与 BOO 模式。对于有收费机制的新建生态补偿项目，可以适用 BOT 模式，政府对 BOT 项目拥有特许权的监督权利和战略上的最终控制。收益不高，需要给社会资本（投资人）提供更多财务激励的新建生态补偿项目可以适用 BOO 模式，要求政府对这些设施的运营服务质量易于监管，监管成本有合理性、可靠性。

新建生态补偿 PPP 项目操作流程分为项目识别、项目准备、项目采购、项目执行和项目移交等 5 个阶段，应用适合的 PPP 模式是生态补偿项目落地执行的必要条件，因此，应该根据不同项目识别适用不同的 PPP 模式。

（三）按照项目公共产品属性划分

1. 经营性项目

经营性项目的投资主体最为广泛，通常可以为国有企业，也可以是私营企业、外资企业。在政府投资政策的导向下，凡符合国家和区域性环境发展规划的生态补偿项目，都可以通过市场化手段实现融资、设计、建设、管理及运营。因此经营性项目应在正的外部性效益的前提下进行，在发挥其经济效益的同时，更加重视生态补偿目标实现。

经营性项目通常具有明确的收费基础，并且经营收费能够完全覆盖投资成本，可通过政府授予特许经营权，采用建设—运营—移交（BOT）、建设—拥有—运营—移交（BOOT）等模式推进。为了更好实现生态补偿领域的市场化进程，应依法放开相关项目的建设、运营市场，积极推动自然垄断行业逐步实行特许经营，鼓励更多社会资本参与进经营性生态补偿项目的建设中来，用市场这只看不见的手来实现生态补偿效益最大化。

2. 准经营性项目

准经营性项目的社会效益突出，外部效应明显，但经济性不足，主要体现在项目直接关乎到公众的切身利益，产品或服务的价格由政府决定，往往与其按照社会必要劳动时间计算的价值相背离，通常准经营性项目需要政府的财政支持才能运行。因此，合作制模式作为一个有效缓解政府财政压力的融资与建设管理模式被广泛应用于准经营性项目中来。政府通过制定激励机制和收益分配机制，吸引私营部门投资基础设施建设，共担风险、共享收益。

准经营性项目往往收费不足以覆盖投资成本、需政府补贴部分资金或资源，可通过政府授予特许经营权附加部分补贴或直接投资参股等措施，采用建设—运营—移交（BOT）、建设—拥有—运营（BOO）等模式推进。要建立投资、补贴与价格的协同机制，为投资者获得合理回报积极创造条件。

3. 非经营性项目（公益性项目）

非经营性项目的投资主体为政府，资金来源主要依靠政府的财政收入，以“代建制”作为项目的运作模式，由于项目对政府投资依赖性大，因此其权益最终往往归政府所有。早在2005年，国务院在《关于投资体制改革的决定》中明确提出对非经营性政府投资项目加快推行“代建制”，通过招投标的方式，选择专业化的项目管理单位负责建设实施，严格控制项目投资、质量和工期，竣工验收后移交使用单位。因此，非经营性项目中依然存在竞争机制，招投标机制和政府的监管保证政府投资的社会效益。

非经营性项目往往缺乏“使用者付费”基础、主要依靠“政府付费”回收投资成本，因此可通过政府购买服务，采用建设—拥有—运营（BOO）、委托运营等市场化模式推进。要合理确定购买内容，把有限的资金用在刀刃上，切实提高资金使用效益。

四、生态补偿项目的回报机制、收益分享机制和风险分担机制设计

PPP 项目与传统的公益性环保项目有所不同，需要政府与社会资本形成“利益共享、风险共担、全程合作”的伙伴合作关系，因此，PPP 项目的设计中应当全面考虑相关因素，设计好项目回报机制、收益分享机制和风险分担机制。生态补偿是外部性较强的领域，社会效益较难体现为市场价值。将 PPP 模式应用于生态补偿领域，就应当切实找到生态补偿领域社会效益和经济效益之间的结合点，平衡政府与社会资本的收益分享和风险、成本分担，才能使生态补偿 PPP 项目持续有效运行下去。

（一）回报机制

回报机制是区分生态领域 PPP 项目和传统的公益性环保项目的重要标志之一。根据公共产品理论，传统的公益性环保项目因较强的外部性，使得经济效益无法覆盖投资成本，所以需要政府通过税收收入予以供给。由于公益性环保项目的社会效益难以测量，无法平衡收益与成本，因此时常造成运行低效率的问题。相对的，PPP 项目中需要社会资本的参与，因此在 PPP 项目的设计中，社会资本需要适当的盈利来弥补成本，这就需要项目设计和建设中有盈利项目的存在。如果 PPP 项目中社会资本的回报完全来源于政府税收收入，则实质上将与公益性环保项目或单纯的政府购买服务没什么区别。

设计生态领域 PPP 项目回报机制，应当按照以下思路进行设计：（1）如何充分利用生态资源形成经济效益。在实现生态环境修复，满足社会效益的前提下，应当充分利用生态资源优势实现市场经济价值。如利用湿地、森林生态环境发展旅游行业，利用生态农业、渔业提供有机农副产品等等。（2）生态补偿 PPP 项目收入回报应当向谁收取，哪些方面外部性较强应当由政府付费，哪些方面应当适用市场机制，哪些方面社会资本投资运营难以覆盖成本需要政府支持。（3）PPP 项目收费定价问题，如何既能满足生态修复的社会效益需要，又能实现社会资本市场盈利。生态补偿 PPP 项目内容广泛，设计灵活，需要因地制宜根据不同地区特色具体选择适宜的生态资源，因此第一个方面不在此处讨论，主要从理论层面分析第二和第三方面。

生态补偿 PPP 项目的回报包括社会效益和经济效益两个方面，相应的，生态补偿 PPP 项目可以向政府和使用者两个方面收费：

1. 政府付费

政府付费，是指政府直接付费购买公共产品和服务，主要包括可用性付费、使用量付费和绩效付费。根据政府与市场关系的划分来看，政府向生态补偿 PPP 项目付费，应当追求社会效益的最大化。项目中可以由市场定价的产品和服务，政府不宜介入，否则有可能造成市场扭曲甚至寻租现象。因此，在生态补偿领域中，政府付费所追求的应当是生态环境的改善、物种多样化发展，自然与人和谐共同发展等等，具体而言，如水质改善、土地修复、动植物繁育、沙尘治理、空气质量提高等等。社会效益难以通过市场价值来反映，但生态补偿 PPP 项目所追求的目标应当是可以量化的，如森林修复项目中，每平方公里种植树木多少颗、植物种类，河流、湖泊中重金属含量，水中某矿物元素含量，特定期限内（每年）区域内动物栖息数量、动物种类，等等。在量化目标的基础上，采取成本加成定价法、高峰负荷定价或两部制定价等方法确定政府付费标准。同时，政府还有激励、扶持、调控社会资本参与生态补偿 PPP 项目中来的职能，这一方面主要在可行性缺口补助方面详细分析。

社会效益方面的政府付费标准，应当以覆盖成本或满足项目公司适当盈利为原则予以确定。追求社会效益是生态补偿 PPP 项目最基础的目标，也是生态补偿 PPP 项目和环保公益项目之间相通的地方。因此政府付费标准可以参照过去传统的环保公益项目进行定价。

政府付费标准还需要考虑到生态资源的经济价值，按照一定期限或标准设计阶梯付费标准。项目运营期间，如社会效益目标已经完成，或者生态资源的经济价值逐渐显现时，政府付费标准可以适当降低或不再付费。在生态修复的基础上发展旅游、农副业可持续发展，可能也存在运营成本较低、毛利率较高的情况，其收益足以覆盖过去投资成本，此时已不需要政府付费，甚至政府付费有可能会造成市场扭曲。此时政府的职能应当更多的转变为管理和调控，在保证生态补偿 PPP 基础社会效益、基本项目量化目标完成的基础上，鼓励社会资本利用生态资源发展生态旅游、有机农产品，甚至狩猎、野生动植物餐饮特许经营等特色产业，促进生态、经济平衡发展。

2. 使用者付费

使用者付费，是指由最终消费用户直接付费购买公共产品和服务。生态补偿 PPP 项目中，可以通过市场定价实现经济效益的领域，应当由使用者付费进行补偿。生态补偿 PPP 项目不是单纯的环境污染治理工程，生态环境修复中带来了非常丰富的物产资源、旅游资源。政府应当鼓励社会资本在不破坏当地生态平衡的基础上，充分开发利用生态资源，实现经济效益。譬如，植被生态环境修复相关的 PPP 项目中，可以发展徒步旅游、牧草供给、野生动植物产品等各类产业。政府还可以在动植物多样性修复项目中，试点狩猎旅游等特许经营项目，在控制数量、物种种类的范围内，探索多种经营方式吸引消费者。使用者付费的标准，应当由市场供需力量来确定。

3. 可行性缺口补助

可行性缺口补助，是指使用者付费不足以满足社会资本或项目公司成本回收和合理回报，而由政府以财政补贴、股本投入、优惠贷款和其他优惠政策的形式给予社会资本或项目公司经济补助。有的生态补偿 PPP 项目可以分割成经营性项目、准经营性项目和非经营性项目，而有的生态补偿

PPP 项目可能无法非常清晰的划分不同项目之间的界限，不同项目中非经营性项目占比不同，不同细分项目的外部性也不尽相同。无论项目如何细分，都应由一家项目公司统一建设、运营、维护，因此不同项目公司的投资成本也不相同，当综合投资收益难以弥补成本时，需要政府对其成本缺口予以补贴支持。政府提供可行性缺口补助，应当基于吸引鼓励社会资本和宏观调控两个方面进行设计。

吸引鼓励社会资本参与生态领域 PPP 项目，政府应当考虑社会效益和社会资本投资特点进行可行性缺口补贴设计。从社会效益方面来看，有些生态补偿 PPP 项目所带来的社会效益也是存在递减的趋势。随着生态补偿产品的供给，动植物生态在有限的空间内也会产生拥挤、竞争，水、土、空气质量改善到一定程度后改进成本可能会提高，造成社会效益递减。因此政府的可行性缺口补贴标准也应随着社会效益的递减而有所降低，PPP 项目实施方案设计中，政府补贴也应当根据一定标准呈现阶梯递减趋势。从社会资本投资特点来看，社会资本最大的投资风险在于项目建设投资所产生的沉没成本，随着项目运营产生规模经济，社会资本的成本和风险也会相应摊薄。为吸引社会资本参与生态补偿 PPP 项目，政府也可以考虑设计一次性补贴的机制，降低社会资本进入门槛。

地方政府在提供可行性缺口补贴时，除考虑本辖区财政实力等综合因素外，应当重点关注辖区内不同生态补偿 PPP 项目间利润率的平衡。社会资本具有逐利的特性，会集中于利润率较高的产业或领域。因此政府应当统筹兼顾不同领域 PPP 项目，产别化制定可行性缺口补贴，定期进行项目可行性评价和利润率评价，动态调整产业间补贴水平，防止社会资本过分集中，以及部分生态补偿领域的资金不足现象。

（二）收益分享机制

1. 政府与社会资本方之间的收益分享

根据生态补偿 PPP 项目收益的社会效益和经济效益分类，原则上政府应当分享项目中的社会效益和少量经济效益，甚至不分享经济效益，而社会资本应分享主要的经济效益。根据财政部《政府和社会资本合作模式操作指南》规定，“设置超额收益分享机制的，社会资本或项目公司应根据项目合同约定向政府及时足额支付应享有的超额收益”，因此政府分享的主要是超额收益。项目收益的分享往往与产权划分、投入多少相挂钩，也应充分考虑PPP项目利用少量财政资金实现较大社会效益的目标特性，合理分配政府与社会资本间生态补偿PPP项目收益。

政府采用PPP模式应当发挥其“四两拨千斤”的作用，通过少量的财政投资带动大量社会资本进行项目建设运营。政府投资生态补偿PPP项目的资本金是较少的，实践中政府投资一般占项目资本金约10%—20%，其他债权性融资主要由项目公司或社会资本筹措。但少量投资并不代表政府少投入，更不意味着政府分得的收益就少。项目收益的依据源于产权的界定和收益贡献的划分，在不同类型的PPP项目中应当明确土地、房屋、设备、生态动植物、产品等权属问题。根据宪法规定，矿藏、水流、森林、山岭、草原、荒地、滩涂等自然资源，都属于国家所有。政府合法享有森林、草原、滩涂湿地等生态资源的收益，即使采取土地划拨等方式鼓励项目建设，也不宜放弃合理的收益分成。社会资本应当按照不同类型PPP模式中建设、运营、所有权等投入因素的大小确定收益分享的比例。

2. 不同省域、市域政府之间的收益分享

跨省域、市域的生态补偿PPP项目的收益分享需要考察具体PPP项目的外部性特征和生态资源流动性特征。生态补偿项目普遍具有较强的外部性特征，本区域内提供的生态补偿产品所产生的社会效益在其他区域也可以获得，一般难以测算。项目产生的经济效益产品，如农牧作物生长质量、旅游环境水土空气等也会受到区域间环境的整体影响。因此，跨省域生态补偿PPP项目可由国家统筹提供，由国家财政分享区域整体所获得的整体收益；跨市域的生态补偿项目可由省一级政府统筹提供，并适当分享收益。

考虑到生态补偿PPP项目产品及相应经济效益由当地地方政府提供，因此项目收益也需要统筹考虑上下级政府、同级跨区域政府间的收益分享。同级跨区域政府间收益分享可以考虑生态资源的流动性等因素。对于土地、植被等缺乏流动性的生态资源所产生的经济效益，如当地旅游、农产品作物所产生的效益，地方政府可以分享收益。对于动物、空气、河流等区域间流动性较强的生态资源，其收益可以由上一级政府分享并统筹分配。如存在河流、产业上下游等方面，一方为另一方发展基础的生态补偿PPP项目，可以考虑相关因素通过管理费等方式由上游方或基础方分享收益，或由上一级政府统筹安排。

（三）风险分担机制

PPP项目风险分担机制是指由于项目的各种不确定性造成的损失在项目参与者之间的划分过程，一般包含两个方面内容：(1) 某一风险归属明确、独立，即某一风险由政府、社会资本中的一方全部承担；(2) 某一风险没有明确的归属，由公司双方共同承担，需要政府与社会资本协商，或由责任一方承担，或按照一定比例分摊。

1. 政府与社会资本方之间的风险分担

政府和社会资本间的风险分担应当遵循以下原则：第一，风险由最适宜的一方来承担，要合理分担项目风险，项目设计、建设、财务、运营维护等商业风险原则上由社会资本承担，政策、法律和最低需求风险等由政府承担；第二，承担的风险程度与所得的回报大小相匹配，要综合考虑政府风险转移意向、支付方式和市场风险管理能力等要素，量力而行，减少政府不必要的财政负担；第三，私营部门承担的风险要设置上限标准，超过上限政府应启动补贴或相关调节机制。

根据上述原则，可以将PPP项目的风险分担划分为三个阶段：一是风险的初步分担阶段（可行性研究阶段），政府初步判断哪些风险是可以控制的，由哪一方负责承担，对于双方控制力之外的风险，留待下一阶段分担。法律风险、政策风险、土地权属风险、税收和汇率等风险政府控制力度较强，应当由政府来承担；具体项目设计、建设等技术风险、管理风险、通胀和利率等商业风险，应当有市场适应能力较强的社会资本承担。二是风险的全面分担阶段（投标与谈判阶段），社会资本就第一阶段的风险初步分担结果进行自我评估，主要评估其拥有的资源和能力（包括经验、技术、人才等），据此判断其对第一阶段分担的风险是否具有控制力。

对于双方控制力之外的风险（如自然灾害等），则经过谈判确定风险分担机制，之后社会资本计算风险价值并进行自我评估，提出风险补偿价格。风险分担达成一致意见后，双方将签订合同。三是风险的跟踪和再分担阶段（建设和运营阶段），跟踪已分担的风险是否发生协议各方意料之外的变化或者出现未曾识别的风险，再根据风险分担原则进行谈判，进行风险的再分担。

严格控制政府在PPP项目中的合规风险，采取听证等多元方式引入社会公众参与生态补偿PPP项目，合法公开相关政务文件。通过社会公众和社会资本力量，监督政府规范分担项目风险，杜绝政府承诺回购、担保、国有资产抵押等违规行为。

2. 不同省域、市域政府之间的风险分担

不同省域、市域间合作建设生态补偿PPP项目，政府间应做好地方性法规、地方性政策衔接工作，相应的应当承担法律、政策变动风险。不同地区间政府对生态领域的支持政策各有不同，支持比例也各有差异，土地、产权规划也各有差异，对水、土、空气的质量标准要求也不同，不同的政策间会导致有的地区项目运营效果好，有的地区运营效果不尽如人意，甚至不同辖区间政策冲突可能导致项目运营困难。因此，不同省域、市域政府应当在项目实施方案设计阶段统一相关政策、规划、实施标准，在项目实施过程中确有必要变动的，责任政府应当承担政策、规划或标准变动所带来的风险并提供补偿。

五、生态补偿领域PPP案例研究

（一）国际相关案例

1. 荷兰“自愿环境协议”PPP模式

荷兰位于北大西洋航路和欧陆出海通道的交界处，素有“欧洲门户”之称，每年保持不低于3‰的人口增长速度，是欧洲人口密度最高的国家之一。荷兰的工业化程度高，尤以集约型园艺产业发展为特色，土壤和水污染问题比较严重，加之欧洲三大河流均流经荷兰入海，欧洲其他国家的污染物直接涌入荷兰境内，当地环境治理压力较大。因此，荷兰自 20 世纪 90 年代初开始积极探索，通过与企业、社会资本合作采用自愿式环境管理模式，是最早开展 PPP 模式用于环境补偿、覆盖范围最广、实施效果最好的国家之一。

荷兰的所谓“自愿环境协议”（VEAs）指企业、政府和非营利组织三方基于利益方自愿原则而签订的国家法律之外的一种协议，目的在于提升当地环境质量，加强自然资源的有效利用，是一种“自下而上”的节能减排管理手段。自愿环境协议一体化开发模式则是在 VEAs 中加入公私合作经营手段，将 PPP 模式与 VEAs 相结合而形成的一种综合开发模式，建立在政府、企业和公众三大参与方的基础上。不同于传统环境管理中政府、企业和公众三者的关系，该模式下三大参与方在环境改造项目实施过程中各司其职。政府方主要为其他参与者建立制度框架，负责制定有关管理规定和环境标准。在环境补偿方面，政府的工作内容主要包括为企业制定相应的配套扶持政策，如工业法规的协调、节能投资减税政策、财政补贴等，为企业方在相关障碍清除、开展节能技术等方面提供帮助。企业方是该模式的经营主体，基于企业自愿原则接受政府转交的环境治理工作。为此，企业需在综合衡量行政义务、经济效益与企业社会形象等多方效益后，综合采取一体化开发，进而承担公共项目的建造、设计、维护和经营等一系列职能。社会公众负责对企业履行自愿协议情况进行监督。

具体投入建设、运营方面，政府、企业和公众三大参与方签署协议后，完全由企业方负责开发节能项目。项目的运作资金主要来源于社会资本，包括企业机构和当地居民投资，政府无需垫付资金，但政府实施能源投资补贴返还政策，允许参与项目的企业从所得税中扣除相应的节能投资。同时，企业接受政府的管理，尽可能节省建设、运营等各项成本。企业需要定期提供节能计划和年度评审报告，按时汇报目标进展情况。如果企业不能按规定及时报告项目进展并提交具有法律效力的解释，政府方可终止协议，从而对项目进展进行全面制衡。荷兰在自愿环境协议中制定了严格的制衡机制，对未能完成预定目标的企业实行终止协议的处罚，同时对节能住宅的购买和改造及绿色车辆等使用给予适当税收优惠。自愿环境协议也将适当的激励措施作为其核心，同时根据当地企业与社会公众的意见确定环境目标，具体问题具体分析，使其措施具有很强的针对性；鼓励企业开发利用新能源和新产品，如风能、太阳能等，促进节能，减少碳排放。

荷兰政府于20世纪90年代初期开始实施自愿环境协议一体化开发模式以来，效果明显，二氧化碳排放量逐年减少，环境质量得到明显改善，居民生活质量不断提升。

2. 澳大利亚“阿德莱德水务项目”

澳大利亚阿德莱德地区是世界上最干旱的地区之一，该地区85%的供水依赖于连接墨累河的管道系统，在供水紧缺的情况下，水污染治理、水生态环境补偿成为了当地政府面临的主要问题。当地政府从20世纪90年代开始尝试采用PPP模式开展阿德莱德水务项目，对当地的水务设施进行管理、运营和维护。1995年，威立雅水务公司、泰晤士水务公司和Kinhill组成的联合水务公司于同年10月中标。联合水务公司与原运营公司——南澳大利亚水务公司签订项目合同，约定了联合水务公司的主要职责是水务及污水处理相关的全部工厂、水网和污水管网的管理、运营和维护，以及基建工程项目的管理和交付、资产管理计划的实施、应急计划的制定和环境的管理等。而南澳大利亚水务公司负责获取收入、管理客户关系、管理集水区与制定服务标准。南澳大利亚水务公司对基础设施拥有所有权，并控制资本支出。

项目管理主要分为资产管理、基建工程管理和环境管理三个方面。在资产管理方面，合同规定联合水务公司须提供详细的资产管理计划，并由南澳大利亚水务公司审议。资产管理计划由联合水务与南澳大利亚水务公司协商制定，包含1年期、5年期和25年期，最后由南澳大利亚水务公司验证计划的可行性并对其进行调整。在基建工程管理方面，联合水务公司负责对设施进行管理、运营和维护，资金分配的决策权和批准权归南澳大利亚水务公司所有。而在环境管理方面，联合水务公司在与南澳大利亚水务公司协商后，负责根据澳大利亚环境保护局的标准运营水务和污水处理厂，同时起草、实施和完善环境管理计划，并保证该计划符合相关法律规定，审计由南澳大利亚水务公司负责。

阿德莱德水务项目的实施得到当地政府的大力支持，在相关设备、基础建设准备充分的情况下，联合水务公司从技术层面以及人力资源管理层面做足功课，对项目的良好运行给予保障。在技术研发上，联合水务公司通过其母公司在阿德莱德设立了研发中心，并在项目初期就与多所大学及研究机构展开合作，进行了一系列研究，包括过滤器的优化、膜处理技术的提高等。此外，联合水务公司还设计并建造了玻利瓦尔的溶气气浮和过滤设备厂，该厂为北阿德莱德提供污水循环再利用设施。同时，伴随着该项目的400名员工转移到公司，联合水务公司制定了具有前瞻性的人力资源战略，并在公司内部形成了独特的企业文化。2004年，联合水务公司还推出了一系列福利政策，包括12周的带薪假期、40周的无薪假期等。在对澳大利亚195家公司员工生活与工作的平衡状况调查中，联合水务公司排名第21位。

联合水务公司通过编制年度资产管理计划、引入费率合同、创新污泥处理措施等方式，不仅在合同履行方面表现出色，指标完成率超过99%，而且该项目的成功也促使联合污水公司将业务扩展到了维多利亚州和新西兰等国家和地区，在很多方面都产生了积极的影响。在经济效益方面，该项目通过PPP模式为南澳大利亚水务公司节约了近2亿美金的成本，为南部澳大利亚增加了7.2亿美元的出口（超过了合同规定的6.28亿美元的目标），另由于采用工程采购与建设管理（EPCM）方法进行工程建设，为国家节约了近4300万美元资金。在社会环境效益方面，该项目引入了第三方质量控制体系和环境管理体系，建立了世界级的研发中心，改进了污水处理技术。

（二）国内相关案例

1. 云南大理洱海环湖截污治理PPP项目

（1）建设背景。洱海，云南省九大高原淡水湖泊之一，流域面积2565平方公里，入湖河流117条，涉及大理市、洱源县16个乡镇，约

83.3 万人。洱海是大理人民的“母亲湖”，是大理主要饮用水源地，是苍山洱海国家级自然保护区的重要组成部分。

洱海曾先后于 1996 年、2003 年、2013 年三次爆发蓝藻，水质急剧恶化，洱海水环境与生态功能遭受严重破坏，一次次敲响了洱海保护治理的警钟。随着城镇化进程不断加快，旅游业快速发展，洱海流域产生的生活污水、垃圾和农业面源污染控制难度逐年加大，洱海的环境承载力及水质呈不断下降的趋势，目前正处于关键的、敏感的、可逆的、营养状态转型时期。2015 年 1 月 20 日，习近平总书记亲赴云南大理洱海，叮嘱当地干部一定要改善好洱海水质，“立此存照，过几年再来，希望水更干净清澈。”2012 年 5 月，李克强总理对洱海生态环境保护试点工作做出重要批示：“控制农村面源污染，使洱海重现一泓清水，相关经验注意总结，以资借鉴。”

为贯彻落实中央领导同志重要指示精神，保护洱海生态环境，推动区域经济发展，2014 年以来，大理州委州政府、大理市委市政府积极推进“大理洱海环湖截污工程”项目。各级领导高度重视，将其作为洱海保护治理核心工程、重点建设工程、投融资体制创新标志性工程，在地方财力有限的情况下，通过 PPP 模式引入社会资金投入项目建设，先后两次向财政部申报项目最终获得批准。

（2）目标任务。洱海环湖截污工程包含新建污水处理厂 6 座，设计总规模为日处理 11.8 万立方米，一期建设污水处理厂总规模为日处理 5.4 万立方米；新建截污干管（渠）320.3 公里，其中含十八溪河道截污管道 211 公里；干渠 8.1 公里；新建提升泵站 12 座，总规模为每秒 8.2 立方米；配套新建混合调蓄池 15 座，总规模为 8.66 万立方米。

项目总投资 34.68 亿元，政府出资占 10%，社会资本占 90%。由中国水环境集团投资、建设、运营，该公司是中信产业基金旗下的水环境专业治理公司。该项目不仅是云南省 18 个财政部示范项目中最早落地开工的，也是全国的成功案例之一。该工程对于保障大理市人民的生命健康和正常生活秩序、保障大理市社会经济发展、社会稳定、保护环境，都具有巨大的现实作用和深远的历史意义。

（3）洱海环湖截污项目PPP运作的做法。

一是工作机制健全，前期充分准备。2014年11月，大理市成立大理洱海环湖截污PPP项目领导小组，明确该项目采用PPP模式进行运作，并决定以大理市为实施主体，组建与社会资本合作的政府方出资平台——大理洱海保护投资建设有限责任公司。为做好前期规划论证，抓好“顶层设计”，委托西南设计院编制《洱海环湖截污工程专项规划》。2015年1月，大理州、大理市成立大理洱海环湖截污PPP项目协调工作组，并授权大理市住建局为本项目实施机构。经前期多次接洽，中信水务投资基金管理有限公司、东方园林生态股份有限公司及云南水务投资股份有限公司先后提交关于本项目的合作方案和实施建议。2015年2月，西南设计院根据总体规划，编制了《大理市环湖截污工程可行性研究报告》。同时，为提高项目运行效率，委托上海济邦咨询公司编制了PPP实施方案初稿及财务测算报告，包括财政承受能力评价和物有所值评价。之后，组织开展市场测试，10多家潜在投资人明确表达合作意愿，并针对测试实施方案提交了书面反馈意见，据此济邦咨询公司对实施方案核心内容及时作出修订和完善。2015年9月25日，洱海环湖截污项目顺利通过评审，入选财政部第二批PPP示范项目；2015年10月11日正式开工建设。

污水处理厂采用BOT模式，合作期限30年，含3年建设期；污水收集干渠、管网、泵站采用DBFO模式，合作期限18年，含3年建设期。项目投运后15年内，政府依据项目的可用性和绩效考核结果逐年等额支付服务费。

二是依托专业咨询团队，发挥专业人才作用。大理州政府依托专业团队，充分发挥专业咨询机构的技术优势，确保了项目实施的科学性、可行性。既为项目论证提供了宝贵的、科学的、合理合法的各方面方案的智力支持，又高效节约地解决了相关部门人力资源少、业务水平有限的现实困境，既充分发挥了政府与市场的各自优势力量，又有效地明确和维护了各方面主体的权利、义务、责任，形成了合力。通过公开招标，选定上海济邦投资咨询有限公司，具体负责洱海项目的咨询工作，改变以往以政府部门牵头开展规划论证的模式，形成了以专业团队为主导的工作机制，在为政府节约经费的同时，也提高了项目建设的效率。此外，项目建设初期，大理州提出一个“大而全”的环湖截污项目概念，投资额曾一度上蹿到176亿元。经中信水务、东方园林、云南水务、西南市政设计研究院等社会资本经过多轮调查、研究、谈判，提出了项目按照“依山就势、有缝闭合，管渠结合、分片收处，一次规划、分步实施”的原则建设，规划总投资34.68亿元，仅约为项目初期投资规模的五分之一。由于方案的可行性，使该项目具有较大吸引力。

三是广泛市场测试，提高管理效益。大理州政府组织相关部门面向16家潜在社会投资人开展了市场测试，13家社会投资人作出响应。最终中标的社会资本方是中国水环境集团。该公司是中信产业基金旗下的水环境专业治理公司，在水环境综合治理、供水服务、污水处理、污泥处理、中水回用等领域具有先进的、国际化的管理经验。经过中国水环境集团40余人技术团队历经半年的现场踏勘调研，采集2000多组数据，与国际、国内专家、团队论证后，比项目招标金额节省了约6亿元，最终的PPP协议签约控制价为29.8亿元，节省投资17%。通过创新的磋商机制，社会资本优化了可研方案，发挥了社会资本的专业优势，节省了项目投资。前期多轮的市场测试，充分利用了社会和市场的智慧，是该项目取得成功的关键。

四是创新运行机制，强化制度安排。随着经济社会发展，洱海正在承受的环境压力已超过其生态环境功能定位下环境承载力的数倍，其上游及湖域周边农田径流与无组织畜禽养殖粪便造成的农业面源污染，占入洱海污染负荷的60%以上。此外，大理近年每年接待旅游人数超过2000万人次，更增大了生态环境压力。洱海的保护与治理是在今后较长一段时间，政府和社会各界将共同面对并解决的一项复杂、系统而又艰巨的任务。为确保洱海水环境治理取得实效，大理州政府在实施环湖截污项目中积极创新机制。

第一，财政压力测试与投融资结构创新。在财政压力测试方面，经充分论证、精确测算，大理州、市政府每年需要付费3.81亿元至3.88亿元，扣除收取的洱海资源保护费（2.91亿元/年）、污水处理费（约2650万元/年）、上级财政补助（8000万元/年），财政预算每年需安排6250万元，占 2014 年一般财政支出的 1.49%，在可承受范围之内。

在股权投资资本金构成方面，该项目 PPP 交易机构中，由代表政府方的大理洱海保护投资建设有限责任公司（以下简称洱投公司）与社会资本企业合资组建项目公司。其中洱投公司出资 8429 万元，占股 10%；社会资本出资 75864 万元，占股 90%。资本金总额为 8429 万元，占项目公司投资额度的 30%。

在融资结构方面，该项目融资总额约 196686 万元，占总投资（扣除建设期资源保护费投入 6.58 亿元后）的 70%。采用有限追索权项目融资方式，在项目建设期由项目公司社会资本方股东提供担保。进入运营期后无条件解除股东担保，转为无追索项目融资，采用项目资产抵押、经营收益权质押、保险受益权质押等进行担保。

此外，金融机构可与政府和项目公司签订直接介入协议，当项目出现重大经营或财务风险，威胁或侵害债权人利益时，可要求社会资本改善管理、投入或对其接管。建设期政府补贴优先用于抵减社会资本建设投资，以降低政府总体付费金额。运营期获得的补贴，则由政府统筹用于支付购买服务费用（见图 7－1）。

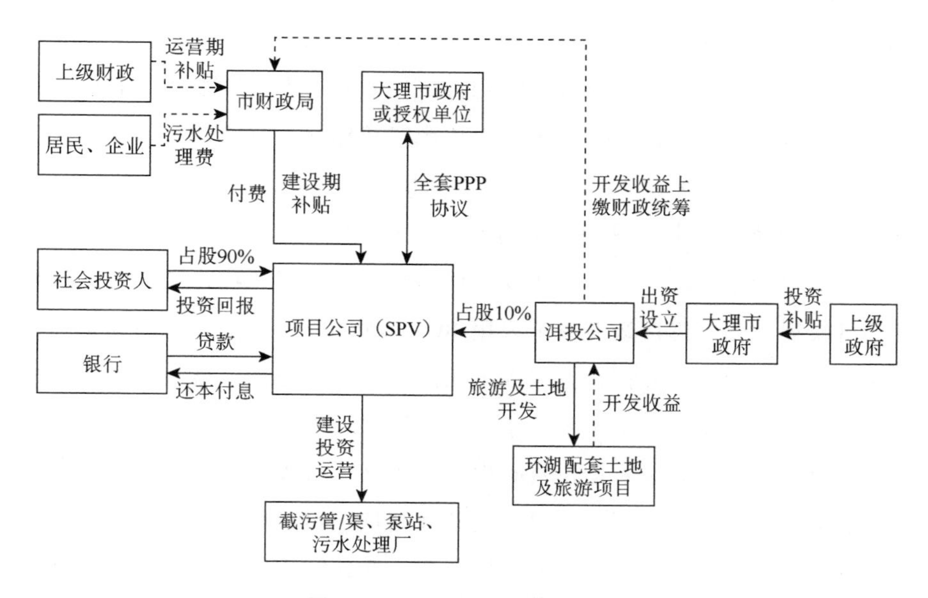

图 7－1　项目投资运营结构图

第二，回报机制创新。该项目的回报机制包括项目自身的回报机制以及项目公司股东的回报机制两个层面。根据该项目的资产特点，其回报采用政府付费模式，具体包括：六座污水处理厂在运营期内所产生的污水处理服务费；政府基于项目工程建设的可用性，向项目公司支付的使用性付费（政府年付费金额的90%，暂定）；政府根据绩效考核标准，针对项目范围内管网泵站的运维绩效向项目公司依效付费（政府年付费金额的10%，暂定）。上述政府付费的金额及使用性付费与依效付费的比例，最终通过竞争性磋商确定。该项目中，政府出资代表洱投公司将不参与项目公司的利润分配，因此社会资本将享有项目公司全部的利润。

第三，政府监管机制创新。大理州政府加强对项目全生命周期的考核。不仅只关注短期的工程建设质量，更加注重运营期服务质量标准的制定和落实，以检验服务效果。污水处理厂运营绩效主要按照《城镇污水处理厂运行、维护及安全技术规程》（CJJ60－2011）、《云南省城镇污水处理厂运行维护及安全评定标准》（J11993－2012）进行考核。污水处理厂出水水质需符合《城市污水处理厂污染物排放标准》（GB18918－2002）一级A标准。管网泵站运营维护绩效主要根据《城镇排水管渠与泵站维护技术规程》（CJJ68－2007）、《城镇排水管道维护安全技术规程》（CJJ 6－2009）和《云南省城镇排水设施运行维护及安全技术规程》（J11991－2012）的规定进行考核。政府根据上述规定和标准，对项目公司管网及泵站运营维护服务评分。

2. 张家界市“杨家溪污水处理厂项目”

为加强城市环境基础设施建设，保护好区域生态环境，更好地促进地方经济发展，张家界市政府决定采用BOT方式投资、建设、运营张家界市杨家溪污水处理厂，并授权张家界市永定城区污水处理厂项目建设指挥部负责该项目实施工作。张家界市永定城区污水处理厂项目建设指挥部通过公开招标方式选择湖南首创投资有限公司为该项目投资人，由其在张家界市注册成立项目公司融资、建设、运营和维护项目设施，在特许经营期限内提供污水处理服务获取污水处理服务费，并在特许经营期届满后将项目设施无偿完好移交给政府方或其指定机构。项目于2008年6月开始进行公开招标，7 月完成特许经营协议谈判，8 月正式完成签约，9 月开始进行设计优化和前期准备工作，2008 年底正式开工并于 2009 年底前完工进入试运营阶段。项目于 2010 年 5 月通过环保验收正式商业运行。

张家界杨家溪污水处理厂采用 BOT 的方式进行建设、运营和维护。由湖南首创投资有限公司 100% 出资成立张家界首创水务有限责任公司负责项目的具体运营。张家界市人民政府授权张家界市住房和城乡建设局与张家界首创水务有限责任公司签署了《张家界杨家溪污水处理厂 BOT 项目特许经营协议》就特许经营，项目的建设、运营、维护，双方的权利义务、违约责任、终止补偿等内容进行约定。在特许经营期内，项目公司投资建设、运行张家界市杨家溪污水处理厂（不含管网资产），处理政府提供的污水，并向政府收取污水处理服务费。厂区红线范围外的为项目建设与运行所需的市政配套设施（包括道 路、上水、供电）以及污水收集管网系统建设由张家界市政府负责，不包含在项目范围内。由于运营期内污水处理量存在不确定性，项目通过设计基本水量的方式为政府方和社会投资人有效分担该风险。水量不足时政府方应就基本水量支付基本污水处理服务费，污水处理厂的实际处理水量超过基本水量，超额水量部分按 60% 付费。项目每两年根据人工、电费等成本变动进行调整。政府方应履行必要的审核、审批程序并在一定时间内给予答复。

张家界市政府为支持杨家溪污水处理厂项目，由市政府专门成立市级层面的项目建设指挥部，保障政府和社会资本合作积极稳妥推进，并聘请专业咨询机构提供财务、法律等顾问服务，提高项目决策的科学性、操作的规范性。项目建立了合理的风险分担机制和收益分享机制。该项目在风险管理方面秉承了“由最有能力管理风险的一方来承担相应风险”的风险分配原则，即承担风险的一方应该对该风险具有控制力；承担风险的一方能够将该风险合理转移；承担风险的一方对于控制该风险有更大的经济利益或动机；由该方承担该风险最有效率；如果风险最终发生，承担风险的一方不应将由此产生的费用和损失转移给合同相对方。按照风险分配优化、风险收益对等和风险可控等原则，项目细化了主要风险分配框架如下（见表 7-2）。

表 7－2　　风险分配表

序号	风险种类	政府承担	项目公司承担	备注
1	管网建设和维护	√		
2	征地拆迁实施及成本超支风险	√		项目公司承担一定范围内的费用
3	项目审批风险	√	√	
4	债务偿还风险		√	
5	项目融资风险		√	
6	项目厂区设计、建设和运营维护相关风险。包括技术风险、工程质量风险、完工风险、运营风险以及移交资产大修理的风险等。		√	
7	建设成本超支风险		√	
8	运营成本变动风险	√	√	通过调整污水处理服务费单价解决
9	政治不可抗力（包括非因政府方原因且不在政府方控制下的征收征用和法律变更等）	√		
10	自然不可抗力	√	√	

3. 河南省平顶山市鲁山县“将相河水污染治理及湿地建设工程”

在可持续发展理念的指导下，鲁山县政府计划通过将相河水污染治理及湿地建设工程将将相河营造成“与城市共呼吸”的生态之河、休闲之河、文化之河、活力之河为定位，将河流建设成具有生态恢复功能、文化展示功能、休闲游憩功能、激活周边地块和提高防洪排涝功能的城市河流廊道，把鲁山将相河打造成鸟类的乐园、生态功能展示的基地、公众休闲娱乐的独特场所，最终实现人与自然和谐发展。通过项目实施，将增强将相河沿线生态的保护，保护、改善和恢复鲁山县将相河沿线生态环境，维护生态系统的完整性和基本功能，提高社会大众对生态功能价值的认识，增强生态保护意识，使将相河的生态效益、社会效益得到充分发挥。

鲁山县将相河水污染治理及湿地建设工程位于鲁山县城区段，北干渠至污水处理厂，城区段全长9.276公里，其建设内容除疏浚工程、蓄水工程、截污工程、道桥工程，还要将生态环境工程贯穿整个将相河城区段。生态工程主要治理内容包括：新建绿地、游园等景观工程，景观工程共占地约296895m^2，并将将相河生态建设工程共分为郊野遗韵段、城市山水段、文化休闲段三个主题分区。将相河水污染治理及湿地建设工程采用PPP模式进行运作，预计投资40094.96万元，其中第一部分工程费用为21416.97万元，第二部分其他费用为14230.05万元，基本预备费为1782.35万元，建设期利息2665.60万元。其中：项目资本金为8019万元，约占总投资的20%。项目资本金中政府出资10%，社会投资方出资90%，资本金以外投资由项目公司融资解决。

（三）对生态补偿领域PPP模式运作的启示与借鉴

一是做好前期准备工作，确保项目有序推进。PPP项目建设是一个系统工程，需要统筹规划、综合评估、充分论证、有序推进。从一定意义上，前期准备工作决定项目成功。因此，在PPP项目建设中，各级政府领导应高度重视前期工作，建立工作机制，加强对项目建设的指导。应做好前期规划的编制、修改、完善工作，确保规划具有较强的可行性和操作性。应加强对项目规划的评估论证，对于项目建设进程进行预判，提出解决方案，采取有效措施，确保项目有序推进。

二是做好财政承受能力评估，防止突破财力天花板。PPP项目能够可持续发展，财政承受能力是重要保障。按照《政府和社会资本合作项目财政承受能力论证指引》（财金〔2015〕21号）要求，每一年度全部PPP项目需要从预算中安排的支出，占一般公共预算支出比例应当不超过10%。科学测算财政承受能力，是对社会资本的担当，也是引导社会资本投入的关键。因此，要对各方面因素予以通盘考量，将可能产生的风险纳入评估范围，对财政承受能力进行客观公正科学的评估，防止突破财政财力天花板，确保PPP项目建设可持续发展。

三是加强部门协调配合。项目建设不是仅仅依靠某个政府部门就可以完成的，需要政府、企业共同努力，也需要政府各部门之间形成合力。因此，要建立政府统一领导、部门责任分工，以财政部门牵头、相关部门协调的工作机制，打破部门之间的限制，发挥各部门作用，全面推动建设。

四是确定科学合理的项目投资收益分配机制。建立和完善项目投资和收益分配的良好机制是吸引和促进社会资本方参与PPP项目的关键利益驱动机制。洱海治理项目在投资收益分配方面积极创新，并且在项目建设期与运营期分别采用有限追索权和无追索融资方式，发挥了较好的作用，具有较强的启示意义。各地要将投资收益分配机制作为PPP项目建设的重要内容，结合实际，建立科学、合理的投资收益分配机制，对于建设与运营分别投入与管理的项目，更要科学合理地确定好各方投资主体的收益分配机制，确保项目有序推进、各方共赢，进一步提升公共服务水平。

六、生态补偿领域PPP模式的实施路径建议

（一）实施路径

1. 理顺利益关系是社会资本进入生态补偿领域的前提

处理政府和企业之间的关系是研究吸引社会资本投入生态补偿PPP项目时必然面对的问题。生态补偿PPP项目往往具有公益性强，投资回收期长，社会资本吸引力不强的特点，且项目中往往涉及跨区域、多层级的政府合作，社会资本易望而却步。因此，合理确定合作双方的权利与义务是社会资本顺利进入的根本前提。生态补偿PPP项目，要求政府必须树立平等协商的理念，按照权责对等原则合理分配项目风险，按照激励相容原则科学设计合同条款，明确项目的产出说明和绩效要求、收益回报机制、退出安排、应急和临时接管预案等关键环节，实现责权利对等。引入价格和补贴动态调整机制，充分考虑社会资本获得合理收益。如单方面构成违约的，违约方应当给予对方相应赔偿。建立投资、补贴与价格的协同机制，为社会资本获得合理回报创造条件。可运用系统论观点，将生态补偿项目与经营性项目、政府补贴、政策支持等打包捆绑，重塑设计系统产业链。政府与社会资本合理分担风险，通过股权出让、委托运营、整合改制等方

式，建立健全政府与社会资本合作 PPP 机制，鼓励社会资本以特许经营、参股控股等多种形式参与。

2. 尝试建立跨地区、跨部门的生态补偿 PPP 项目组织管理体系

与一般的 PPP 项目不同，生态补偿 PPP 项目可能涉及不同省域、市域政府和社会资本方的合作，合作主体多，易多头管理或监管效率不高。对于生态补偿，各级政府可通过加强部门间的协调与合作，建立生态补偿的征收机制和发放机制，实现补偿资金在受偿方和支付方之间的转移支付。生态补偿组织管理体系应由补偿政策制定机构、补偿计量机构、补偿征收与发放机构、补偿监管机构等部分构成。补偿计量机构所确定的补偿标准是否合理、补偿流通网络能否保证补偿费用的合理分配和落实是其中的关键环节。为了降低交易成本，组织管理体系应尽量在现有部门和机构的基础上设置，还可以将分散的农户组织起来，达成集体合同。对于 PPP 工作领域，应尝试成立有明确工作职能的专门机构，实现政策、资金和项目的统筹，建立公开、透明、统一的信息平台为企业和其他政府工作部门提供信息。可尝试建立生态补偿机构和 PPP 工作机构之间的部分协调机制，形成工作合力，保障生态补偿 PPP 项目的顺利运行。

3. 进行社会资本参与生态补偿基金的探索

内蒙古自治区已设立了森林生态效益补偿基金，用于公益林营造、抚育、保护和管理。中央财政补偿基金是森林生态补偿基金的重要组成部分，重点用于国家级公益林的保护和管理。自治区、盟市、旗县财政补偿基金用于地方公益林的营造、抚育、保护和管理。受制于企业和居民的支付能力不足，以及生态补偿领域项目本身的收益有限，社会资本参与的积极性不高。将过去政府直接投入变为政府投资引导，社会资本参与，有助于试点资金滚动使用，从而走出一条社会化、多元化、长效化保护和发展的模式。

政府部门或相关机构通过设立具有融资效能的环保专项基金并通过此类基金来吸引社会闲散资金，使融资数额进一步扩大。与此同时，基金通过相关金融机构对环保企业发放贷款并建立良好的风险补偿机制来保证社会投资者的收益，通过政府严格的监管职能吸收更多的投资。优秀的融资结构可以有效地缓解项目的资金压力，在生态补偿PPP项目的实践中，可以选择政府、社会资本、国家基金的其中两方甚至三方进行混合融资，以成功解决项目资金短缺的问题。

在基金的具体设置中，引导性资金主要通过政府投入及利益相关方的环保投入。作为整个基金的种子资金，引导性资金与基金潜在的投资项目对接，通过贴息、担保等方式提高项目的收益率，进而吸纳社会资本扩大资金规模。需要成立专业化的基金管理公司作为基金的一般合伙人，具体负责基金的运作管理，而其他投资者则作为基金的有限合伙人参与基金。设立基金投资决策委员会负责基金投资项目的决策，基金管理公司承担投资决策委员会的秘书处职能。同时，投资决策委员会还将包括基金的部分重要有限合伙人、政府方代表及基金管理专家等重要相关方。投资决策委员会的设立可有效保障基金投资项目选择的合理性，协调生态保护目标与经济利益目标，进而保障生态补偿基金的可持续性，确保投资方向有利于生态保护的初始目标。基金管理公司还需设立专门的风险控制部门，控制基金的市场化风险，而在这其中政府需要承担基金运作的政策风险，进而实现风险分担的最优对应。

4. 尝试利用项目打包的方法提升整体收益

生态补偿项目往往具有涉及范围广、牵扯利益相关方众多的特点，这种特性一方面给PPP模式的设计和选择带来了一定的困难，另一方面也可能为解决其公益性强的特点提供了思路。当PPP模式面对复杂的生态补偿项目，可以鼓励对项目有效整合，打包实施PPP模式，提升整体收益能力，扩展外部效益。目前，列入国家PPP库中现有生态建设和环境保护类项目共有69个，纯生态类项目约有40个左右，基本均为政府付费项目，结合我国的实际情况，建议加快建立生态补偿项目与社会资本收益较高的项目打包联合运行模式机制。比如PPP模式应用于流域生态保护时，并不应局限于污水、垃圾处理等传统的环境治理项目，可适当将项目范围扩展到有利于生态环境同时又有较大盈利空间的产业，例如生态农业、节水农业等。流域内政府和社区居民将从盈利性项目中获取部分经济利润，这种环境友好型的项目带动了流域内地方政府和社区发展，进而有利于生态系统服务这一公共物品的提供，本质上来看仍属于PPP模式范畴。积极发掘水污染防治相关周边土地开发、供水、林下经济、生态农业、生态渔业、生态旅游等收益创造能力较强的配套项目资源，鼓励实施城乡供排水一体、厂网一体和行业“打包”，实现组合开发，吸引社会资本参与。完善市政污水处理、垃圾处理等水污染防治领域价格形成机制，建立基于保障合理收益原则的收费标准动态调整机制。

5. 根据项目特点选择不同的PPP模式

对于非经营性的生态补偿项目，适用于政府付费的回报机制。经营性的生态补偿项目，适用于使用者付费的回报机制。对于准经营性的生态补偿项目，适用于可行性缺口补助的回报机制。除上述三种回报机制外，结合实际情况进行项目打包拓展收益，尊重客观实际，坚持分类指导，因地制宜制定政策实施方案。科学合理确定补奖标准以及封顶、保底标准。充分考虑不同地区、不同领域项目特点，采取差异化的合作模式与推进策略。关于社会资本的报酬应该如何支付，应当在PPP项目中明文规定，包括支付的方式和方法。合理的支付机制应当是与社会资本协商制定的结果，并且这种机制可以达到激励和约束社会资本的作用。另外，在项目具体设计中政府可以主动承担较大风险，不仅有利于风险在项目中的合理分担，保证项目的顺利进行，而且使得项目对于社会资本具有更大的吸引力，调动社会资本参与的积极性。

（二）引导和扶持政策、配套措施

1. 保持政策的衔接与一致性是社会资本勇于参与的强心剂

如果PPP模式规则不连续，无法操作，即便在资金、技术等具备的前提下，一些地方政府仍感觉无从下手，社会资本也不敢轻易进入生态补偿PPP领域。一方面，各地要进一步加强部门间的协调配合，形成政策合力，积极推动政府和社会资本合作顺利实施。对于涉及多部门职能的政策，要联合发文；对于仅涉及本部门的政策，出台前要充分征求其他部门意见，确保政令统一、政策协同、组织高效、精准发力。政府的政策应该要具有透明性，增加企业对政策的了解，减少双方的信息不对称。另一方面，政府的政策要有一致性和可预测性，尽量减少企业决策过程中面临的不确定性和风险，让社会资本放心参与到生态补偿 PPP 项目建设当中。

2. 财政政策的适度倾斜是公益性 PPP 项目长久运营的保障

在一些低盈利甚至不盈利的项目上推进 PPP 模式，需要政府给予补贴。地方各级财政部门要统筹运用相关资金，优化调整使用方向，扩大资金来源渠道，对 PPP 项目予以适度政策倾斜。综合采用财政奖励、投资补助、融资费用补贴、政府付费等方式，支持生态补偿领域 PPP 项目实施落实。财政部门要落实好国家支持公共服务领域 PPP 项目的财政税收优惠政策，加强政策解读和宣传，积极与中国政企合作投资基金做好项目对接。逐步从“补建设”向“补运营”、“前补助”向“后奖励”转变。鼓励社会资本建立环境保护基金，重点支持生态补偿领域 PPP 项目，通过前期费用补助、以奖代补等手段，为项目规范实施营造良好的政策环境。地方财政部门应该发挥自己的优势，因地制宜、主动作为，探索财政资金撬动社会资金和金融资本参与 PPP 项目的有效方式。各地发展改革部门要会同有关部门，与金融机构加强合作对接，完善保险资金等参与 PPP 项目的投资机制，鼓励金融机构通过债权、股权、资产支持计划等多种方式，支持生态补偿 PPP 项目建设。

3. 利用政府的政策导向和组织协调作用打通融资瓶颈

地方财政、环境保护部门应积极协调相关部门，着力支持 PPP 项目融资能力提升，尽快建立向金融机构推介 PPP 项目的常态化渠道，鼓励金融机构为相关项目提高授信额度、增进信用等级。健全社会资本投入市场激励机制，推行排污权有偿使用，完善排污权交易市场。鼓励环境金融服务创新，支持开展排污权、收费权、政府购买服务协议及特许权协议项下收益质押担保融资，探索开展污水垃圾处理服务项目预期收益质押融资。把政府的组织协调优势和金融机构的融资优势结合起来，推进环保投融资市场建设，为重点生态补偿区域提供大额政策性贷款支持。政府要发挥财政、信贷和证券三种融资方式的合力。增强信贷融资支持 PPP 项目的力度和效率，积极为环保投融资走向资本市场创造条件，并继续加大生态补偿领域对外招商引资步伐。按照“谁投资、谁受益”的原则，支持鼓励社会资金参与生态补偿投资融资支持。另外，应鼓励各类金融机构发挥专业优势，向政府提供规划咨询、融资顾问、财务顾问等服务，提前介入并帮助各地做好 PPP 项目策划、融资方案设计、融资风险控制、社会资本引荐等工作，切实提高 PPP 项目融资效率。

4. 健全和完善 PPP 项目规范运行的制度保障

良好的制度体系是生态补偿 PPP 项目持续健康发展的根本保障。还需要进一步加强项目监管力度，明确各流程的责任监督机构，保证项目回报率的同时，建立和完善相关法律法规及监管体系，规范引导生态补偿 PPP 项目顺利实施，并保障项目高效运行。在项目识别、准备、采购、执行和移交等操作过程中，以及物有所值评价、财政承受能力论证、合作伙伴选择、收益补偿机制确立、项目公司组建、合作合同签署、绩效评价等方面，应根据财政部关于 PPP 工作的统一指导和管理办法规范推进，实现规范化管理。要注重规范发展、切实保障社会资本合法权益，在项目选择上确保适当性，在交易结构上确保合理性，在合作伙伴选择上确保竞争性，在财政承受力上确保中长期可持续性，在项目实施上确保公开性，加强顶层设计，着力构建激励相容、可持续的制度体系。

参考文献：

[1] Wunder S. Payments for Environmental Services: Some Nuts and Bolts [R]. CIFOR Occasional Paper, 2005, 42.

[2] Engel S., Pagiola S., Wunder S. Designing Payments for Environmental Services in Theory and Practice: An Overview of the Issues [J]. Ecological Economics, 2008 (4).

[3] Asquith N. M., Vargas M. T., Wunder S. Selling Two Environmental Services: In – kind Payments for Bird Habitat and Watershed Protection in Los Negros, Bolivia [J]. Ecological Economics, 2008 (4).

[4] Zabel A., Roe B. Optimal Design of Pro – conservation Incentives [J]. Ecological Economics, 2009 (1).

[5] Asquith N. M., Vargas M. T., Wunder S. Selling Two Environmen-

tal Services: In - kind Payments for Bird Habitat and Watershed Protection in Los Negros, Bolivia [J]. Ecological Economics, 2008 (4).

[6] 刘明远，郑奋田．论政府包办型生态建设补偿机制的低效性成因及应对策略 [J]. 生态经济，2006 (02).

[7] 刘春腊，刘卫东，陆大道．生态补偿的地理学特征及内涵研究 [J]. 地理研究，2014 (05).

[8] 欧阳志云，朱春全，杨广斌，徐卫华，郑华，张琰，肖燚．生态系统生产总值核算：概念、核算方法与案例研究 [J]. 生态学报，2013 (21).

[9] 沈玲，王娟．论京津冀区际生态补偿的项目融资模式 [J]. 现代商业，2015 (28).

[10] 李繁荣，戎爱萍．生态产品供给的 PPP 模式研究 [J]. 经济问题，2016 (12).

[11] 吕文岱．考虑政府补偿的 PPP 生态项目合作博弈分析 [J]. 开发研究，2016 (06).

[12] 肖加元，潘安．基于水排污权交易的流域生态补偿研究 [J]. 中国人口·资源与环境，2016 (07).

[13] 国家发展改革委国土开发与地区经济研究所课题组，贾若祥，高国力．地区间建立横向生态补偿制度研究 [J]. 宏观经济研究，2015 (03).

[14] 徐建英，刘新新，冯琳，桓玉婷．生态补偿权衡关系研究进展 [J]. 生态学报，2015 (20).

[15] 曲富国，孙宇飞．基于政府间博弈的流域生态补偿机制研究 [J]. 中国人口·资源与环境，2014 (11).

[16] 刘春腊，刘卫东，陆大道．1987—2012 年中国生态补偿研究进展及趋势 [J]. 地理科学进展，2013 (12).

[17] 刘春腊，刘卫东．中国生态补偿的省域差异及影响因素分析 [J]. 自然资源学报，2014 (07).

[18] 王彬彬，李晓燕．生态补偿的制度建构：政府和市场有效融合

[J]. 政治学研究，2015（05）.

[19] 王军锋，侯超波. 中国流域生态补偿机制实施框架与补偿模式研究——基于补偿资金来源的视角 [J]. 中国人口·资源与环境，2013（02）.

[20] 徐建英，刘新新，冯琳，桓玉婷. 生态补偿权衡关系研究进展 [J]. 生态学报，2015（20）.

[21] 刘菊，傅斌，王玉宽，陈慧. 关于生态补偿中保护成本的研究 [J]. 中国人口·资源与环境，2015（03）.

第八章

支持生态补偿的绿色金融政策

生态补偿作为保护生态环境、维护生态系统服务的可持续性、调节利益相关者之间利益关系的制度安排而日益受到国家和地方的重视。自2005年党的十六届五中全会首次提出加快建立生态补偿机制，其一直是党中央、全国人民代表大会、国务院的工作重点。党的十九大提出建设生态文明是中华民族永续发展的千年大计，生态文明更是写入了十三届全国人民代表大会第一次会议表决通过的《中华人民共和国宪法修正案》，正式上升为国家意志，开启了生态文明建设新篇章。生态补偿，作为我国建设生态文明的八大制度之一，其紧迫性和重要性进一步凸显。根据中央精神，近年来各地区、各部门积极探索生态补偿机制建设，在森林、草原、湿地、流域和水资源、矿产资源开发、海洋以及重点生态功能区等领域取得积极进展和初步成效。然而，我国现行的生态补偿实践仍存在以下问题：补偿资金来源单一，财政资金仍然是主要来源，且资金缺口巨大；与市场化融资发达的国家和地区相比，尤其缺乏多元化的融资渠道、融资工具、可持续的支付途径以及相关的金融政策支持。在此背景下，探索支持生态补偿的绿色金融工具和相关政策及其示范，发挥资本市场优化资源配置的功能，在推动生态文明体制改革和经济社会可持续发展进程中显得尤为紧迫而必要。

一、绿色金融与生态补偿相互交融促进

（一）生态补偿和绿色金融要解决的问题在本质上存在一致性

生态系统服务的公共物品或准公共物品特征，使得其生态价值的很大一部分未能进入市场交易，正外部性没有得到内部化，保护生态环境得不到合理回报。基于此，生态补偿机制要实现的是“绿水青山”保护者与“金山银山”受益者之间的利益调配，将外在的、非市场化的生态系统服务价值转化为当地参与者提供生态系统服务的新型市场激励机制。环境外部性的内生化也是绿色金融要解决的核心问题。2016 年 8 月 31 日，国际范围内首部政府主导的绿色金融政策《关于构建绿色金融体系的指导意见》（以下简称《指导意见》）明确指出，建立健全绿色金融体系，需要金融、财政、环保等政策和相关法律法规的配套支持，通过建立适当的激励和约束机制解决项目环境外部性问题。其中，金融政策在很大程度上决定了资金流的流向和利益的趋势，其他资源也会随着资金相应转移，实现经济资源的重新配置。同时，生态补偿长期以来面临的资金需求与资金供给之间的巨大缺口，进一步决定了绿色金融及相关政策支持生态补偿的合理性和必要性。

（二）生态补偿项目是绿色金融支持的领域之一

《指导意见》指出，绿色金融是指为支持环境改善、应对气候变化和资源节约高效利用的经济活动，即对环保、节能、清洁能源、绿色交通、绿色建筑等领域的项目投融资、项目运营、风险管理等所提供的金融服务。绿色金融政策是指通过绿色信贷、绿色债券、绿色股票指数和相关产品、绿色发展基金、绿色保险、碳金融等金融服务将社会资金引导到支持经济向绿色化转型的一系列政策和制度安排。

（三）绿色金融的大力发展有助于生态补偿资金来源更加多元化

绿色金融的大力发展有助于生态补偿资金来源更加多元化，为践行党

的十九大报告提出的建立市场化、多元化生态补偿机制的要求奠定了基础。例如增加绿色债券等“绿色”资金来源并享受政策上的“绿色通道”；增加生态权益资产等可抵押的“绿色资产”，林业抵质押贷款等可供证券化的基础资产；获得能够与生态系统服务质量、服务寿命及环境和社会影响相匹配的生态资产评级等。

（四）生态补偿与绿色金融多层次交融促进

在绿色发展业已成为国家可持续繁荣的内在动力的大背景下，生态补偿与绿色金融多层次交融促进，渐成水到渠成之势。2015 年 9 月，国务院发布《生态文明体制改革总体方案》，方案作为生态文明体制改革的顶层设计首次明确提出建立绿色金融体系战略。完善对节能低碳、生态环保项目的各类担保机制，加大风险补偿力度。在环境高风险领域建立环境污染强制责任保险制度。2016 年 3 月，《中华人民共和国国民经济和社会发展第十三个五年规划纲要（2016—2020 年）》（以下简称“十三五”规划）明确提出“扩大环保产品和服务供给。建立绿色金融体系，发展绿色信贷、绿色债券、设立绿色发展基金”。同年 8 月 31 日发布的《指导意见》构建了政府、金融机构、环保企业等多方参与协同的绿色金融政策体系的顶层设计，明确要以绿色金融支持环境改善、应对气候变化和资源节约高效利用的经济活动，对环保、节能、清洁能源、绿色交通、绿色建筑等领域的项目投融资、项目运营、风险管理等提供金融服务。

（五）绿色金融政策支持生态补偿的路径

在目前价格体系无法充分反映生态环境保护正外部性的情况下，如何吸引足够的社会资金配置到生态补偿领域，用有限的政府资金撬动更多的社会资金支持生态补偿，是建设“生态文明制度体系”的一个关键环节。绿色金融政策，以纠正市场价格体系下绿色投资的（正）外部性或污染投资的（负）外部性无法被内化的缺陷为目标，可以用于引导社会资金投向与社会福利最大化目标相一致的生态补偿。发达国家运用绿色金融制度安排、绿色金融产品和服务撬动绿色投资已有几十年经验。一般而言，绿色金融政策支持生态补偿的路径可以包括：提高生态补偿项目的投资回报率；强化企业社会责任和消费者环保意识。

1. 提高生态补偿项目的投资回报率

将生态系统服务带来的正外部性内生化，提高生态系统服务供给，可以使用的政策手段包括：（1）提高生态系统服务的定价，提高生态系统服务的投资回报率。（2）降低生态系统服务投资的风险、降低融资成本或提高融资的便利性，从而提高其投资回报率。

2. 强化企业社会责任意识以及消费者环保意识

企业和金融机构社会责任的强化在一定程度可以改变企业和金融机构行为，从而推动资金流向生态环境保护领域，增加生态系统服务供给。而消费者环保意识的增强，则可以从需求端改变消费者偏好减少外部性，抑制污染性产品的消费，增加生态系统服务的供给。企业社会责任和消费者环保意识的增强可以通过制定相关政策，强制要求企业和金融机构披露所投资项目的环境影响或环境收益，同时建立追究投资者环境法律责任的体系、建立社会责任网络、加强投资者和消费者教育等措施实现（见表 8 - 1）。

表 8 - 1　　主要绿色金融政策预期效果的经济学机理

政策	主要效果和机理
绿色信贷	加大生态补偿项目支持力度，缓解融资贵融资难问题，降低绿色投资成本
绿色债券	降低生态补偿项目的资金成本
绿色基金	通过规模效益和专业化运作，提高绿色投资的回报率，降低社会资本参与生态补偿项目的风险和成本
绿色股票	支持符合条件的绿色企业上市融资和再融资，引导更多社会资本进入绿色行业，间接降低绿色投资成本
绿色保险	降低环境风险，从而降低生态补偿项目的融资成本，鼓励投资
绿色评级	将环境风险显性化，提高污染性投资的成本，从而抑制污染性投资；将绿色正外部性显性化，降低生态补偿项目的融资成本，从而鼓励绿色投资
环境权益交易市场	丰富融资工具，缓解融资贵融资难的问题
上市和发展企业的环境信息披露机制	通过提高企业的社会责任感，提高其对绿色投资的偏好

资料来源：绿色金融工作小组：《构建中国绿色金融体系》，2015 年。

二、我国生态补偿机制的制度发展及实践进展

(一) 我国生态补偿机制的制度脉络——市场化生态补偿是未来发展重点

近年来密集出台的国家相关政策和文件为区域生态补偿机制提供了发展路线图（见表8-2）。建设生态补偿主体、方式、融资渠道多元化，市场化的生态补偿机制成为当前及未来很长一段时期内的发展趋势和重点。党的十八大以来党中央、国务院作了一系列决策部署，明确提出要建立反映市场供求和资源稀缺程度、体现生态价值和代际补偿的资源有偿使用制度和生态补偿制度。2015年9月我国生态文明建设的顶层设计《生态文明体制改革总体方案》出台，强调要完善生态补偿机制，探索建立多元化补偿机制，逐步增加对重点生态功能区转移支付，完善生态保护成效与资金分配挂钩的激励约束机制。2016年5月国务院办公厅发布的《关于健全生态保护补偿机制的意见》提出探索建立多元化生态保护补偿机制；加快形成受益者付费、保护者得到合理补偿的运行机制；发挥市场机制促进生态保护的积极作用等。2017年党的十九大报告更是明确提出要加大生态系统保护力度，建立市场化、多元化生态补偿机制。

表8-2　　我国生态补偿制度发展脉络

时间	政策立法或文件	部门	内容
2005年	《关于制定国民经济和社会发展第十一个五年规划的建议》	中共中央	按照谁开发谁保护、谁受益谁补偿的原则，加快建立生态补偿机制
2010年	《全国主体功能区规划》	国务院	把提供生态产品作为发展的重要内容，把增强生态产品生产能力作为国土空间开发的重要任务；通过建立补偿机制引导地方人民政府和市场主体自觉推进主体功能区建设

续表

时间	政策立法或文件	部门	内容
2011 年	《中华人民共和国国民经济和社会发展第十二个五年规划纲要》	中共中央	加大对重点生态功能区的均衡性转移支付力度，研究设立国家生态补偿专项资金。鼓励、引导和探索实施下游地区对上游地区、开发地区对保护地区、生态受益地区对生态保护地区的生态补偿；积极探索市场化生态补偿机制；加快制定实施生态补偿条例
2012 年	党的十八大报告	中共中央	建立反映市场供求和资源稀缺程度、体现生态价值和代际补偿的资源有偿使用制度和生态补偿制度
2014 年	修订的《环境保护法》	全国人民代表大会常务委员会	国家建立、健全生态保护补偿制度
2015 年	《关于加快推进生态文明建设的意见》	中共中央、国务院	健全生态保护补偿机制。科学界定生态保护者与受益者权利义务，加快形成生态损害者赔偿、受益者付费、保护者得到合理补偿的运行机制。归并和规范现有生态保护补偿渠道，加大对重点生态功能区的转移支付力度。建立地区间横向生态保护补偿机制，引导生态受益地区与保护地区之间、流域上游与下游之间，通过资金补助、产业转移、人才培训、共建园区等方式实施补偿
2015 年	《生态文明体制改革总体方案》	中共中央、国务院	完善生态补偿机制，探索建立多元化补偿机制，逐步增加对重点生态功能区转移支付，完善生态保护成效与资金分配挂钩的激励约束机制
2016 年	《关于健全生态保护补偿机制的意见》	国务院	探索建立多元化生态保护补偿机制；加快形成受益者付费、保护者得到合理补偿的运行机制；发挥市场机制促进生态保护的积极作用
2017 年	党的十九大报告	中共中央	加大生态系统保护力度，建立市场化、多元化生态补偿机制
2018 年	政府工作报告	国务院	推行生态环境损害赔偿制度，完善生态补偿机制，以更加有效的制度保护生态环境

（二）我国生态补偿实践进展及面临的挑战

1. 生态补偿实践进展

我国生态补偿实践案例从2011年的65个增加到2015年的155个。实践整体呈现纵向生态补偿不断扩大，资金量增加，横向补偿也有所突破的格局，对实施地的生态环境起到了较大的改善作用。在国家重点生态功能区方面，财政转移支付范围和规模不断扩大。2017年，转移支付县市区数量由原来的676个增加至816个，转移支付预算数为627亿元，比2016年执行数增加57亿元。国家重点生态功能区已占国土面积一半以上。在森林生态补偿方面，中央财政自2001年对11个省区的2亿亩重点防护林和特种用途林先行开展森林生态效益补偿试点，我国开始进入有偿使用森林资源生态价值的阶段。森林生态效益补偿政策的覆盖范围不断扩大，目前已有29个省、自治区和直辖市建立了地方森林生态效益补偿政策。同时，我国也先后实施了一系列具有补偿性质的生态工程，如天然林资源保护、退耕还林、京津风沙源治理。

草原生态补偿方面，2003年开始实施的退牧还草工程，到2018年中央已累计投入资金295.7亿元，累计增产鲜草8.3亿吨，约为5个内蒙古草原的年产草量。“草原生态保护补助奖励”政策也已进行到第二轮。第一轮（2011—2015年）中央共安排资金773亿元，2016年开始的第二轮“草原生态保护补助奖励”政策立足于更加符合牧区实际、更加有利于牧民群众理解接受，有针对性地调整完善了相关政策措施。加大了绩效评价奖励资金投入，补奖资金可统筹用于国家牧区半牧区县草原生态保护建设；调整部分政策措施，适当提高禁牧补助和草畜平衡奖励标准；加大绩效奖励力度，促进草原畜牧业发展方式转变。调整半农半牧区政策实施方式。2018年，中央财政安排187.6亿元资金，支持实施禁牧面积12.06亿亩，草畜平衡面积26.05亿亩。

为促进湿地保护与恢复，2014年中央财政增加安排林业补助资金。2014年中央财政安排林业补助资金湿地相关支出15.94亿元，支持启动了退耕还湿、湿地生态效益补偿试点和湿地保护奖励等工作。在内蒙古、吉林、黑龙江的13个国家重要湿地和湿地国家级自然保护区开展了退耕还湿试点；选取21个国家级湿地自然保护区（其中11个国际重要湿地）作为湿地生态效益补偿试点；在60个县开展了湿地保护奖励试点。

中央财政还在海洋生态补偿、耕地生态补偿、荒漠生态补偿等方面提供了资金支持，但这些领域尚处于起步阶段。此外，在空气质量上，一些地方也出台了生态补偿方法。如山东省按照每改善（恶化）1个百分点，省对市（市向省）补偿20万元的标准计算补偿资金额度，地方政府生态环境保护积极性显著提高。

横向生态补偿机制探索近年来也不断加快。跨省流域生态补偿试点进展顺利，取得明显成效。例如，新安江流域生态补偿机制作为全国首个跨省流域的生态补偿机制试点，于2012年正式实施，每轮试点为期3年，涉及上游的黄山市、宣城市绩溪县和下游的杭州市淳安县。首轮试点（2012—2014年）每年5亿元补偿资金额，中央财政出3亿元，安徽、浙江两省各出1亿元，年度水质达到考核标准，浙江拨付给安徽1亿元；水质达不到考核标准，安徽拨付给浙江1亿元；不论上述何种情况，中央财政3亿元全部拨付给安徽。第二轮试点（2015—2017年）共补偿资金21亿元，中央资金三年为9亿元，按4亿元、3亿元、2亿元的方式补助，两省每年各增至2亿元。两轮试点，皖浙两省断面水质检测全面合格，达到补偿条件，新安江流域总体水质为优并稳定向好。同时，千岛湖湖体水质实现与上游来水同步改善，营养状态指数逐步降低。

2. 我国生态补偿实践面临的挑战

由于涉及复杂的利益关系调整，目前我国生态补偿缺乏行之有效的生态补偿标准体系，以及生态补偿的资金来源、补偿渠道、补偿方式和保障体系。同时，虽然一些生态补偿实践在一定程度上也得到了金融产品和服务创新的支持，但目前成熟案例较少，且比较分散，尚缺乏规模效应。具体而言：

（1）财政资金仍是主要资金来源，缺乏长效资金机制。资金机制一直都是生态环境保护和治理的瓶颈。目前我国生态补偿资金来源主要为中央财政转移支付，其次是地方财政横向补偿。但是，财政资金量和资金到位时间均不固定且受多种因素制约，无法进行系统性的可持续统筹安排，一旦政策变化，可能会出现生态补偿项目停滞、效果反弹等现象，难以形成长效的生态环境保护投入保障机制。且目前中央和省级资金投入方式也较为碎片化，没有形成有效的合力，市场机制对生态补偿的支持作用还比较有限。

（2）生态补偿标准偏低，缺乏动态调节机制。以新安江流域生态补偿试点为例，原环保部对新安江上游带来的生态效益作过生态系统服务价值评估，结果显示，系统服务价值总计246.48亿元，其中水生态服务价值总量64.48亿元。但目前试点方案下游对上游的补偿额度远低于其提供的服务价值，远远满足不了流域生态保护所需。新安江综合治理、城乡污水治理、农村垃圾与河道整治等一批项目，黄山市已累计花了109亿元，但从试点工作中拿到的补偿资金仅30.2亿元，上游封山育林、植树造林带来的水源涵养、水量增加等服务，为新安江水环境保护作出发展牺牲的生态保护者以及民生改善等未被纳入补偿范围。

京津冀地区也是如此，为了给京津阻风沙、护水源，河北省十几年来实施了退耕还林、京津风沙源治理等林业重点生态工程，同时也开展了诸如京冀生态水源林保护合作项目等横向补偿。但目前这些项目的补偿缺乏对生态系统恢复或保护需要的科学成本的充分考虑，导致补偿标准偏低，与河北省实际承担的成本差距较大。例如承德市造林成本已达到2000元/亩，但目前国家重点工程人工造林亩补助标准仅为400元。补偿资金不足导致了低值低效林的出现，承德市3360万亩有林地中，中幼林面积达2900多万亩。因此，虽然承德市森林覆盖率河北省最高，但与北京植被差距仍在三四十年以上。同时，社会经济不断发展，生态环境状况也在不断变化，但河北地区森林生态补偿缺乏随着时间推移、资源稀缺程度变化适时调整的机制。另外，各地地理、气候、植被和生物多样性都存在差异，比如张家口大部分位于闪电河以西，相较闪电河以东，以西的土壤沙化严重，造林难度大，成本也随之增加，但是现有的森林生态补偿并未对此加以考虑，没有实施资金投入或政策的差异化。

（3）多以项目形式或临时性政策推进，未能形成长效管理机制和良性自激发状态。生态系统保护是一个系统工程，各个环节之间互相紧密关联，例如，生态保护绩效考核及横向补偿支付都需要生态价值准确测算的支撑，而测算准确性的提升又是一个循序渐进的过程，需要在实践中不断加以完善。这就要求形成一个生态补偿的长效机制，包括明确的目标、动力供给、利益相关者协调机制、激励、约束和监管机制等。目前我国生态补偿还没有形成体系和机制，多是项目形式，存在着重建设、轻管理、难持续、缺乏顶层设计等问题，同时也不利于整合各方资金统筹安排。同时，生态补偿涉及不同主体的利益关系及责任关系，必须超越临时性、过渡性政策措施和行政手段，形成长效机制。

另外，我国虽然已有一些跨省流域的横向生态补偿，如跨广西和广东的九洲江、跨福建和广东的汀江、跨江西和广东的东江、跨河北和天津的滦河、跨陕西和甘肃的渭河生态补偿，但成熟模式的探索和推广仍任重道远，其长期可持续性存在不确定性。

（4）政府单方面决策为主导，地方利益相关者尤其是贫困人群参与不足。目前我国生态补偿的对象、范围、标准和方式，主要以政府决策为主，没有当地利益相关者参与协商的平台和机制，尤其作为生态系统保护主体的农民或牧民没有参与。一般而言，地方利益相关者对当地生态系统的了解更为深入，如果没有地方利益相关者的参与，可能导致政策的实施效率低或结果不公平等，与当地的其他政策，比如扶贫政策相冲突，也可能产生与当地利益相关者的冲突。

中介机构也缺乏参与机制。中介机构可以为利益相关者之间进行沟通协调提供平台和信息收集，使各方能够及时准确地了解生态补偿的设计和实施状况，根据各国经验，其可以是民间机构，也可以是政府成立的管理机构。但目前由于缺乏中介机构的介入，生态补偿的复杂性和系统性决定了各利益相关者难以全面了解生态补偿涉及的各机构的职责和能力，或者了解的成本过高。

（5）基于土地利用方式的支付，而非基于绩效，导致激励不足。基于绩效的支付一直是国际上自然资源管理追求的最优支付模式，能够为生态系统服务提供者的创新提供灵活性和空间，有助于产生更高的成本效益或更加“物有所值”。但是，我国目前的生态补偿实践很多是基于土地利用方式的变化而进行的补偿或付费，如提供者是否按照合约要求使用土地，以及这些土地使用是否产生合约所规定的环境服务，或者满足其他一些更具体的指标变量。强调对即时效益的付费，比如在森林生态补偿中，很多情况下依据农耕面积的减少、森林覆盖面积的提高进行付费，可能导致还林时经济林、生态林比例不合理，经济林比例偏高，后续的管护措施和维护保养措施（如竞争性控制，抚育间伐）跟进不利等问题。此外，对于多元生态系统服务，这种付费模式不足以保证多种生态服务的全面供给。

三、市场化生态补偿机制的概念和框架

生态补偿是产生于中国的概念，国际上比较通用的是生态系统服务付费（Payments for Ecosystem Services，PES），是一种新型自然资源管理模式，可以看作是我国生态补偿未来的发展方向，是更为市场化的机制。PES 强调的是通过政府和市场力量的合作，运用包含市场在内的贴息、担保等多种付费机制来实现包括生态可持续性、公平分配、经济效率等在内的多重目标。20 世纪 90 年代以来，PES 作为一种能够将外在的、非市场化的生态系统服务价值转化为当地参与者提供生态系统服务的新型市场激励机制，在全球范围得到了越来越广泛的应用。过去的十几年，国际社会对于运用 PES 解决生态环境问题越来越关注。目前，有 300 多个 PES 项目正在印度、印度尼西亚、哥斯达黎加、墨西哥以及澳大利亚等国家展开，通过 PES 模式获得的生态系统服务融资规模达到每年 65.3 亿美元①。PES 的规模每年大约增加 10%—20%。

（一）市场化生态补偿机制的内涵

国际上对于 PES 还没有形成统一定义，目前引用和讨论最多的是国际

① 数据来源：http://www.triplepundit.com/2014/07/payment - ecosystem - services - pes - financing - conservation/.

林业研究中心资深经济学家 Wunder 2005 年对 PES 的界定，Wunder 认为 PES 应体现以下五个基本要素：①自愿的交易；②具有明确定义的生态系统服务或可能保障这种服务的土地利用；③至少有一个生态系统服务购买者；④至少有一个服务提供者；⑤当且仅当服务提供者保障服务的供给（付费的条件性）。但由于现实中存在交易成本较高、产权不明晰等问题，实践中完全符合该定义的 PES 项目非常少，普遍存在政府的介入。

基于此，考虑到政府的介入，实践中的 PES 被描述为实现自然资源在社会参与者之间转移的机制，旨在为自然资源管理建立一种使个人/集体的土地使用决策与社会利益相匹配的激励机制。这与我国目前依托财政转移支付，仅实现了对法定土地使用限制的补偿的纵向生态补偿机制存在本质差别。

（二）市场化生态补偿机制的框架

完整的市场化生态补偿机制应该包括四个维度的资本：自然资本、金融资本、人力和社会资本以及制度资本，涵盖了生态补偿的所有基本要素（见图 8－1）。四个维度的资本之间没有严格界限，其相互联系、相互作用。比如，一个市场化生态补偿项目的覆盖范围及产生的生态系统服务类型和结构决定了其融资结构，进而决定了潜在的出资方及需要的绿色金融政策。本书以此四个维度，研究生态补偿的绿色金融政策支持。

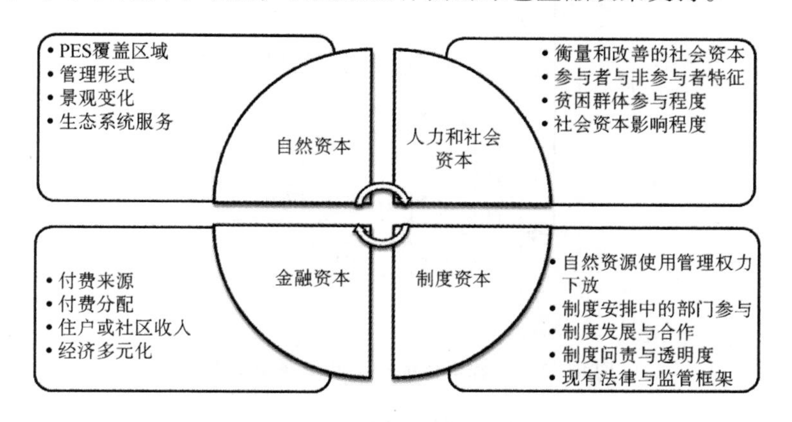

图 8－1　市场化生态补偿机制的四个维度

资料来源：刘倩，董子源，许寅硕．基于资本资产框架的生态系统服务付费研究述评［J］．环境经济研究，2016（02）．

1. 自然资本——绿色金融工具和政策支持的对象

自然资本维度涵盖生态系统服务（Ecosystem Services，ES）的结构、功能和流量，土地管理措施的系统筹划以及生态补偿可能引起的土地利用方式、自然资源管理形式的改变及实施效果评估等。以森林为例，此维度需要明确生态补偿需要覆盖的区域、森林资源种类、采用的森林资源管理形式、带来的景观变化（如森林规模、森林采伐率、农业密度以及生物多样性水平等）、产生的 ES 类型（见图 8－2）、与土地管理活动的联系等。由此确定绿色金融政策支持的对象。

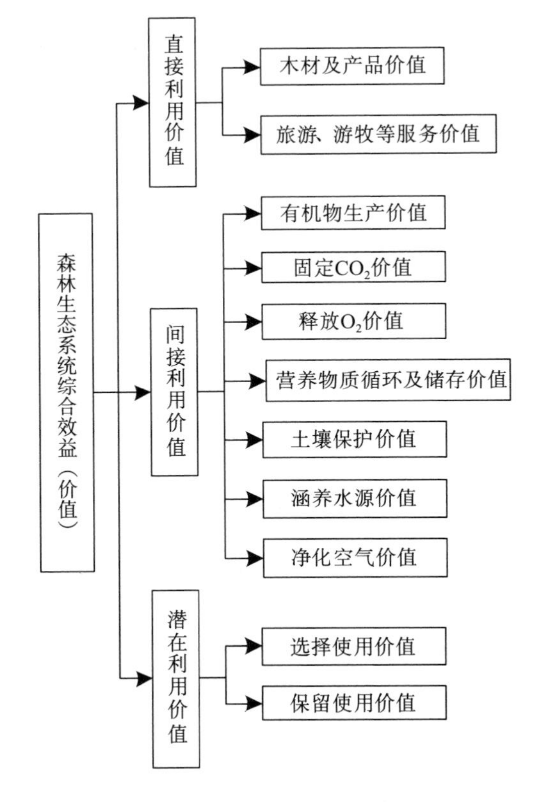

图 8－2　森林提供的产品和服务价值分类

（1）界定生态资源提供的目标生态系统服务（ES）。清楚的定义 ES 十分重要，因为要想使 ES 市场化，就必须有对服务的需求。要确定需求，就需要先明确生态系统提供的服务，比如哥斯达黎加的 PES 项目——PSA

通过《森林法》确定了对水源涵养、碳汇、生物多样性保护和休闲游憩四种 ES 进行付费。我国目前还存在生态补偿制度机制不完善、资金不足、ES 价值科学评估落后等问题，受益者享受到的 ES 可能没有转变成清楚的需求，限制了市场化交易的发生。需要政府或中介机构进行干预，将隐含的需求转变为清楚的服务支付意愿。这些干预包括：咨询利益相关者、进行科学研究、传递关于土地利用与环境服务供给之间联系的信息、设立服务机构、财政支持、技术培训或能力建设等。

（2）明确不同生态资产对应的投资模式。自然资本维度的要素需要整合对金融资本维度的考量，因为不同的生态资产对应不同的投资模式（见表 8－3）及利益相关者。需要根据具体的生态资产，确定所需要的绿色金融工具和政策组合。

表 8－3　　生态补偿项目投资模式分类

	第一类	第二类	第三类
基础资产	生态系统	可持续生态系统管理或相关的基础设施建设	环境权益市场和监管套利
示例	草地	可持续农业	许可证发放和交易
	温带森林	可持续林业	抵消—自愿协议
	热带森林	可持续渔业/水产业 淡水保护	税收套利
	淡水资源 湿地 河流 湖泊	生态旅游	
	沙漠 山脉 海洋/海岸线地区	新能源	
典型投资者理念	长期 资本保护型	中期 产生回报 避免资本流失	短期 提升回报

资料来源：刘倩，董子源，许寅硕．基于资本资产框架的生态系统服务付费研究述评［J］．环境经济研究，2016（02）．

第一类投资模式是将生态资源，例如森林、淡水等本身作为基础资产投资。此类是融资角度最简单易行的生态资产类别，可以获取长期的使用权和投资者长期的保护承诺，投资期限较长。投资者除了可以拥有资产的使用权，还能够将生态资源转化为可交易的资产，比如通过森林保护获得林业碳汇获得经济回报。

第二类是投资于生态资源的可持续管理或基础设施建设。例如，投资可再生能源设备（如太阳能电池组）发展新能源产业，发展绿色有机农业和水产养殖业等。该模式不需要对生态资产进行投资，投资期限一般为中期，追求经济回报。此类商业模式和相关的可持续产品（比如森林可持续管理产生的无公害的特色绿色产品）、服务（森林旅游、休闲康养等），一般需要在非政府组织（NGO）的协调下进行产品（生态）认证，以获得一定的溢价。

第三类是投资于环境权益市场和管理套利。例如，投资于碳、生物多样性信用产品或衍生品等，或在可获得补贴的情况下进行新能源生产或投资。这类投资需要对生态与环境产出进行谨慎计量和核证，保证金融工具对实际保护效果产生预期促进效应。

以上三种投资模式视情况可以进行有机组合，以发挥最大效益。例如，2002 年由农业发展国际基金、世界农林中心和其他国际合作伙伴共同实施了“高地贫困居民环境服务奖励计划”项目，该项目主要目标是改进流域管理以提高水质和水量，保护生物多样性以及进行碳封存（在自愿碳市场上出售）。项目对服务提供者进行奖励和资金支持，奖励的形式包括为本地学生提供奖学金，对本地的农民进行技术援助，对本地的公路、电力、管道输水系统等基础设施进行投资等。付费方既有本地政府的生态保护基金，也有生产机动车轮胎的私企和水电公司等。

（3）增加 ES 的供给与维持农户生计。厘清土地管理活动、土地利用类型的改变以及 ES 的提供三者之间的关系至关重要：土地管理活动的改变可能导致土地利用方式的改变，进而影响 ES 供给的数量和质量。根据区域生态系统特点，增加 ES 供给的土地利用方式可以是多样化的。有些贫穷社区唯一可依赖的资源就是土地，以某种土地利用维持生计，他们更愿意通过可持续农业或林牧业发展来保护生态环境，既能获得环境效益，也能获取用于维持生计的经济效益。例如，发展能够迎合市场需求的林业生态产业，增加技术含量，培育生态特色产品。而有些区域生态系统非常脆弱，而保护其生态系统带来的正外部性对于周围地区又至关重要，此类情况下可能需要选择单纯的生态环境保护。提高 ES 的供给，还要注意避免反向刺激。例如，补贴重新造林活动，可能导致人们砍掉或烧掉现有的森林而重新造林，以获取补贴。

2. 金融资本——绿色金融工具和政策的全生命周期支持

（1）确定资金来源与融资策略。对于一些收益周期较短（比如，水质改进），ES 受益方与提供方明确的生态补偿项目，一般不需要政府进行过多的管制介入。除此之外，很多情况下都需要政府为原本不存在交易市场的 ES 提供政策支持，并采取一定的金融体系设计让 ES 转化为可投资或可用于抵押贷款的资产。因此需要对 ES 进行分解、测量和标准化，用简洁的工具计量生态资产收益，并将收益转化为可投资的资产，依据预期的受益方构建一系列生态资产及其收入机制的简单组合。因此，ES 的价值评估是确定生态补偿绿色金融及政策支持结构和相关金融产品价格的技术基础。

市场化生态补偿需要专业的金融管理和早期资金支持（见表 8－4）。在项目早期培育阶段，投资风险相对较高，周期较长，需要能够起到催化作用的第一损失资本填补“先锋断层”，解决早期资本投入密集阶段的现金流问题。同时，也为基本政策支持、市场机构和监管体系按项目管理计划逐步到位提供保证。这一阶段可能的投资者一般是慈善机构、NGO、专门支持生态环境保护的基金、信托或公共部门。

项目开发阶段，获得 ES 产生的自然资本信用，可以通过抵偿机制等方式获得投资产生现金流，经由市场或政府的基金等渠道获得项目融资、风险资本或债权性投资。成功的项目可以依靠政策支持及成熟的市场结构在更大的区域范围内推广，也可以将成功的项目框架试点到其他的 ES 类型。当市场相对流动性较高，风险调整资本收益率有竞争力之后，自然会有更多的金融工具介入来增加市场流动性，更多元化的投资者也会随之进

表 8-4　　生态补偿全生命周期各阶段的潜在投资组合

管制政策、市场	早期培育	确定商业模式	复制和规模化	商业化
			发展管制措施和市场结构	
描述	•试点工程/概念证明 •进行实验实践	•单一的生态保护工程 •可期待稳定的现金流、风险和收益 •政府建立管制框架	•多个成熟项目多地开展，或者将成熟的商业模式在多个国家和生态系统保护项目复制	•可交易的资产投入到生态服务中 •投资到相关的市场
投资工具	•公益创投 •创投/有催化作用的第一损失资本 •政府津贴/捐赠	•项目和早期阶段融资 •风险资本	•专业的投资渠道（基金、孵化平台） •股权投资	•市场工具（股权、债券和期权） •证券化的现金流
投资人	•NGO •慈善信托基金 •公益创投 •发展银行	•公益创投 •发展银行 •NGO •高资产净值投资人	•大规模的非政府组织合资公司 •发展银行 •高资产净值投资人	•机构投资者 •散户投资人 •高资产净值投资者
投资组合	•与其他部门的投资相比有较高的风险 •流动性非常低 •收益回报不确定 •本金回收不确定	•高风险 •可能的投资期限为中期 •较高的内部收益率	•中度风险 •长期，稳定收益 •可能的投资期限为长期，流动性高	•与其他部门投资相比风险较低 •流动性高

资料来源：刘倩，董子源，许寅硕．基于资本资产框架的生态系统服务付费研究述评［J］．环境经济研究，2016（02）．

入生态资本市场。

在此维度，需要建立适合市场化生态补偿机制发展规律的分阶段绿色金融及政策扶持机制。可以考虑推动政策性金融对 ES 综合开发和经营活动的中长期信贷支持；多方面拓宽融资渠道，探索开发适合生态资源特点的绿色信贷产品和服务方式，拓宽比如林业信贷担保物范围，推进生态资源信贷担保方式创新。政府可以通过贴息、担保等机制鼓励金融机构加大对生态环境保护类绿色信贷和联保贷款的扶持力度等。

（2）生态补偿支付机制。生态补偿支付机制涉及付费标准、付费对象、付费类型等。一个理想的市场化生态补偿机制的最优支付模式是基于绩效的支付。国际上，PES 机制一般以提供 ES 的成本和机会成本为基础，通过服务的提供者和利益相关者之间的谈判和协商，确定支付标准。同时，在实践中不断完善生态系统服务价值测算的科学技术，促使基于成本和协商的付费标准与基于生态服务价值的付费标准的融合。

按照 Kolinjivadi 等 2015 年对 PES 的分类，可将 ES 付费分为水平机制和针对性机制。水平机制面向所有潜在的 ES 提供者，而针对性机制则针对特定的区域和特定类型 ES 的提供者。后者基于利益最大化或风险、成本最小化思想，有利于提高项目效率和实施效果，但也会增加额外的数据和信息获取成本。为实现合理分配，基于针对性付费思想，很多实践项目或研究强调引入拍卖的重要性。拍卖可以视为一种合同设计方式，邀请潜在的 ES 提供者上交 PES 合同的投标价格，以揭示私人的可接受支付水平及其机会成本。由于 ES 提供者对项目的机会成本、交易成本以及实施成本最为清楚，这一过程减少了信息不对称及其产生的信息寻租。目前拍卖机制在欧洲和美国的农业环境项目中运用得较为成功。当然，拍卖也会涉及技术支持、产权、集体土地所有、土地保障等制度层面的复杂问题，需要因地制宜进行机制的设计和实践。

在付费类型上，大部分生态补偿项目为现金支付辅以技术支持，或以种子、树苗等实物方式支付。如玻利维亚 2003 年发起的水域管理和迁徙鸟类保护项目中对项目参与者提供蜂箱、农业培训和铁丝网作为支付方式。

3. 人力与社会资本——绿色金融工具和政策支持可以扩大的社会效益

人力资本由技术、知识、经验和个人财富组成，社会资本指促进规范化和基于信任建立声誉的社会结构与社会关系等。贫困群体的参与程度和减贫的副目标是市场化生态补偿机制的设计和实施中需要特别关注的问题。

（1）贫困群体的参与程度。即使在参与资格不存在门槛限制的情况下，社会地位和财富也对生态补偿项目的参与率有重要影响。研究表明，生态补偿项目参与者多为受教育程度较高、社会地位和财富占优、拥有更多土地的人群。理论上讲，生态补偿机制的实施能够通过增加收入、创造就业等途径，改善贫困人群的生计。除此之外，贫困人群还能够获得许多非经济收益，比如提高与外界进行商业活动的能力，为贫困人群通过集体行动获得权利提供机会等。但是，这些积极影响产生的前提必须是贫困人群能够真正参与到生态补偿机制中。许多现实因素限制了他们的参与，突出的因素包括交易成本、产权问题，以及某些情况下所必需的前期投资。

要提高贫困人群的参与程度，机制、政策和法律层面的激励结构必须与操作层面相匹配。通过设计标准化合同可以在一定程度上降低交易成本，降低贫困人群参与的难度。给予参与者一定的自主性，并增强共同责任也是实现有效激励的重要方式。在进行土地管理培训的基础上，给予参与者在奖励方式、支付方式上的调整空间和选择空间，不仅可以调动其参与积极性，多元化其收入来源，降低补偿负担，实现经济发展和生态保护的双赢，也可以化解项目终止时“退林还耕”的风险。此外，让参与者资产参与到项目中并明确责任，赋予参与者对项目实施和终止进行决策的权利等方式也可能有利于项目的长期成功。

（2）社会资本维度是否是生态补偿的“副目标”。除了生态环境保护，生态补偿也可能会产生满足发展需求、缓解贫困以及提高生活水平等社会层面的影响，可视社会资本维度为其“次目标”或“副产品”。但是，目前对于市场化生态补偿机制的设计和实施是否应考虑社会资本维度的副目标还存在争议，有些观点认为应使资源配置效率高于贫困缓解，过分强调副目标很可能不利于市场化生态补偿机制生态环境保护目标的实现。但是，生态补偿在发展中国家的扶贫效应有其特殊性。比如哥斯达黎加，其 PSA 并不是为减贫而设计的，但提供森林生态服务的地区与贫困地区具有高度的空间相关性，为扶贫提供了可能，在我国情况也类似。在构建市场化生态补偿机制时，如果只强调保护生态环境，不考虑当地贫困人群的脱贫问题，不符合脱贫攻坚要义。国务院印发的《关于健全生态保护补偿机制的意见》指出，结合生态补偿推进精准扶贫，对于生存条件差、生态系统重要、需要保护修复的地区，结合生态环境保护与治理，探索生态脱贫新路子。

理论上，市场化生态补偿机制的实施有利于居民收入来源的多元化，可降低其依赖于单一市场可能面临的财产风险，但实践中是否能提高居民经济生产率和多样性，还取决于项目运营资金是否充足以及是否能够推动更为广泛的地区经济增长。中国的退耕还林工程促进了劳动力从农业向非农业的转化，使居民总收入水平得到提高。但并非所有住户都参与到非农业活动中，没有参与非农活动的居民生活状况并未得到很大改观。国务院将项目延长至 2020 年也反映了许多居民仍面临贫困，靠农耕维持生计，并且很有可能在项目终止时恢复以前的农耕。可以借鉴中国卧龙自然保护区的天然林保护工程模式，通过升级农村电网，建立生态电站并对农户提供电力补贴，用电力消费取代对薪炭林的消费等多种能源模式的转换，可有效降低林木采伐、促进森林恢复，进一步引导和促进 ES 提供者通过改变生活方式来减少生态环境破坏，并且为可持续生产模式的建立提供良好的发展条件。

4. 制度资本——绿色金融工具和政策支持生态补偿的保障因素

生态补偿不会建立在制度真空之中，其成功实施依赖于制度的建立、运行制度关系的维持以及制度框架和监管的巩固等。

（1）生态产权的合理界定。ES 的商品化过程必须满足两个前提：拥有可交易的 ES；存在一定权利边界。而产权界定不清则可能带来一系列负面影响：难以确定付费方、合同难以依法履行、法律实施效力较弱等。理想化条件下，土地为私人所有，ES 的提供者拥有充分产权。而实践中，交易成本等因素的存在使生态产权的确定存在一定难度，尤其是政府拥有对公共物品的管理职责，针对公共土地是否具有生态付费的实施资格仍存有很大争议。

（2）民间团体的中介作用。民间团体在能力建设、知识与技术推广与本土化等方面具有不可替代的作用。这些机构在解决全球环境问题中的影响力已被广泛认可。在市场化生态补偿机制中，他们能够提供必要的灵活性，作为不同权利主体之间的中介，具有整合来自不同部门、不同规模参与者的能力。由于 NGO 在环境政策和管理中的高参与度，在国家和次国家级的管理和发展问题、土地使用政策以及激励机制支持上的重要影响，其在生态补偿项目中更需充分发挥中介作用。尤其是在未来引入多元化资本及财务规划中，NGO 可承担的职责包括：①为大规模生态环境保护机会的评估提供经验和分析；②与当地政府、金融机构和早期投资者共同促进大规模生态补偿项目的实施；③设立保护目标，对环境影响建立核证系统。此外，其对私人部门投资者、金融机构和商业机构等公共部门的召集作用也不容忽视。

（3）监管、惩罚与冲突解决机制的设计。在由指令性政策转变为市场激励的制度实践中，监管、惩罚以及冲突解决机制的设计往往决定了制度转型成本的高低，也直接决定了项目是否现实可行。对市场化生态补偿项目而言，科学的监测与适当的监管是确保参与者遵守合同规定、保证项目适应性和效率的重要手段。

从主体来看，由利益相关者和政府构成的监测监管体系需要保证绩效指标和方法框架免于被权利优势或信息优势部门操纵的风险。因此，应加强私人部门的参与。建立起住户部门直接监测，政府部门定期进行评估并辅以相应的奖惩措施的完整监测监管和评估体系。监测监管活动的分散化可以充分挖掘地区知识水平，减轻相关部门的压力，降低监测监管成本，同时辅以奖惩措施对监测监管活动效率和住户生活水平的改善都有积极作用。如在卧龙自然保护区的实践中，通过建立住户群监测方法，有效减少了非法采伐等活动，提高了森林覆盖面积。从监测监管对象来看，与基于产出的付费激励相一致，任何项目的成功应该以产生的 ES 为标准。考虑到直接监测监管 ES 产出的困难性和高额成本，专家们常采用简单且易观测的替代指标作为监测对象，从而更好地理解恢复活动与生态系统功能乃至针对性服务之间的关系。从监测监管期限来看，对 ES 的衡量要求土地管理必须是一个长期且连续的过程，监测监管期限也应当与之匹配，放眼于项目的长期产出和效益。

四、绿色金融政策支持生态补偿的国际案例分析

（一）哥斯达黎加 PSA 项目：政府主导的多元化融资生态补偿

哥斯达黎加地处中美洲，属于中等发达国家，是拉美最早开展市场化生态补偿项目的国家之一。1996 年，哥斯达黎加政府正式批准的《森林

法》明确定义了森林提供的4种环境服务：水源涵养、碳汇、生物多样性保护和休闲游憩，通过立法创建了森林系统服务的需求和市场。同年，哥斯达黎加启动了首个国家层面的生态补偿项目——PSA（Pago por Servicios Ambientales），对提供碳封存、流域保护及保护生物多样性和景观的土地所有者支付报酬（Pagiola, 2006; Porras et al., 2013）。同时，根据《森林法》第46条的规定，哥斯达黎加成立了国家森林基金（FONAFIFO）参与PSA的实施与管理（见图8－3）。FONAFIFO是具有政府背景的独立法人资格机构。

PSA项目向土地所有者提供不同类型的合同，主要有森林保护、再造林和农用林业，其中森林保护合同更受土地所有者欢迎，占总合同的约85%（Pagiola, 2006；朱小静等，2012）。PSA的补偿资金主要来自公共资金（化石燃料税、天然气税、水资源税）、私人资金（私人企业或半国有企业基于资源原则形成的交易）以及世行贷款和全球环境基金（GEF）等国际组织的贷款和资助（Porras et al., 2013）。各类型合同的支付标准都略高于其机会成本，且补偿标准近年来有所提高。同时，PSA对差异性补偿的重视程度不断提高。PSA项目开始之初其补偿标准是统一的，并未考虑不同林地所提供生态服务的差异性。近年来哥斯达黎加正尝试根据森林生态服务价值的大小确定多元化补偿标准，即考虑林地区位、森林资源禀赋等方面的差异（Porras et al., 2013；朱小静等，2012；刘冬莉，2017）。例如，原始林提供的生态服务优于再生林，应得到更多的补偿。

PSA项目减缓了森林砍伐，增加了森林覆盖面积，提高了森林和生物多样性的货币价值，加大了社会对自然生态系统经济社会价值的认识，被公认为是成功范例。其经验包括：一是将PES作为一种制度安排，而不仅仅是市场工具。PES应该是多个政策有效组合的合集，例如信息收集、市场进入和退出、谈判协商机制等。二是政府借助立法形式创建了包括林业碳汇在内的森林生态服务的需求和市场，为生态补偿项目融资提供了平台，并构建了多元化的森林生态补偿资金来源，包括税收，企业和公共机构的付费，国际组织的贷款、资助等。三是以多种类型的项目合同为载体，林地所有者可以自主选择是否参加，并根据其林地资源禀赋决定参加

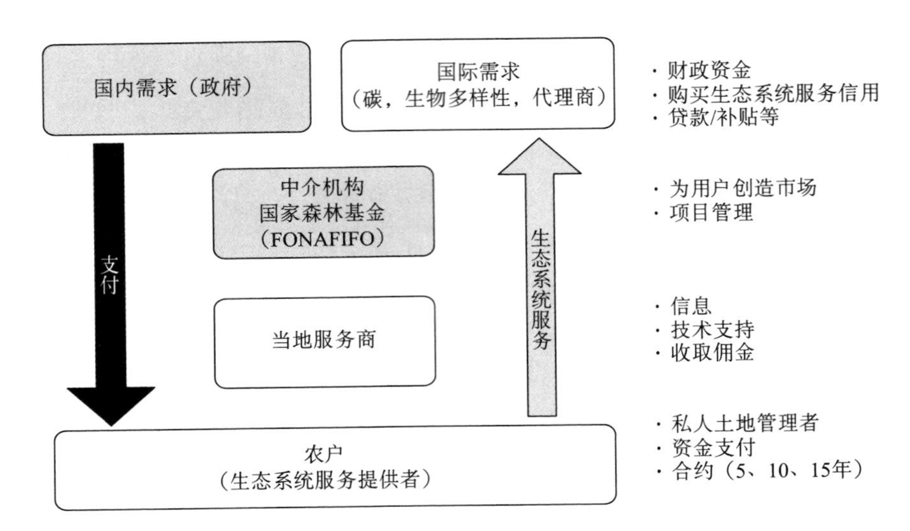

图 8－3　哥斯达黎加 PSA 项目的框架体系

资料来源：Porras et al.，2013.

哪一类型的项目。四是与 FONAFIFO 签订的合同为内容简洁的格式化合同，实质性细节问题另外在 PSA 程序手册中列出，既利于提高合约的透明度，又降低了交易成本和行政成本。五是政府在融资机制设计过程中起主导作用，创建了 FONAFIFO 管理模式，并与市场机制相结合。

（二）越南林同省森林生态补偿：政府主导的集合私人部门资金的融资机制

2008 年，越南林同（Lam Dong）省南部同奈（Dong Nai）河水源地和山萝（Son la）省北部达河水源地开始实施森林生态补偿试点，由林业受益者支付保护和开发费用（见图 8－4），以达到保护森林、促进林区经济发展、提高林农收入的多重目标。

越南 2005 年出台的《环境保护法》第一百三十条确立了生态系统服务受益者付费和污染者赔偿原则，与 2004 年出台的《森林保护与发展法》共同提出了森林生态系统提供生物多样性、流域保护、景观美学以及碳汇的功能。以此为依据，林同省森林生态补偿将水力发电厂、供水公司和旅游业确定为森林生态服务的受益者，分别按相应的标准收取费用，建

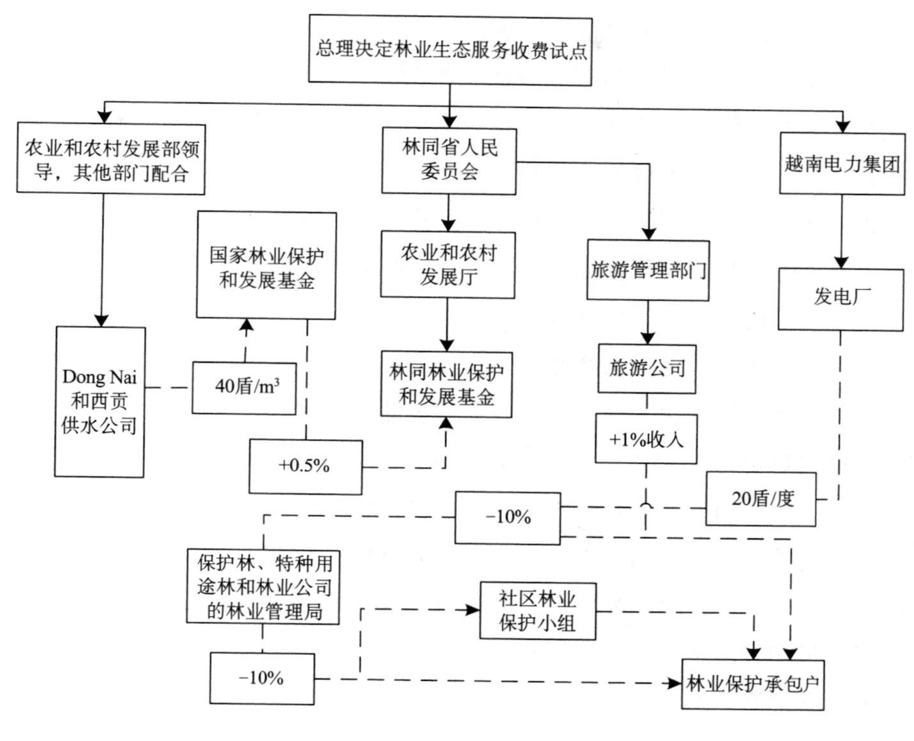

图 8-4 越南林同省森林 PES 框架设计

资料来源：葛察忠，许开鹏．越南生态补偿新举措：森林环境服务收费［J］．环境保护，2010（16）．

立国家和省林业保护与发展基金；在 2009 年 1 月—2010 年 3 月，基金总额达 350 万美元，其中 Dai Ninh 水电厂支付了基金总额的 47%，Da Nhim 水电厂支付了 45%，供水公司支付 7%，旅游业支付了 1%。资金使用方面，除了分别支付给林业保护与发展基金和林业管理局 10% 的资金，80% 用于林业保护的承包户。平均每户补偿约 438—470 美元/年/户（每户 30 公顷），是 PES 实施之前每户收入的 2.8 倍。

同时，为了保证森林生态补偿的实施效果，越南还设置了三个级别的监督机制。省级层面参与部门包括省人民委员会、农业和农村发展厅和财政厅。付费的水力发电厂、供水公司和旅游公司不仅监督基金的管理和使用，也对基金使用人（农村社区和森林保护承包的农户）进行监督。镇级层面，区委会和区森林保护和发展部门对森林所有者和基金的使用人（农村社区和森林保护承包的农户）进行监督。

2017年越南森林环境服务费收入约为5.27千万美元，由于水利发电公司森林环境服务费的增加，2018年同比增长近70%。政府总理也已批准关于为促进林业领域发展提供约5.27千万美元的决定。此外，为提高森林生态服务费收入和加强森林资源保护工作，越南林业总局已完善并向世界银行的森林碳伙伴基金（FCPF）组织递交了关于“减少北中部地区二氧化碳排放量”计划的文件。

林同省通过森林生态补偿，使得社会和居民对森林环境服务的价值有了共识并且能够量化。林业工人的生活条件有所改善，就业机会增加，贫困家庭的数量减少15%。其主要经验有：一是政府在森林生态补偿试点项目发挥主导作用，通过收费建立补偿基金，再对保护者进行补偿；二是利益相关者的组织、管理、协调与职责的明确划分保障了该项目的成功实施；三是建立了政府主导下的有效监督机制，形成了农户、社区和村合作组织，协助开展护林；四是国际机构的技术和资金支持，提高了森林所有者的技术和管理能力。

（三）美国森林生态补偿机制：公共财政支持体系撬动私人部门资金

20世纪80年代美国先后颁布了《退耕还林法》（1980）、《保护区规划法》（1985）、《可更新资源推广法》（1987）、《森林生态系统与大气污染研究法》（1988）等，通过林业立法激励农业用地改造成林地、农民在严重水土流失区域退耕还林、保护水土资源。

美国森林从产权性质上既有私有林，也有公有林，政府对于这两种产权的森林生态补偿融资均有不同程度的介入。对于公有林，主要采用政府建立林业基金的方式为其提供资金。其中，造林补助基金主要来源于联邦和州两级政府财政预算；造林信托基金源于木材产品进口税。对于私有林，主要采用政府间接介入的方式为其提供资金，如对林业生产实施税收减免政策，联邦政府和各州政府都有参与。为解决林业信贷筹资难的问题，美国政府还建立了面向中小家庭农场的低利率、长期限的专项贷款制度。同时，政府林业部门和林业技术推广机构无偿为私有林主提供市场信息和造林、营林、护林等专业技术培训和服务。为了分散林业投资风险，美国政府以提供业务补贴的方式激励私人部门投资，以及保险机构提供林业保险。

美国的森林 PES 使得公有林和私有林都得到了有效保护，其经验包括：一是林业管理的规范化、法制化；二是政府在融资方面构建了林业公共财政支持体系，通过资金激励政策，支持绿色金融在生态补偿中的运用，撬动私人部门投资，实现森林资源和物种多样性以及林业的可持续发展；三是政府无偿提供能力建设，提高农户森林保护意识和保护能力。

（四）日本森林生态补偿机制：反映利益主体诉求，社会资本广泛参与①

日本是亚洲最早实行森林生态补偿的国家，早在 19 世纪后期，就开始对被指定为保安林②的私有林由中央和地方财政全额补偿，此外，还给予税收优惠、造林补贴、政策性贷款、项目支持。这 5 种补偿方式共同构成了一个完整的补偿体系，补偿条件和标准是相对独立的。对于同一块林地，只要符合补偿条件，可以获得以下两项以上的补偿。

①损失补偿：对于由于森林资源保护（如禁伐）给森林所有者等造成的经济损失，经第三方核证，按年度给予全额补偿。

②税收优惠：一是对于被指定为保安林的土地免除固定资产税、不动产取得税和特别土地保有税。二是对于被指定为保安林的林地发生继承或转让且不改变保安林性质的前提下，根据采伐方式的限制内容，按照相应的比例减征继承税和转让税。三是当被指定为表中前 3 类保安林的林地发生继承时，可以分期（15 年）缴纳继承税，每年只征收 2% 的滞纳金，一般林地滞纳金为 3%，5 年内缴清。

③财政补贴：对于保安林的割灌、除草、打枝等抚育作业以及采伐以

---

① 王登举．日本的森林生态效益补偿制度及最新实践［J］．世界林业研究，2005（05）．

② 保安林是指为防止公共灾害的发生，维护国土安全，增进国民福利而由国家或地方政府定的以发挥森林生态公益机能为主，森林经营式和木材生产受到一定限制的森林。

后的更新造林，给予高于一般林地的财政补贴。例如，一般造林的补贴率为28%，保安林则为56%。

④政策性贷款：凡《森林经营计划》符合所定条件的保安林所有者，经申请可以获得农林渔业金融公库提供的低利率、长期限的贷款。

⑤项目支持：在减灾防灾上确有必要时，还可以优先申请国家治山计划公共事业项目，开展森林密度调整和相关的工程措施。

在林业政策方面，2001年日本将实施了将近40年的《林业基本法》更名为《森林·林业基本法》，同时修订了《森林法》，林业由木材生产转型为以森林多种功能的发挥为主。基于此，日本的森林被重新划分为水土保全林（52%）、人与自然共生林（22%）和资源循环利用林（26%）。其中的水土保全林和人与自然共生林都属于生态公益林，以发挥生态效益为主。对于除保安林之外的生态公益林，除了财政补贴、减免税、政策性贷款等，日本各地还开始积极探索新的补偿机制，如征收森林环境税，是为促进上游森林管理，保证森林系统服务（如涵养水源、保持水土、调节水量、净化水质）的供给，向下游受益者（水源利用者）征收的税种。此外，在民间层面上日本还设立了“绿色羽毛基金”制度，通过社会集资对森林资源建设事业进行支持。

日本森林生态补偿机制的主要经验在于：一是在准确界定和明晰森林产权及生态价值的基础上，确立了保安林制度和全民共同参与的水源税制度两种森林生态效益付费的有效方式。1993年日本通过颁布《环境基本法》确立了受益者付费的补偿基本原则，2003年的《森林·林业基本法》明确规定森林的生态价值。2006年的《森林法》进一步确定了针对私有林的付费原则。二是在充分考虑补偿主体利益诉求的前提下合理确定补偿标准。政府作为补偿主体时，要求地方严格按照4:1的中央与地方配比进行补偿配套，切实完成地方政府的主体补偿责任。但是政府仅进行有限的补偿，其他部分由受益者承担。三是政府引导市场和民间力量发挥作用，社会和民众生态环境保护意识强烈。此外，日本民间设立的“绿色羽毛基金”，每年由民间组织负责向日本各大财团、企业和个人筹款达数百亿日元，为森林生态补偿机制提供了有力的绿色金融支持。

（五）英国森林生态补偿机制：政府主导下的市场化生态补偿①

以森林为例，英国生态补偿由政府主导，同时市场机制鼓励个人把资金投向森林，提高了森林覆盖率，实现了以木材生产、森林储备、生物多样性保护及森林休闲娱乐等多功能的林业可持续发展。

英国政府对森林资源保护和利用进行了一系列立法，并制定实施了一系列有效的财政支持措施。英国在《林业法》（1981）、《英国城乡规划法》（1990）、《英国农场林补贴方案》（1997）、《英国新森林法令》（1999）、《英国关于确认“新森林守护者”法律地位的法令》等法律法规中都对森林生态补偿制度进行了规定，并进行以下财政金融支持：

①林业基金。为了保护国有林，英国在 1919 年设立了林业基金，由林业委员会代表环境食品与农村事务部管理。英国林业基金经费主要来自林地租金、出卖金、议会拨款、国有林产品收入和社会捐赠，支出主要用于国有林地保护，如今私有林的资助也逐渐加大。

②政府林地补贴金。私有林面积占英国森林总面积的 67%。对于私有林的建设和维护，英国颁布了《英国农场林资助方案》（1988）、《英国农场林补贴方案》（1997）、《英国农场林补贴方案补充案》（1997）、《苏格兰林业支助项目农业补贴计划》（2003）等。近年来，英国林业委员会又提供了 6 种类型的整套补贴方案，根据不同标准提供了差异化的植树造林补助。包括森林规划补助金、森林评估补助金、林地更新补助金、森林管理补助金、森林改良补助金、造林补助金。英格兰林业委员会发放的各项补助金和赠款数量也呈增长趋势。

③实施政府绿色采购政策。2009 年英国将政府林业绿色采购政策纳入法制轨道，规定从 2009 年 4 月 1 日开始，木材和木材制品必须来自拥有独立认证的合法和可持续木材或者拥有 FLEGT 许可证的木材，并提供全链条的相关证明。

---

① 徐丽媛．生态补偿财税责任立法的国际经验论析［J］．山东社会科学，2017（03）．

（六）绿色金融政策支持市场化生态补偿机制的国际经验总结

通过对哥斯达黎加、越南、美国、日本和英国市场化生态补偿机制绿色金融政策案例研究，可以总结出以下存在共性的经验：

①注重绿色金融政策与生态环境相关法律法规及其他政策的协同性。通过系统化的法律法规创造生态服务的需求和市场，对生态系统服务的付费予以制度化，支持绿色金融政策在生态补偿中的应用，建立长效生态环境保护机制，也有助于后续的绩效考核和监督管理。

②政府构建公共财政支持体系，保障绿色金融政策对生态补偿中的支持。政府资金可以通过诸如生态基金、贷款贴息或担保、税收优惠或减免、项目支持等激励政策，支持生态环境保护，同时激励社会资本投资。

③在付费标准和方式上，基于生态环境保护成本、资源禀赋进行科学评估，实施差异化、动态化的补偿标准，此为绿色金融政策支持生态补偿的基础。补偿方式上，除了现金，还进行项目支持、技术支持、能力建设等。

④在利益相关者参与上，注重利益相关者尤其是贫困人群的参与，如通过标准化合同降低交易成本鼓励贫困人群参与；为中小农户提供低利率、长期限的专项贷款，并予以制度化。

⑤提高民众生态保护的意识。通过政府无偿提供能力建设等方式提高社会和民众的环保意识和生态资产有价的意识。

当然，从国外直接借鉴过来的经验不一定符合我国现实状况，生态补偿机制所需要的绿色金融政策支持根植于特定区域的生态系统状况、当地资源利用模式及其制度基础、可获得的融资途径和社会组织方式，是一个复杂的系统工程。迄今为止，没有哪一种模式可以作为生态补偿的标准模式。因此支持生态补偿的绿色金融政策也需要适合自身具体条件的模式。

五、绿色金融政策支持生态补偿的前景展望

自20世纪80年代开始，中国陆续出台与绿色金融相关的政策，特别

是党的十八大、十九大召开以来，政策密集出台。党的十九大将绿色金融确立为推进绿色发展的有效路径，标志着绿色金融纳入国家战略和顶层设计。中国目前已全面构建了绿色金融政策体系，搭建了全球首个国家层面主导的绿色金融框架。

（一）绿色信贷的进展及展望

1. 中国绿色信贷的政策体系架构已趋健全

绿色信贷是中国绿色金融体系起步最早的领域，其政策框架的建立经历了起步、引导推动和全面构建三个阶段。早在 1995 年中国人民银行就出台了金融部门指导政策，要求金融机构把支持生态资源保护和污染防治作为贷款的考量因素之一。2007 年，中国人民银行、国家环保总局、中国银监会共同发布《关于落实环境保护政策法规防范信贷风险的意见》，首次提出“绿色信贷”，要求金融机构根据国家建设项目环境保护管理规定、环保部门通报情况和国家产业政策进行贷款的审批和发放。

2012 年，中国银监会发布《绿色信贷指引》（以下简称《指引》），是我国首部专门以绿色信贷为主题发布的政策文件，其明确提出要对生态资源环保项目加强授信支持。作为绿色信贷的纲领性文件，《指引》的发布标志着中国进入了全面构建绿色信贷政策框架的阶段。以《指引》为依据，银监会于 2013 年印发了《绿色信贷统计制度》，指出对节能环保项目及服务贷款增长情况进行统计。2015 年印发的《绿色信贷实施情况关键评价指标》提出生态保护行业应该制定信贷政策。银行业金融机构开展绿色信贷业务得到进一步的规范，监管机构也可以更全面地跟踪监测银行业金融机构落实绿色信贷的进展情况和效果。

2. 银行业金融机构积极引入国际经验，主动推进绿色转型

国际金融公司（IFC）的中国节能减排融资项目（CHUEE 项目），以及亚洲开发银行（ADB）在中国的建筑节能融资项目，推动了中国绿色信贷的发展，对中国乃至其他发展中国家都起到了示范作用。CHUEE 项目由 IFC 为中国商业银行提供风险分担，即对于加入能效和可再生能源融资组合的所有贷款，由 IFC 承担一定比例的损失，减少银行的信贷风险。中

国的兴业银行、北京银行、上海浦发银行等都与 IFC 合作了 CHUEE 项目。亚洲开发银行（ADB）的建筑节能融资项目中，ADB 为中国南部和东部地区楼宇能源效率提高项目通过商业渠道融资提供担保，通常覆盖部分利息支付或本金的偿还。

在绿色信贷政策框架体系下，银行业金融机构积极践行绿色信贷，制定绿色信贷配套政策，持续优化信贷结构。2014 年，29 家主要银行①代表签署了《中国银行业绿色信贷共同承诺》，承诺全面践行绿色信贷，加快绿色信贷制度、流程、产品和服务创新。如建设银行的《中国建设银行绿色信贷实施方案》、兴业银行的《环境与社会风险管理政策》等；部分商业银行还制定了一系列针对具体行业绿色信贷政策，如工商银行的《境内法人客户绿色信贷分类管理办法（2014 年版）》等 61 个行业（绿色）信贷政策。在环境风险管理方面，已有商业银行逐步将环境风险纳入信贷流程，有些还实施了贷款的绿色分类，对不同环保标识客户在授信分析、风险管理和贷后管理上区别对待。如交通银行的“三色七类”分类（绿色一类：环保优秀客户；绿色二类：环保良好客户；绿色三类：环保合格客户；绿色四类：环保无碍客户；黄色一类：环保关注客户；黄色二类：环保警示客户；红色：环保风险客户）。

3. 绿色信贷产品不断创新

绿色信贷通过“信贷＋绿色”的金融杠杆作用，将环境问题、经济问题、金融问题落脚到银行业最基本的信贷环节，将金融工具创新和节能减排、环境保护有机结合起来，拓宽了商业银行金融工具的外延和服务范围，为银行业开辟了金融创新的新领域和巨大发展空间。例如，兴业银行近年来运用诸如排污权抵押贷款、碳资产质押授信、绿色信贷资产证券化

① 国家开发银行、中国进出口银行、中国工商银行、中国农业银行、中国银行、中国建设银行、交通银行、中国邮政储蓄银行、招商银行、上海浦东发展银行、兴业银行、北京银行、江苏银行，中信银行、中国民生银行、中国光大银行、华夏银行、平安银行、广东发展银行、恒丰银行、浙商银行、渤海银行、上海银行、台州银行、天津农商银行、上海农商银行、深圳农商银行、渣打（中国）有限公司、星展银行（中国）有限公司。

等多种绿色信贷产品和服务，支持绿色项目；光大银行推出的权益质押产品，以及杭州银行推出的森林资源资产抵押贷款。

4. 通过地方绿色金融改革创新试验区探索绿色信贷推进路径

目前中国建立了浙江、江西、广东、贵州、新疆五省（区）绿色金融改革创新试验区，密切结合各自特色，探索不同的推进路径，服务于我国绿色金融体系建设的系统化推进。其中，浙江和广东经济金融发达，产业优化升级，实现绿色发展的需求较为迫切；贵州和广西资源禀赋丰富，生态优势明显，但经济金融欠发达。新疆位于丝绸之路经济带的核心区域，绿色发展潜力巨大。

五省（区）在运用激励政策推进绿色信贷发展方面都进行了积极探索创新，且各有侧重。贵州、新疆、广东、浙江的《建设绿色金融改革创新试验区总体方案》均提出运用再贷款、再贴现等货币政策工具激励绿色信贷。把绿色信贷业绩评价纳入到宏观审慎评估（MPA）体系也在探索之中。人民银行在《货币政策执行报告（2017 年第四季度）》中提到，人民银行在开展 2017 年第三季度 MPA 时，将绿色金融纳入“信贷政策执行情况”项下进行评估。同时，2018 年将优先接受符合标准的小微企业贷款、绿色贷款作为贷款政策支持再贷款和常备借贷便利的担保品，释放了强烈的激励绿色信贷发展的信号（见表 8－5）。

表 8－5　五省（区）绿色金融改革创新试验区的绿色信贷激励措施

地方试点区域	激励措施
浙江省湖州市、衢州市绿色金融改革创新试验区	《浙江省湖州市、衢州市建设绿色金融改革创新试验区总体方案》强调建立绿色信用体系，加强信息共享，完善部门联动协作机制；构建绿色金融风险防范化解机制，建立健全风险预警机制及合理投融资风险补偿制度； 衢州市建立绿色信贷名单制和“三优一限”管理机制，成功发布衢州市首笔排污权抵押贷款。
江西赣江新区绿色金融改革创新试验区	探索设立财政风险缓释基金，探索抵质押融资模式创新； 建立绿色金融风险防范机制，健全责任追究制度，依法建立绿色项目投资风险补偿制度。

续表

地方试点区域	激励措施
广东省广州市绿色金融改革创新试验区	广东银监会建立绿色信贷统计制度。建立“广东银监局绿色信贷统计制度”和重点关注行业贷款监测报表，建立健全环境风险分析和预警机制。 广东省环保厅，中国人民银行广州分行，广东省金融办联合发布《关于加强环保与金融融合促进绿色发展的实施意见》，指出要充分发挥货币信贷、环保产业、地方支持等政策的协同作用。
贵州省贵安新区绿色金融改革创新试验区	为构建具有贵州特色的绿色金融体系，贵州省人民政府办公厅出台《关于加快绿色金融发展的实施意见》。 贵安新区发布《贵州省贵安新区建设绿色金融改革创新试验区总体方案》：引导金融机构加快绿色信贷产品创新；利用大数据技术完善信息共享机制，建立绿色金融服务平台和绿色企业（项目）库；构建绿色金融风险防范化解机制，加强对与绿色投资相关的金融风险监管。
新疆维吾尔自治区哈密市、昌吉州和克拉玛依市绿色金融改革创新试验区	新疆自治区发布《自治区构建绿色金融体系的实施意见》，《绿色信贷指引》，对于符合“绿色清单”标准的绿色信贷可按规定申请贴息等“正向奖励”，对于不符合“绿色清单”标准的项目贷款采取收紧支持等“负奖励”。

资料来源：中央财经大学绿色金融国际研究院 & UNEP. 构建中国绿色金融体系：进展报告 2017 [J]. 2018.

5. 绿色信贷支持生态补偿的实践

广东省肇庆市高要区积极探索“绿色信贷 + 生态补偿”创新模式。财政资金是高要地区森林生态补偿资金的直接来源，同时该地区鼓励发展林下经济来提高公益林保护人的经济效益。在此基础上，商业银行给予贷款支持，在保护公益林的同时更好地从事经济作物的经营。除了集体经营公益林以外，也鼓励个人承包公益林的养育工作。

2018 年 4 月初，广东省首笔生态公益林补偿收益权质押贷款在高要区成功发放。之后又推出“公益林补偿收益质押 + 个人信用担保”贷款，推动该区公益林补偿收益权质押贷款业务的发展。高要区禄步镇的林农承包了 1062.9 亩公益生态林，为了盘活资产、实现盈利，急需一笔资金解决松树的种植问题。高要邮储银行开创性地采取“公益林补偿收益质押+个人信用担保”的业务模式，扩大了抵质押品担保范围，提高林业经营主体的融资额度。20万元的公益林补偿收益权质押贷款已经发放。截至5月底，全市已有5个县（市）区办理了公益林补偿收益权质押贷款，共发放贷款8笔，金额58.4万元。

6. 绿色信贷支持生态补偿面临的挑战及展望

2007年到2018年，绿色信贷政策在中国走过了11年，取得了一定实施成效，但在建立绿色信贷发展的长效机制的道路上，仍面临诸多挑战和考验。比如贴息、担保等激励机制仍不健全，期限错配问题仍待解决。目前，商业银行对于绿色项目的支持是按照风险可控、商业可持续的原则实施的，盈利能力与绿色资产之间的联系还不明显，生态补偿项目在金融机构现有的信用评级方法下竞争力较低。商业银行的绿色信贷目前多集中于轨道交通运输以及可再生能源和清洁能源等大企业较为集中的项目。而真正需要信贷资金支持的绿色项目，如生态补偿项目，由于技术和市场不确定性高、短期内自身盈利能力有限的问题，较难获得商业银行的绿色信贷支持。在没有资本的激励，也没有补贴、担保、税收减免等实质性的激励措施的情况下，绿色信贷长效发展动力不足。

未来可以研究实施差异化风险监管，并出台货币政策支持绿色信贷发展的实质性激励措施。如为绿色信贷占总贷款比重较大的银行实施差异化的存贷比监管要求，调整资本充足率计算中风险资产计算的绿色信贷风险权重，降低对绿色信贷比重较大的银行的存款准备金要求，使银行有能力为绿色信贷项目提供低于传统项目的贷款利率。

未来中国绿色信贷资产证券化空间也很广阔。通过信贷资产证券化募集资金的数量和期限由资产质量和市场决定，因此，绿色信贷资产证券化产品能够为优质绿色项目提供成本合理的长期资金，有助于落实金融支持经济结构调整和转型升级政策，助力经济的绿色可持续发展。同时，绿色信贷资产证券化要求更为严格的信息披露机制，有利于通过社会化监督手段，确保资金的投向。目前绿色资产支持证券的规模占比并不大，但发展势头良好。2017年绿色资产支持证券的发行数量由2016年的4只上升至

10只，规模从67.01亿元上升至146.05亿元。绿色资产支持证券的大幅增长印证了资产支持证券可以降低融资门槛、拓展融资方式的优势特点。

（二）绿色债券的进展及展望

绿色债券是指募集资金专门用于符合规定条件的现有或新建绿色项目的债券工具。绿色债券作为一种环保主题鲜明、长期、稳定的融资产品，其发行成本低、收益比较稳定的特性能够较好的契合生态补偿项目，弥补绿色信贷融资期限较短带来的期限错配问题。我国绿色债券起步较晚，2015年才正式建立绿色债券的制度框架。目前，我国已经是全球最大的绿色债券发行市场。

1. 绿色债券“自上而下”的政策框架逐步明晰

与国际市场绿色债券是由参与主体自发形成、自愿参与，“自下而上”的市场导向不同，我国绿色债券市场发展体现了“自上而下”的顶层设计。中国人民银行于2015年12月发布了《中国人民银行公告〔2015〕第39号》以及配套的《绿色债券支持项目目录》(2015年版)，明确6大类及31小类环境效益显著项目的界定条件，开展绿色金融债试点。《绿色债券支持项目目录》作为我国第一份关于绿色债券界定与分类的文件，为绿色债券审批与注册、第三方绿色债券评估、绿色债券评级和相关信息披露提供了重要的参考依据。其认定的绿色项目范围包含了生态补偿相关项目，如水土流失综合治理、生态修复及灾害防控、自然保护区建设项目等；植树造林、森林抚育经营和保护、生态农牧渔业及基础设施建设项目等。

2015年12月，国家发展改革委发布《绿色债券发行指引》（发改办财金〔2015〕3504号），启动绿色企业债试点。其划定的支持重点包括了生态农林业项目（如有机农业、生态农业，以及特色经济林、林下经济、森林旅游等林产业），生态文明先行示范实验项目（生态文明先行示范区的资源节约、循环经济发展、环境保护、生态建设等）。2016年8月，中国人民银行与财政部等七部委发布《关于构建绿色金融体系的指导意见》（银发〔2016〕228号），成为我国绿色金融发展的纲领性文件。2017年3月，证监会发布《关于支持绿色债券发展的指导意见》（证监会公告

〔2017〕6 号）。

在主管部门指导意见下，债券市场服务机构相继落实相关细则。上海证券交易所和深圳证券交易所分别于 2016 年 3 月、4 月开展绿色公司债试点，并对绿色债券发行提供绿色通道，先后发布《关于开展绿色公司债券试点的通知》《关于开展绿色公司债券业务试点的通知》，明确规定绿色公司债券是依照《公司债券管理办法》及相关规则发行的、募集资金用于支持绿色产业的公司债券。其中，绿色产业项目范围可参照《绿色债券支持项目目录（2015 年版）》。2017 年 3 月 22 日，中国银行间市场交易商协会正式发布《非金融企业绿色债务融资工具业务指引》及配套表格，要求企业发行绿色债务工具应在注册文件中明确披露绿色项目的具体信息，并鼓励第三方认证机构对企业发行的绿色债务工具进行评估，加快绿色债务融资工具推进力度。2017 年 12 月下旬，中国人民银行和中国证监会联合发布了《绿色债券评估认证行为指引（暂行）》，以提高绿色债券评估认证质量。

2. 绿色债券产品不断创新

我国绿色债券目前涵盖了金融债、企业债、公司债、中期票据、国际机构熊猫债和资产支持证券等各类债券。2016 年 10 月由武汉地铁集团有限公司发行的“16 武汉地铁 GN002”，首次尝试“绿色 + 债贷基组合”的方式进行融资，通过统筹设计，全面整合债券、贷款、股权基金等资源，对项目资金来源、运用及偿还进行统一管理。此后，兴业银行推出以中债—兴业绿色债券指数作为投资基准和跟踪标的的绿色债券指数型产品。中国国家开发银行在银行间债券市场首次发行面向个人投资者的零售绿色债券，募集资金将用于“长江经济带水资源保护”。工商银行在卢森堡证券交易所发行首只“一带一路”绿色气候债券。

3. 绿色债券优势逐渐显现

我国绿色债券的优势主要体现在四个方面：一是建立审核绿色通道，提升企业发行绿色公司债券的便利性；二是统一标识，交易所将所有的绿色产品以 G（Green）为标识作为上市简称，便于投资者识别；三是绿色债券融资成本较低，因其特有的“绿色”标签受到国际资本的青睐，发行利率较普通债券有一定优势，加上个别省份，如2018年10月江苏省发布《关于深入推进绿色金融服务生态环境高质量发展的实施意见》，综合运用财政奖补、贴息、风险补偿等方式促进绿色债券发行，实际融资成本将进一步降低；四是交易所在官方债券信息网中加入了“绿色债券”栏目，将在交易所上市或挂牌的绿色公司债券、绿色资产支持证券、绿色企业债券分类列示，及时为市场参与者提供相关信息。

4. 绿色债券支持生态补偿面临的挑战及展望

我国绿色债券参与主体还比较单一。目前主要是金融债，发行绿色债券最大的主体是商业银行。这与我国以银行为主导的金融市场体系有关，也反映出目前绿色理念不够普及。由于与普通债券相比没有明显成本优势，可持续性受到影响，而且绿色项目投资周期长，经济效益不高，环境效益难以量化，缺乏专业知识的投资者对此类产品持谨慎态度。未来要努力扩大绿色债券发行主体类型和投资者范围。开展绿色理念普及和绿色投资教育，推动政策性银行、商业金融机构、实体企业、地方政府等继续积极探索发行绿色债券，鼓励和支持公益类基金投资者，在做好政策研究和风险评估的基础上积极投资绿色债券。

生态保护和气候变化适应是绿色债券发行量最少的领域。根据气候债券倡议组织、中央国债登记清算有限责任公司发行的《中国绿色债券市场现状报告2016》统计数据，清洁能源是发行绿色债券最多的领域，占21%，其次是清洁交通和能源节约，分别占18%。生态保护和气候变化使用领域的绿色债券发行量仅占8%，未来还需要鼓励投向生态补偿项目的绿色债券发行，可以对用于生态补偿项目的绿色债券实施价格补贴、财政贴息和投资补助等经济激励措施。

未来地方政府需要从区域经济发展的实际出发，积极参与已有的顶层设计的细化、落实及推广，出台配套激励措施，推动绿色债务市场业务发展。如2017年深圳市推出对绿色债券发行人给予贴息的政策。另一方面，从市场层面看，可以推动地方政府作为发行主体，在专项债券的基础上推出绿色专项债券，为具有公共或公益性的生态补偿项目提供更为长期稳定、规模较大的资金支持，强化政府在支持生态环境保护中的引领作用以及在环境信息披露的表率作用，带动更多金融资源转向生态环境保护的有效配置①。

（三）绿色基金的进展及展望

绿色基金是绿色项目融资的重要手段，其作为直接融资的主要工具之一，随着各种绿色新兴产业的发展而发展。在绿色基金平台上，可以集合各种融资手段和工具，形成各种融资组合，降低绿色项目的融资成本和融资风险，最大化地聚合社会资本。绿色基金包括绿色产业基金、绿色区域PPP基金等，不同的绿色基金类别，适用于不同的资金来源和融资目标。我国从2010年开始大力推行绿色基金的发展，2017年全年在中国基金业协会备案的绿色基金共209只，其中股权投资基金156只，占比达到74.64%。

1. 各级政府发起设立绿色发展基金渐成趋势

内蒙古、云南、河北、湖北、广东、浙江、贵州、山东、陕西、重庆、江苏、安徽、河南、宁夏等省市已经纷纷建立起绿色发展基金或环保基金，贵州还建立起了绿色金融交易平台。地级市也在大力推动绿色基金的发展，例如普洱市绿色经济发展基金、张家口市绿色发展产业基金等地市级绿色基金相继设立，带动绿色投融资，促进地方政府投融资改革，帮助筹措绿色城镇化资金，各级政府发起绿色发展基金成为一种趋势。

2. 绿色基金正在成为吸引国际绿色投资的重要载体

绿色基金国际合作的一个典范项目是2016年中美建筑节能与绿色发展基金与张家口市政府共同发起设立“张家口市绿色发展产业基金”，该基金致力于张家口市及其周边地区绿色发展和节能环保领域的投资，旨在为张家口市的绿色节能产业发展提供金融服务，推动张家口市发展绿色经济。首批预计募集的资金不低于200亿元人民币。

3. 绿色基金支持生态补偿案例——新安江绿色发展基金

作为钱塘江的重要源头，新安江是浙江省最大的入境河流，经千岛

---

① 孙良涛．中国绿色债券市场：创新实践与发展对策［J］．金融市场研究，2018（02）．

湖、富春江、钱塘江入东海。下游的千岛湖是中国长三角区域的战略备用水源，而安徽省境内流域流入千岛湖的水量几乎占总入湖水量的60%以上，要求上游的来水质量必须“严防死守”。

2011年11月，新安江流域启动为期3年的跨省流域生态补偿机制试点（2012—2014年），涉及上游的黄山市、宣城市绩溪县和下游的杭州市淳安县。这是国内首次探索跨省流域生态补偿机制。每年中央财政出资3亿元，安徽、浙江两省出资1亿元，共同设立每年总额5亿元的新安江流域水环境补偿基金①。若年度水质达到考核标准，浙江支付安徽1亿元；水质达不到考核标准，安徽支付浙江1亿元。2016年年底，安徽、浙江两省签订新一轮为期3年的生态补偿协议。中央资金三年共9亿元，分别按4亿元、3亿元、2亿元的方式补助，皖浙两省每年各安排补偿资金2亿元，各新增1亿元，实现环境同治、成本共担、效益共享。2016年末，流域内黄山市设立新安江绿色发展基金，首期基金按1:4结构化设计，试点资金4亿元，国开证券和国开专项基金合计募集16亿元，基金规模达20亿元。基金将主要投向生态治理和环境保护、绿色产业发展和文化旅游三大领域，经过严格筛选已确定首批10个项目，其中生态项目建设的投资额不低于20%，确保试点资金专款专用。

新安江绿色发展基金的设立，将过去政府直接投入变为政府投资引导，社会资本参与，有助于试点资金滚动使用，从而走出一条社会化、多元化、长效化保护和发展的模式，实现由原来的末端污染治理向源头控制转变、优良的生态资源向生态资本转化。

同时，黄山市结合新安江生态补偿试点，创新性推进生态脱贫、旅游脱贫工程，在实施退耕还林项目以及天然林保护、公益林管护、护林防火等用工岗位招聘时，优先安排符合退耕条件的贫困村以及建档立卡贫困户，仅村级保洁公益性岗位就解决了近3000农村人口就业问题。同时，引导群众发展有机茶等精致农业，推广泉水养鱼、覆盆子种植等特色产业

① 资料来源：中国金融信息网．黄山市将设立新安江绿色发展基金 完善生态补偿机制［J］．2016－12－20．

扶贫模式，发展农家乐、农事体验、乡村休闲等乡村生态旅游新业态，使绿色产业成为上游群众脱贫致富奔小康的重要支撑。目前，黄山市三产结构比例由试点前的11.4:46.3:42.3调整至9.8:39.0:51.2，服务业从业人员超过常住人口的四分之一。2018年，黄山市的新安江绿色发展基金转型为母基金，分为PPP引导基金、产业基金两大类，各6亿元，母基金下设若干子基金①。

4. 绿色基金支持生态补偿面临的挑战及展望

目前无论是政策还是实践，都主要集中在绿色产业基金，而对绿色区域PPP基金推动不足②。绿色产业基金与一般产业基金的区别在于其投资总额的60%以上必须投资于绿色项目，其管理和运作与一般产业基金无异，其目标是为了在绿色项目投资中实现基金的增值。绿色产业基金没有专门的环境目标，绿色项目的选择也主要是依据项目潜在收益的高低，而不是根据实现区域环境目标的绩效。绿色区域PPP基金是以实现一个区域特定的环境目标为目的，基金只是手段，例如流域水环境保护基金等。绿色区域PPP基金在选择项目时考虑项目的环境绩效，对区域绿色发展目标的实现非常关键。具体到生态补偿项目，此类项目一般区域性较强，且需要多产业联动，通常需要绿色基金将整个区域当作一个项目包进行全面的综合融资和管理。如果只是运用绿色产业基金选择效益好的产业，会导致一些对于当地生态环境保护至关重要但单项收益不高的产业面临困境，最终影响整个区域的生态环境保护目标。

同时，对于绿色基金所投项目的配套扶持政策，多停留于概念层面，鲜有实质性措施出台。由于现阶段大部分生态补偿项目的经济可行性仍有赖于政策扶持，激励机制的缺位不仅影响了生态补偿项目的可投资性，也限制了绿色基金的资本规模，限制了绿色基金支持生态补偿的可持续性、可复制性和可推广性。

未来应大力发展绿色区域PPP基金，基于区域绿色发展目标或环境目

① 资料来源：黄山市环境保护局．黄山深化“五大机制”守护清清新安江［J］．2018-05-18.

② 人大重阳．中国绿色金融发展报告2017［M］．中国金融出版社，2017.

标设立集融资、产业链整合和技术创新为一体的产融结合的投融资平台，可以在该平台上运用多种金融工具支持产业链的整合，将生态补偿项目与各种相关高收益项目打捆，建立公共物品性质的绿色服务收费机制，实现生态环境保护的内生机制。与此同时，地方政府应积极落实财税与土地政策等形式改善项目的投资环境，并完善收益与成本共担机制，从根本上强化基金的投融资能力。

积极探索建立绿色担保基金也应成为未来发展重点。未来中国可以考虑设立包括绿色中小企业信用担保、绿色债券、绿色PPP项目担保等在内的绿色担保基金，并通过市场化、差别化的担保政策、补贴政策、税收优惠政策等进行综合调整，以担保机制的完善推进生态补偿项目融资风险管理与激励机制的创新。绿色担保基金可以通过银行贷款、企业债、项目收益债券、资产证券化等市场化方式举债并承担偿债责任。在实践中，可以考虑以地方财政投入启动资金，引入金融资本和民间资本成立绿色担保基金。当地政府应在资金筹集和投向等方面发挥政策引导作用。

（四）绿色保险的进展及展望

狭义上的绿色保险一般指“环境污染责任保险”，广义的绿色保险是指与环境风险有关的各种保险计划，以应对气候变化、生态环境保护等问题。

1. 绿色保险政策还主要针对环境污染责任保险

2006年，国务院发布了《关于保险业改革发展的若干意见》，明确指出要大力发展环境责任保险。2007年，原国家环保总局和中国保监会联合发布《关于开展环境污染责任保险工作的意见》，规定环境污染责任保险适宜企业发生污染事故对第三方造成的损害依法应承担额赔偿责任为标的的保险，并要求逐步建立和完善环境污染责任保险制度。同年6月，中国保险监督管理委员会下发了《关于做好保险业应对全球变暖引发极端天气气候事件有关事项的通知》，要求各保险公司和保监局充分发挥保险经济补偿、资金融通和社会管理功能，提高应对气候变化的能力。2008年2月，原国家环保总局和中国保监会联合出台《关于环境污染责任保险工作的指导意见》，正式确立“绿色保险”制度路线图。2013 年 1 月，环保部和中国保监会联合发布《关于开展环境污染强制责任保险试点工作的指导意见》，规定了试点行业范围，并要求地方环保部门和保险监管部门推动试点工作取得实际成效。2014 年 4 月修订的《环境保护法》在第五十二条新增“国家鼓励投保环境污染责任保险”。2017 年 6 月 9 日两部门再次联合制定公布了《环境污染强制责任保险管理办法（征求意见稿）》（以下简称《办法（征求意见稿）》），较为系统地构建了环境污染强制责任保险的行为规范与管理框架。2017 年 12 月 17 日，中共中央办公厅、国务院办公厅印发《生态环境损害赔偿制度改革方案》。2018 年 1 月 1 日起全国试行生态环境损害赔偿制度。

2. 可供借鉴的案例

虽然目前没有绿色保险直接应用于生态补偿的案例，但绿色保险支持农业的经验可供生态补偿项目借鉴。例如 2009 年由保监会审批推出的广东三水区合作农业贷款模式——“政府担保 + 贷款保险 + 银行信贷”，通过保险降低了银行贷款风险，从而解决了融资难融资贵的问题。其运作模式是当地政府成立担保基金为农户的贷款担保，保险公司按照银行贷款数额的 2% 收取保费，保险保费由借款户支付 50%，“政银保”办公室补助 50%。保险公司每笔赔付最高限额为年度保险保费总额的 150%。

2006 年至 2008 年，广东三水先后经历派比安台风、猪高热病、雨雪冰冻等灾害，区内农业受到重创。彼时由于政策法规限制，农户必须通过抵押担保方能贷款，但由于可用于抵押的资产少、担保人能力不足，导致金融机构不愿意放贷，不少农业经营主体复产举步维艰。为此，2009 年，广东三水区农林渔业局与银行、保险机构多次沟通后，与同年 9 月推出专门针对农业生产、加工、仓储销售的免抵押贷款，由于该贷款模式采取“政府担保 + 银行信贷 + 贷款保险”的运作方式，故而取名“政银保”。为推行“政银保”贷款模式开展，三水区财政先投入 1000 万元为农户、农业企业作担保基金，担保基金由区“政银保”办公室在三水信用社开设专户管理，同时接受证监局监督。在担保基金的支持下，农户提供承包合同、身份证、结婚证即可向信用社申请无抵押贷款，个人贷款最高额度为

70 万元，贷款利率按照中国人民银行公布的同期同档次贷款基准利率执行。信用社接到申请后，将会下派信贷员进行实地调查，尔后逐层向镇街信用社、“政银保”办公室审批，最快可在 13 天左右发放贷款。随后 5 年，“政银保”通过“政府担保 + 贷款保险 + 银行信贷”的运作模式累计发放贷款 5.2 亿元。

继 2009 年首例“政银保”合作农业贷款模式落地广东佛山后，绿色保险对于涉农贷款的增信功能逐渐展现——既有以小额贷款保证保险助推农业贷款的参与方式，也有以农业保险保单作为抵质押物进行农户融资的模式。

另外一个可供借鉴的案例是森林保险。林业是一个高风险的产业，受自然条件的影响很大，所面对的风险极不确定，而且一旦风险发生极易造成巨大的损失。森林保险作为一种转移林业风险的措施，有利于林业市场经济的快速发展，有利于林业生产经营者在灾后迅速恢复生产，促进林业稳定发展；可减少林业投融资的风险，有利于改善林业投融资现状，促进林业的可持续经营。同时，森林保险也是集体林权制度改革的有力保障，集体林权制度改革促进了林业金融市场的兴起，林权抵押贷款作为林权制度改革的配套措施之一，已逐渐被林农及金融机构接受，但是金融机构对抵押的林地设置了各种条件和限制，如要求林农对所抵押的林地进行投保。

3. 绿色保险支持生态补偿面临的挑战及展望

作为绿色金融体系的一环，绿色保险的功能已不仅限于传统的环境风险转移与管理。通过与其他金融要素产生协同效应，绿色保险的定位与作用得到拓展，服务于绿色经济的能力也不断提升。但现有实践仍未全面展现绿色保险的整体功能。未来应鼓励和支持保险机构创新绿色保险产品和服务，如建立完善与气候变化相关的巨灾保险制度，森林保险和农牧业灾害保险等产品。绿色保险深化绿色产业资本的可能性也有待进一步挖掘。一方面，通过将绿色知识产权、绿色技术设备等纳入保险保障，绿色保险可显著提高绿色信贷底层基础资产的抗风险能力与可抵押性；另一方面，可通过信用保证保险的增信服务，有效分散和分担绿色信贷风险，从而促进金融资源流向绿色经营主体。运用好保险的保障功能和保费的杠杆机制，完善市场化的生态补偿机制，助力构建全过程的生态环境风险防范体系。同时，中央政府相关部门应考虑建立生态环境信息和数据共享平台，在中央和地方两层面进行机制创新，对生态补偿项目实施信用评定、信息公开、日常监管等体系化管理。

（五）林业碳汇市场的发展及展望

林业碳汇通常是指通过森林保护、湿地管理、荒漠化治理、造林和更新造林、森林经营管理、采伐林产品管理等林业经营管理活动，稳定增加碳汇量的过程、活动或机制。推动以林业碳汇为主体的生态系统服务交易，结合政府转移支付制度，是提高地方政府对植树造林、生态保护的积极性，为当地森林生态服务创造需求和市场的重要路径之一，也是对于“绿水青山就是金山银山”的有效践行。我国政府自2001年启动全球碳汇项目，支持和鼓励造林再造林活动，到2014年国家发改委发布《碳排放权交易管理暂行办法》，将林业碳汇纳入碳交易体系，国内林业碳汇交易市场已经逐步建立并初具雏形。

1. 林业碳汇支持生态补偿的案例

目前我国已有林业碳汇支持生态补偿的项目，如承德丰宁千松坝林场项目。2015年北京市与河北省就跨区域碳排放权交易达成合作意向，河北承德市正式纳入北京碳排放权交易市场统一管理，千松坝林场成功上市。北京市和承德市的重点排放单位可使用经审定的碳减排量抵消其排放量，使用比例不得高于当年核发碳排放配额量的5%，包括造林等多种方式所产生的减排量都可以在碳排放机交易平台上交易，使得植树造林等森林生态保护的成果得以量化变现。

除了碳汇交易，大兴安岭图强林业局推动了林业碳汇金融产品创新，在获得国家发改委碳汇造林项目备案通知书后，以40万吨碳汇量为质押授信，从农村商业银行获得全国首单林业碳汇质押贷款1000万元。贷款资金主要用于林业生态建设和林下经济及旅游业发展，碳汇质押贷款的发放，不仅拓宽了林业碳汇项目开发建设融资渠道，而且为发展林业碳汇产业注入了信心和动力，起到了示范引领作用。

2. 林业碳汇支持生态补偿面临的挑战及展望

林业碳汇用于生态补偿目前还存在诸多不足，如碳汇项目单产较低，技术要求烦琐复杂导致单位成本偏高，使得林业碳汇收益偏低，市场交易量小，目前政治意义大于实际收益。未来可以通过绿色信贷、绿色债券等多种绿色金融工具，解决碳汇项目成本门槛高等问题，帮助拓宽融资渠道，释放市场化生态补偿的潜力。政府可以通过信贷额度、利率优惠以及准备金率等政策工具鼓励商业银行开展碳汇项目开发及林业经营等领域的绿色信贷；在发行相关绿色债券时通过担保和增信降低发债门槛和成本等。地方可以先行先试，再加以推广和复制。

六、绿色金融政策支持生态补偿的保障措施

生态系统保护和修复是当前全球面临的重大挑战，问题复杂，涉及面广，在实务操作中需要法律法规、制度安排、资金机制、技术等多维护、系统化的支持。绿色金融政策也是一项系统性工程，其对于生态补偿的有效支持需要多方联动，建立有效的协调工作机制，共同形成绿色金融有效工作的合力。

我国绿色金融政策支持生态补偿机制建设和完善过程中，虽然各地已经出现一些有益的探索，但总体上说还面临种种困难和挑战，还需要制度、激励机制和能力建设等方面的支撑和保障，尤其要正确处理好政府与市场的关系，要通过发挥政府的科学引导作用，发挥市场配置资源的决定性作用。总体原则是政府负责完善法律法规和区域政策，明确对何种生态服务付费，并据此配置公共资源，引导生产要素向此集聚；建立绿色金融政策支持生态补偿试点，形成最佳实践，并予以宣传推广，吸引社会资本投资；各行业协会和中介机构要积极发挥自律组织的独特作用，积极宣传绿色金融理念，引导各成员单位把更多的资源投入到绿色金融领域，并支持生态补偿；通过能力建设、舆论宣传等引导社会和民众思想意识的转

变。具体而言：

（一）完善生态补偿的法律法规体系，使其制度化

哥斯达黎加森林 PSA 的一个启示就是为生态补偿提供立法保障和依据以及执行机构，使其制度化、法制化。1996 年修订的《森林法》通过对森林生态系统服务、服务提供方、受益方等的科学界定创建了森林生态系统服务的需求和市场。同时还根据《森林法》确立了协商机制、成立了专门负责管理和实施森林生态补偿制度的公共部门，对其实施过程进行管理，成为哥斯达黎加森林生态补偿制度顺利实施的重要的管理机构和驱动力。

在我国，尽管生态补偿的制度框架和发展路线图逐渐明晰，也已初步建立起部分生态环境保护制度和条例，有一些地方（如江苏）还出台了当地的《生态补偿条例》，但是目前多数生态补偿还是以工程和项目为载体，缺乏可持续性；在实施中更多的是国家的行政权力调控而非生态系统服务提供方与支付方之间利益的调配；对于市场化生态补偿的具体的实施路径、指导细则、生态保护责任与权利的划分、监督机制等方面的规定也尚待进一步明确。另外，有必要在相关立法或导则中明确规定私人部门、金融机构、中介机构和行业协会等参加生态补偿的途径和方式，并根据情况提供相应的激励措施。

（二）推动生态补偿标准的科学化、规范化，加强监测/绩效评估体系建设

受益者支付补偿的前提是，他们确信得到了“物有所值”的服务，这就需要建立特定的土地利用方式与特定生态系统服务供给之间的科学可靠的知识。“一刀切”的补偿会影响生态补偿实施的效率和公平，因此应科学合理的界定补偿标准。生态服务公允价值的科学合理测算是进行生态资源保护和恢复，建立生态补偿的基础关键。需要制定针对区域生态服务的测算指南，探索定量化的服务价值评价办法。在此基础上研究建立生态服务的统计监测指标体系，进行方法论的技术开发。

（三）充分发挥政府公共财政体系的引领带动作用

公共资金在提供公共物品，涉足私人部门不愿意或无能力支持的领域的优势使其对于生态环境保护目标的实现至关重要。区域生态资源和环境保护和修复目标的实现有赖于该区域公共资金发挥培育市场、创造有利于私人投资的经营环境、鼓励创新、降低风险。政府应依托公共资金建立公共财政体系，增强其引领和带动作用：（1）设立区域生态补偿试点示范项目，鼓励绿色金融产品和政策创新。（2）成立生态资源和环境保护或修复基金。可以整合已有公共补偿资金成立基金，开始运作后吸引社会资本进入。有助于形成长期固定的资金来源渠道，减少政策变化或资金量减少等带来的影响。（3）为生态补偿项目提供信用担保、财政贴息、长期低息贷款等支持，撬动私人资本，发挥公共资金或政策的乘数和引导效应。例如发展生态环境保护贷款贴息。如果政府直接对 PES 项目的参与农户进行投资，一元钱只能当一元钱来用。如果贴息 3%，就可以用 1 元的政府资金撬动 33 元的社会资本投资于 PES。过去没有大规模使用生态环境保护贷款贴息一个主要原因是管理难度较大。让财政部门直接去识别哪些是好的绿色项目，哪些是优质的绿色企业是件比较困难的事，需要很多的专业知识和技术的积累。在这个方面，国外有一些比较好的经验，比如德国财政部委托德国复兴银行来管理绿色贷款贴息的资金，通过这家银行去寻找优质的绿色项目和企业，以此更有效率地去运用这些贴息资金推动绿色信贷的发展。这样的做法在中国也可以借鉴。

（四）强化绿色金融政策支持生态补偿的激励机制

政府可以为金融机构支持生态补偿项目的论证提供支持，同时出台适当的激励措施，如财政贴息、税前计提拨备、提供风险补偿、设立担保基金等，或适当降低金融机构支持生态补偿项目的贷款资本金要求等。例如，厦门市政府于 2017 年 11 月出台《关于促进厦门市银行业金融机构发展绿色金融的意见》，是地方政府出台的第一份贯彻《关于构建绿色金融体系的指导意见》的实施意见。该文件围绕厦门市低碳城市、国家级海洋生态文明示范区和国家森林城市等重点建设目标，对金融机构在这些领域的绿色金融支持进行财政扶持，包括贷款增量奖励、贴息、风险分担、挂钩财政存款奖励等。

（五）建立生态补偿项目库，为绿色金融政策支持提供平台

各地区可以参照绿金委筛选项目的绿色标准，因地制宜地制定区域生态补偿标准，建设生态补偿项目库，作为平台对接国内外资金。首先，生态补偿项目库建设可以为生态补偿项目对接国际国内金融资源，显著提高交易效率；其次，生态补偿项目库的建立有望成为支撑绿色金融服务生态环境保护的载体，提供绿色金融政策支持的平台；最后，生态补偿项目库也有望成为地方发展绿色金融、加强生态环境保护的重要抓手，实现对生态环境保护投资的正向激励作用。

（六）与多边开发金融机构建立基于绿色金融和生态补偿的合作

多边开发金融机构是支持全球实现可持续化发展目标的融资基石。与多边开发金融机构合作，可以受益于其在资金、能力建设、知识与技术推广、长期贷款、优惠贷款及调动金融市场方面的优势。多边开发银行在金融发展领域的标准化合作模式还可以对社会和环境保护及不同金融工具的使用方面起到示范性作用。例如，亚洲开发银行批准了一笔 4.99 亿美元的贷款，用于设立京津冀区域减排和污染防治基金，改善京津冀地区空气质量。区域减排和污染防治基金将主攻氢动力低排放交通工具、地热能集中供热、早期和有机肥生产设施、智能微电网等；同时提供能力建设，帮助主要排放行业和企业大规模运用先进技术。

（七）搭建绿色金融政策支持生态补偿的利益相关者的沟通平台、渠道和对话机制

生态补偿机制的建构是通过利益相关者之间的协商确定其组成部分和治理结构，在谈判和协商中最终确定补偿主体、补偿依据和补偿方式、补偿标准、数量、年限等。因此，应以平等、公开为原则，建立生态补偿的

利益相关者表达意愿、谈判协商的渠道和平台，确保生态补偿机制的设计及绿色金融政策支持体现相关者的利益诉求，并确保其参与权、决策权和监督权。同时，还可以通过建立生态补偿信息网络；开通网站，定期发布生态补偿的实施信息等形式，让利益相关者能及时了解情况。

此外，我国生态补偿涉及多个政府部门，如财政部门、农林部门、税务部门、发改部门、生态环境部门、自然资源部门等，还未形成各部门协作配合、形成合力的局面，也存在各部门联合的现实困难，因此，能够发挥部门协调作用的顶层设计十分关键，同时建立多部门信息共享机制，明确各方相关职责。

后记

本书为“生态补偿融资机制与措施研究（2016YFC0503406）”课题成果。该课题为“十三五”国家重点研发计划“典型脆弱生态修复与保护研究”重点专项“生态资产、生态补偿及生态文明科技贡献核算理论、技术体系与应用示范”项目的内容。

课题负责人为中国财政科学研究院宏观经济研究中心主任石英华研究员。课题下设六个子课题，各子课题负责人分别为：子课题1 生态补偿融资机制与政策框架研究，负责人为石英华研究员。子课题2 我国生态补偿资金需求预测，负责人为王宏利研究员、梁强研究员。子课题3 生态补偿转移支付制度与政策研究，负责人为于长革研究员。子课题4 生态补偿政府与社会资本合作模式研究，负责人为程瑜研究员。子课题5 生态补偿基金研究，负责人为武靖州研究员。子课题6 生态补偿绿色金融政策及示范研究，负责人为王遥研究员。

参加本书写作的人员如下：第一章《生态补偿融资的理论分析与现实意义》由石英华研究员执笔，周广帅同学参与资料整理；第二章《生态补偿融资现行政策评估》由石英华研究员、孙家希助理研究员执笔，胡晓莉同学参与资料整理；第三章《完善生态补偿融资机制与政策的思路建议》由石英华研究员、孙家希助理研究员执笔；第四章《生态补偿融资需求预测》由王宏利研究员执笔；第五章《优化生态补偿转移支付制度》由于长革研究员执笔；第六章《构建生态补偿基金融资机制》由武靖州研究员、马婧教授级高级工程师执笔；第七章《生态补偿政府与社会资本合作模式（PPP）》由程瑜研究员执笔；第八章《支持生态补偿的绿色金融政策》由许寅硕副研究员、刘倩副研究员、王遥研究员执笔。江旭成同学、李雨珊同学参与书稿的编辑工作。石英华对书稿进行总撰。

自2016年7月课题立项以来，课题研究得到了“生态资产、生态补偿及生态文明科技贡献核算理论、技术体系与应用示范”项目负责人中国科学院生态环境研究中心主任欧阳志云研究员等专家的指导帮助，得到中国财政科学研究院各位领导的关心指导及同事们的大力支持和帮助。在此，我们表示诚挚的谢意！课题调研得到了中央和地方相关部门的大力支持。高等院校、科研院所、中央部门的多位专家对课题成果提出了宝贵意见和建议。在此一并表示感谢！

中国财政经济出版社卢关平副主任等为本书的编辑出版作了大量细心的工作，在此深表谢意。

生态补偿涉及重点生态功能区、流域、耕地、荒漠、海洋、森林、草原、湿地等领域，生态补偿融资机制与政策研究是个富有挑战性的研究课题，鉴于本书研究主题的复杂性和我们研究人员的水平所限，书中难免有偏颇疏漏，敬请读者批评指正。

石英华

2019年12月